职业教育室内艺术设计专业新形态一体化教材

教育部职业院校艺术设计类专业教学指导委员会
环境艺术设计类专业委员会 | 组织编写

室内装饰材料与构造设计

主　编　蒋聘煌　毛　惠　顾星凯
副主编　陆懿妮　刘清丽　吴艺鸣
　　　　王金玉　周福君（湖南意度文化科技有限公司）
参　编　张　洁（苏州柯利达装饰股份有限公司）
　　　　肖伊琳　肖晓菲　徐　斌

INTERIOR DECORATION
MATERIALS AND
CONSTRUCTION DESIGN

湖南大学出版社 · 长沙

图书在版编目（CIP）数据

室内装饰材料与构造设计 / 蒋聘煌，毛惠，顾星凯主编. -- 长沙 : 湖南大学出版社，2025.8. -- ISBN 978-7-5667-3626-0

Ⅰ. TU56；TU238.2

中国国家版本馆CIP数据核字第2024BT1001号

室内装饰材料与构造设计
SHINEI ZHUANGSHI CAILIAO YU GOUZAO SHEJI

主　　编：蒋聘煌　毛　惠　顾星凯
策划编辑：贾志萍　胡建华　张以绪
责任编辑：贾志萍
印　　装：湖南湘裕印刷有限公司
开　　本：787 mm × 1092 mm　1/16　　印　　张：13.25　　字　　数：336千字
版　　次：2025年8月第1版　　印　　次：2025年8月第1次印刷
书　　号：ISBN 978-7-5667-3626-0
定　　价：68.00元

出 版 人：李文邦
出版发行：湖南大学出版社
社　　址：湖南·长沙·岳麓山　　邮　　编：410082
电　　话：0731-88822559（营销部）　88821174（编辑部）　88821006（出版部）
传　　真：0731-88822264（总编室）
网　　址：http://press.hnu.edu.cn

职业教育室内艺术设计专业新形态一体化教材

编 委 会

总序

习近平总书记多次对职业教育工作作出重要指示，强调构建职普融通、产教融合的职业教育体系，大力培养大国工匠、能工巧匠、高技能人才。教材是培根铸魂、启智增慧的重要载体，是人才培养的重要支撑，教材的质量直接关系人才自主培养的质量。党的二十大报告首次明确提出“加强教材建设和管理”，体现了以习近平同志为核心的党中央对教材工作的高度重视和对“尺寸课本、国之大者”的殷切期望。

为全面贯彻落实习近平总书记关于职业教育和教材工作的重要指示批示精神，深入贯彻全国职业教育大会和全国教材工作会议精神，更好地促进各有关职业院校室内艺术设计专业的教育教学、学科建设和人才培养，教育部职业院校艺术设计类专业教学指导委员会环境艺术设计类专业委员会高度重视教材体系建设，组织编写了“职业教育室内艺术设计专业新形态一体化教材”。

该系列教材以习近平新时代中国特色社会主义思想为指导，遵循职业教育教学规律、技术技能人才成长规律，紧扣产业升级和数字化改造，依据职业教育国家教学标准体系，对接职业标准和岗位（群）能力要求。基于高素质技术技能人才培养需求，采用“模块—项目—任务”式编写体例，融入思政教学元素，提炼技能竞赛、岗位资格考试要点，体现产教融合、双师编写特色，丰富数字化教学资源，整体开发为纸质教材与数字资源相结合的融媒体教材。

具体来说，该系列教材具有以下特色。

一、思政引领，立德树人：坚持正确的政治方向和价值导向

教材以《国家职业教育改革实施方案》《职业院校教材管理办法》《“十四五”职业教育规划教材建设实施方案》等文件和相关会议精神为指导，严格落实职业教育改革的最新政策要求。展现中国特色、中国风格、中国气派，体现人类文化知识积累和创新成果，全面落实课程思政要求、立德树人要求，弘扬劳动光荣、技能宝贵、创造伟大的时代风尚。教材结合室内艺术设计专业特点，重视生态保护、可持续发展等理念的弘扬，增强生态文明意识；强化学生职业精神、职业规范等的培养，推崇职业道德精神；以实践教学为重点，培养学生运用多种技能处理问题的能力，促进全人教育。旨在实现道德、技术技能、知识三维度内容的一体化。

二、产教融合，双师编写：校企双元合作开发，符合产业实际需求

教材紧跟产业技术的发展和变革趋势，与产业界紧密合作，甄选贴近实际产业需求和工作场景的案例，确保学生所学与市场需求同步。由职业院校中具有高级职称的专业带头人或资深专家领衔编写，中青年骨干教师参与建设，企业参与开发，从而切实提高编写质量，树立权威性，扩大影响力。教材体现

室内艺术设计相关产业发展的新技术、新工艺、新规范、新标准，将知识、能力和价值观的培养有机结合，指导学生从规范和科学的角度出发进行学习，满足其项目学习、案例学习、模块化学习等不同学习方式的要求，为适应不同职业、行业的需要做好必要的准备。由室内艺术设计专业教师与相关企业、行业专家共同编写，校企双元合作开发，结合双方的经验和知识，更具针对性和实用性。

三、内容重构，遵循规律：适应人才培养模式创新和课程体系优化的需要

教材建设遵循职业院校学生的成长规律，顺应职业教育专业、课程和体系重构的趋势，以培养学生的实际能力和综合素养为目标，适应产业发展和教学需求的变化，为学生的职业发展提供有力支持。讲求基础知识与实践技能并重，遵循由易到难、由浅到深的原则，以够用为度，强调实践性，帮助学生逐步建立专业知识体系。教材内容覆盖室内艺术设计专业核心课程的知识点，以真实生产项目、典型工作任务、案例等为载体组织教材单元，符合结构化、模块化的专业课程教学要求。同时，融入职业道德、沟通能力、团队协作等相关内容，以提升学生综合素养。

四、以赛促教，以赛促学：有机融入岗位技能要求、职业技能竞赛知识

教材有机融入岗位技能要求，根据课程标准和全国职业院校技能大赛、世界技能大赛等赛事要求编写，课赛融通，有利于激发学生的学习动力和竞争意识，培养学生的实践能力和创新精神。教材明确体现室内艺术设计行业的相关岗位，如室内设计助理、设计项目主管、项目经理等所需的技能、知识和职业素养。将岗位要求加入相关专业课程，如设计创意、空间设计、材料与工艺等，以培养学生的专业能力。通过对赛事知识的解读，鼓励学生参加全国院校室内设计技能大赛等赛事，以提升其职业竞争力。

五、数字支撑，动态更新：加快推进教材数字化转型，多维度创新

教材顺应时代的发展，回应教育强国建设战略需求和新质生产力的推进要求，积极进行数字化转型。实现新形态教材的多元化和动态化，在内容呈现方面融合声音、动画、视频等，搭建数字平台，增加学生学习趣味性，提高学习效率。随着信息技术发展和产业升级，落实每三年修订一次教材，做到及时更新调整内容。教材以国家职业教育室内艺术设计专业教学资源库和国家级、省级在线精品课程等数字资源为依托，进行教学设计和创新。提供大量图片、案例、视频等教学资源，使内容更加生动、形象，有助于学生更好地理解和掌握知识。教材资源来自不同地区和院校，通过共享和交流，可以让学生了解到不同的设计风格和方法，拓展思维，拓宽视野。除此之外，教材还配有相应的课件、教案、习题等其他资源。

搭建新形态“规划”教材开发平台，助力成员单位开发系列化新形态教材，是本届环境艺术设计类专业委员会的一项重点工作，也是一项长期任务。我们将持之以恒，久久为功，打造一批适应时代要求的精品优质教材，为全国职业教育环境艺术设计类专业高质量发展作出更大贡献。

教育部职业院校艺术设计类专业教学指导委员会
环境艺术设计类专业委员会主任委员
黄春波
2024 年 12 月

CONTENTS

目录

模块一

家居空间装饰材料与构造设计

模块导读

欢迎进入“家居空间装饰材料与构造设计”这一核心模块，在这里，你将开启一段从理论到实践的深度学习之旅。

本模块以空间类型为线索，依次剖析小户型、中户型和大户型居住空间的装饰材料与构造设计要点。无论是追求简约现代的时尚感，还是钟情于复古典雅的韵味，你都能在丰富的材料选择和精妙的构造设计中找到灵感与方案，全方位提升自己的室内设计与实操能力。

在学习过程中，你将接触到多个关键任务。在施工图识图环节，通过解读地面、天花、墙面等的施工图纸，精准掌握尺寸标注、材料图例等信息，为后续工作奠定坚实基础；在材料表编制任务中，依据图纸和设计要求，细致罗列所需的各类装饰材料，明确规格、数量等关键信息；而在界面细部构造的探索中，深入研究不同空间界面的构造细节，如地面与墙面的衔接、天花与墙面的收口等，通过合理设计，实现居住空间实用性与美观性的完美融合。

无论你是怀揣设计梦想的初学者，渴望掌握基础技能，还是寻求知识进阶的专业人士，期望深化对界面细部构造的理解，本模块都将成为你提升家居装饰能力的得力助手，帮助你运用材料与构造设计知识，勾勒出理想家园的美好蓝图。

01 项目一

小户型居室地面装饰材料与构造设计

岗位要求

具备扎实的专业知识与高效的沟通协作能力；熟悉常见居室地面装饰材料的物理特性及适用场景；系统掌握地面构造的层次逻辑与节点处理方法；能以实际需求和设计目标为导向，推导构造逻辑。

学习目标

知识目标

掌握常用地面装饰材料的种类、性能及适用范围；理解地面构造设计的基本原理。

能力目标

能够独立分析居室地面装饰需求，选择合适的材料和构造方案；能绘制规范、翔实的施工图纸，实现设计意图与工程落地的有效衔接；具备完成居室地面装饰设计的实际操作能力。

素质目标

培养审美意识和环保意识；提升职业素养和实践能力；在设计中展现出个性化和创新性的同时，注重可持续发展。

思维导图

- 小户型居室地面装饰材料与构造设计
  - 小户型居室地面施工图识图
  - 小户型居室地面材料表编制
  - 小户型居室客厅石材地面结构深化图绘制
  - 小户型居室卧室木地板地面结构深化图绘制
  - 小户型居室卫生间地面结构深化图绘制
  - 小户型居室过门石结构深化图绘制

情境导入

地面作为室内空间的基面，承载着功能需求、美学表达与人文关怀三重使命。在现代生活中，小户型居室因经济实用、灵活便捷的特性备受青睐，但其有限的空间对地面装饰材料与构造设计提出了更高要求——需在方寸之间实现舒适性、安全性与艺术性的统一。本项目以小户型居室为研究对象，通过剖析不同材料的物理性能（如耐磨性、防水性等）与空间场景的适配逻辑（如湿区瓷砖的坡度构造、卧室木地板的弹性缓冲等），探索材料与构造的融合路径；同时以地面施工图识图、材料表编制、结构深化图绘制为核心任务，完成从材料选择、构造设计到细节表达的全流程操作，以帮助学习者提升设计水平与技能精度。

思考：厨房和卫生间等易溅水的区域，需要考虑防滑、耐磨、耐脏；而在卧室等休闲区域，则强调质感柔软、温馨、自然。这两大区域的地面分别应当使用哪种材料呢？

✩ 思政小案例

绿色焕新，情暖小家

一、项目描述

在城市老旧的小户型住宅区，房屋地面历经岁月侵蚀而磨损严重，居住在此的退休人员、年轻租客及低收入家庭深受其扰，却因经济条件受限无法自行改善。一支室内设计专业师生志愿团队挺身而出，决心开展地面装饰材料与构造的改造，为居民创造舒适安全的居住条件。

二、实施流程

①全面调研：深入社区逐户了解居民日常活动习惯、经济状况及对地面改造的期望。

②材料筛选：综合考量后，为大部分家庭选定防滑且性价比高的地砖，其纹理多样，可满足一定的美观需求；为部分预算较低的家庭推荐经济实惠的强化复合木地板，安装便捷，同时确保材料环保达标。

③构造设计：针对小户型空间紧凑的特点，采用薄型材料，简化安装工艺，以降低地面厚度，防止影响层高；优化拼接方式，如采用无缝或窄缝拼接，保证美观且方便清洁。

三、成果与反响

改造完成后，地面状况得到极大改善。防滑地砖和强化复合木地板有效提升了该住宅区房屋地面的防滑性与舒适性。

四、思政要点

学生在项目中深入了解不同地面材料的性能与适用场景，提升了材料选择和构造设计能力，积累了宝贵的实践经验，为未来职业发展筑牢了基础。师生志愿团队无偿为老旧小户型住宅区的住户服务，彰显了强烈的社会责任感与良好的职业道德，体现了设计的社会价值在于改善民生。

任务一　小户型居室地面施工图识图

任务目标

①通过本次任务，迅速、准确地识别图纸中的关键信息，提高对地面施工图的识图能力，掌握识图方法和技巧。

②通过识图练习和案例分析培养实践能力，能够将所学知识应用于实际施工中。

任务要求

①熟悉施工图纸的标准符号和表示方法，准确识别和理解地面施工图中的各个元素，包括材料图例、构造层次、尺寸标注等。

②能够将施工图纸的设计与实际施工场地进行对应，以确保在施工过程中不会因误读图纸而产生错误。

知识链接

一 居室地面的类型

在居室空间设计中，地面是承载基础功能与装饰美学的核心界面，其装饰形式直接影响着用户的使用体验。根据构造处理方式的不同，居室地面可分为整体类、块材铺贴类、木竹类和卷材类四大体系。每类地面凭借其独特的物理性能、施工工艺与装饰效果，适配不同功能需求与审美偏好（表 1–1–1）。

表 1–1–1　常见室内地面类型

类型	材料 / 种类	特点	适用场所
整体类地面	水泥砂浆地面	高强度，耐磨、防滑	各类室内场所
	水磨石地面	美观、耐磨（石子骨料 + 水泥浆磨光）	公共空间、家居空间
	自流平地面	自动流平，光滑平整	医院、实验室等对平整度要求高的场所
块材铺贴类地面	石材地面	美观，易清洁维护（块状材料 + 胶黏剂铺贴）	各类室内空间（风格多样）
	陶瓷砖地面		
	马赛克地面		
木竹类地面	竹质地板	清新高雅，色差小，环保无污染	追求绿色生活的室内环境（需温湿度稳定）
	木质地板	三层 / 多层实木复合，耐磨、耐热、耐冲击，铺装简便	各类室内空间
卷材类地面	塑料地面	色彩图案多样，施工简便，耐磨	个性化室内空间
	橡胶毡地面	弹性好，防滑	体育场馆、健身房等运动场所
	地毯地面	触感柔软，隔音好	家庭、酒店等场所

二 地面构造层次与识图要点

居室地面构造由多个层次组成，自上而下分为面层、中间层与基层，是一个复杂而有序的系统。每个层次都有其特定的功能，共同保障地面的使用性能。正确理解各构造层次及其在图纸中的表现，是进行居室地面设计与施工的基础（图 1–1–1）。

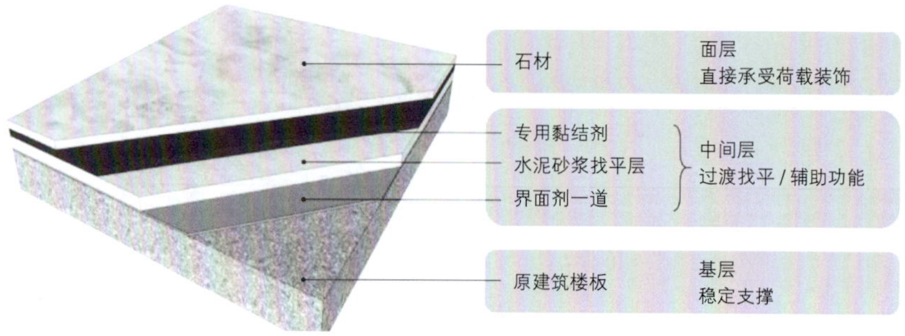

▶图 1–1–1　地面构造层次示意（以石材地面为例）

（一）面层

面层是居室地面的最上层，直接与人体及室内物品接触，它不仅为人们提供舒适的活动表面，还对室内空间的美观起着决定性作用。同时，面层需要具备一定的耐磨、耐污、防滑等性能，以满足人们日常使用的需求。面层通常通过特定的图案、颜色或文字标注来表示。例如，在平面图中，不同材质的面层可能会用不同的填充图案来区分；在材料表中，会详细列出面层材料的名称、规格、型号等信息。此外，在剖面图中可以清晰地看到面层的厚度以及面层与其他层次的相对位置关系。

（二）中间层

中间层是连接面层与基层的重要过渡结构，也被称为垫层或找平层，具有传递荷载、找平、防潮、保温等多重功能。它将面层所承受的各种荷载均匀分散到基层之上，增强地面整体结构的稳定性，避免因局部受力不均而导致面层开裂、变形。根据功能需求的不同，中间层所选用的材料和构造做法也各有差异。当需要防潮时，常采用防水涂料或铺设防潮膜；为满足保温隔热要求，会选用加气混凝土、聚苯板等轻质保温材料；而对于一般的找平需求，则多使用水泥砂浆。中间层的质量直接影响面层的使用效果和使用寿命，只有严格把控中间层的材料质量与施工工艺，才能保障整个地面构造系统发挥最佳性能。

（三）基层

基层作为受力基础层次，通常采用现浇钢筋混凝土楼板，其核心功能是将装饰荷载与使用荷载传递至建筑主体结构。基层的稳定性和强度直接影响整个地面构造的使用性能。

三　地面材料图例与厚度

（一）常见地面材料图例

常见地面材料图例如表 1–1–2 所示。

表 1–1–2　常见地面材料图例

材料名称	图例	备注
夯实土壤		—

续表

材料名称	图例	备注
砂砾石、碎砖三合土	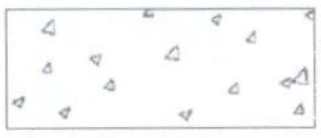	—
石材		注明厚度
饰面砖		包括铺地砖、墙面砖、陶瓷锦砖等
多孔材料	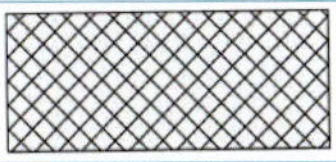	包括水泥珍珠岩、沥青珍珠岩、泡沫混凝土、非承重加气混凝土、软木、蛭石制品等
混凝土	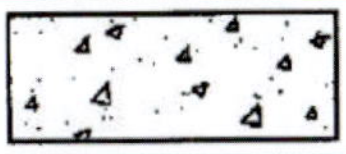	①指能承重的混凝土及钢筋混凝土 ②各种强度等级、骨料、添加剂的混凝土 ③在剖面图上画出钢筋时，不画图例线 ④断面图形小，不易画出图例线时，可涂黑
钢筋混凝土		
实木		表示垫木、木砖或木龙骨
		表示木材横断面
	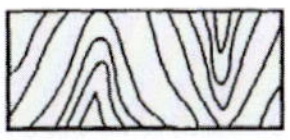	表示木材纵断面
地毯	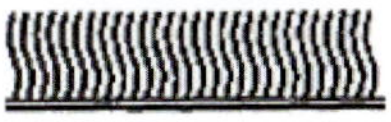	注明种类
防水材料	 （小尺寸比例）	注明材质、厚度
	 （大尺寸比例）	

注：摘自《房屋建筑室内装饰装修制图标准》(JGJ/T 244—2011）。

（二）常见地面材料厚度

不同地面材料的厚度差异较大，这些厚度参数绝非简单的数字标注，而是直接关联着地面材料的强度、稳定性以及脚感等关键性能指标。因此，在进行地面构造图识读时，必须明确材料厚度信息（表 1-1-3）。

表 1-1-3　常见地面材料厚度参数

材料类别	材料名称	厚度范围 /mm	常见或推荐厚度 /mm	厚度影响因素
整体类	水泥自流平	3~8	3~4（找平层）/ 5~8（面层）	基层平整度、荷载需求 （重载区加厚）
	微水泥	2~3	2~3	基层处理精度、曲面造型适配
	环氧自流平	1~3	2~3	抗压强度要求 （重载区需 3~5 mm）

续表

材料类别	材料名称	厚度范围 /mm	常见或推荐厚度 /mm	厚度影响因素
块材铺贴类	陶瓷砖（釉面砖 / 抛光砖）	6~12	8~10（家居）/10~12（商业）	铺贴面积（大规格砖需≥ 8 mm，防断裂）
	大理石 / 花岗岩	15~30	20（家居）/30（商业）	石材种类（花岗岩可稍薄）、荷载等级
	预制水磨石砖	12~20	15	骨料粒径（大颗粒需增加厚度）
	马赛克（陶瓷 / 石材）	4~6	5	拼接密度（小块马赛克需薄贴）
木竹类	实木地板	15~22	18（主流）/22（高端）	木材种类（硬木可稍薄）、防潮处理
	实木复合地板（三层 / 多层）	12~15	12（主流）/15（加厚款）	表层木皮厚度（影响耐磨寿命）
	强化复合地板	6~12	8~10（主流）	耐磨层厚度（AC3 级≥ 8 mm）
	竹地板	14~18	16	竹材处理工艺(碳化款密度更高)
卷材类	PVC 塑胶地板(卷材)	2~5	3~4(家用)/4~5(商用)	耐磨等级(高人流区需≥ 4 mm)
	橡胶地板	3~8	5（家用）/6~8（运动区）	缓冲需求（运动区需加厚、抗冲击）
特殊功能类	防静电地板（全钢）	30~40	35	架空高度需求(需配合支架系统)
	地暖专用地板（复合类）	8~12	10（最佳导热厚度）	导热系数（厚度≤ 12 mm，避免热损耗）

四 地面构造设计的理论原则

地面构造设计以空间功能与环境协调为核心，构建多层次的设计逻辑框架。以下五大原则相互协同，指导地面构造从抽象理念向系统化设计转化。

（一）功能性优先原则

强调以空间使用需求为导向，建立“需求驱动设计”的基础逻辑，根据行为模式与环境属性（如人流密度、湿度、声学需求）确定构造层次与材料特性，实现功能与形式的动态适配。

（二）结构安全性原则

聚焦力学稳定与材料安全特性，通过分层构造实现荷载合理传导，同时以耐久性与环保性为标准筛选材料。

（三）人体工学适配原则

从生理、心理维度出发，通过材质触感、色彩氛围与微气候调节（隔声、保温等），提升空间的舒适性与安全性。

（四）形式整合性原则

通过材质、色彩与尺度的界面协同，以及节点设计的精细化处理，实现地面与墙面、顶棚的视觉统一，强化空间秩序感。

（五）可持续性原则

倡导可回收材料使用、模块化构造与耐久性设计，推动全周期设计思维的落地。

任务实施

数字资源

步骤 1：查阅规范《房屋建筑制图统一标准》（GB/T 50001—2017）与《房屋建筑室内装饰装修制图标准》（JGJ/T 244—2011），熟悉规范中对于制图的基本规定。

步骤 2：本案例为小两居，如图 1-1-2 所示，以地面铺装图为起点。

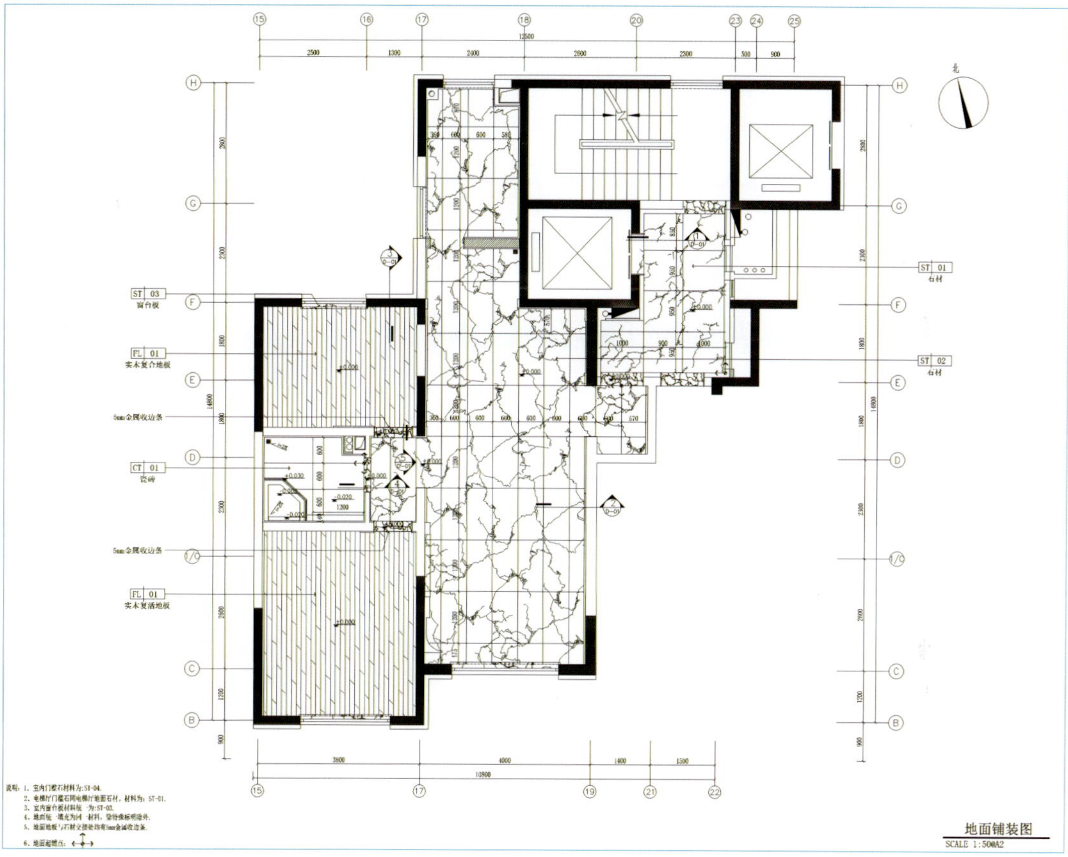

▶ 图 1-1-2　地面铺装图

①圈注所有文字标注。

②归纳各空间地面类型。

③匹配填充图案与符号。

④记录关键数据（包含空间名称、标高、材质类型、坡度要求）。

步骤 3：根据剖切索引符号 D-01-1 的指引，从观察视角解读电梯门过门石剖面图中的可视化元素（图 1-1-3）。

①用语言描述图示内容和文字注释。

②识别剖面图中的楼地面构造层次。

③横向比对关键数据（包括材质边界位置、完成面标高、材料规格及厚度数值等）。

步骤 4：完成上述步骤后，全方位检查图纸各部分有无矛盾或不合理之处。若发现问题，及时查阅设计规范与标准图集。

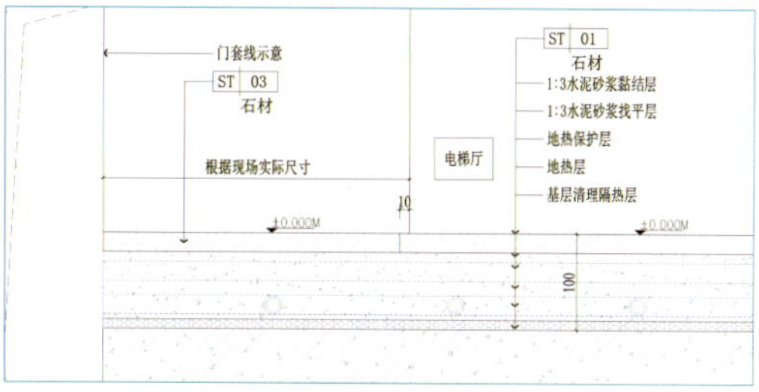

▶ 图 1-1-3　电梯门过门石剖面图

延伸阅读

地面装饰材料与构造设计的方法

地面装饰材料与构造设计的方法是指根据室内空间的功能、风格和技术标准，选择合适的地面材料并设计其构造层次的系统方法。其核心是学会“看需求选材料，按材料定做法”。

整体思路可概括为：先定空间用途、选对材料，再按材料特性设计分层构造，最后用细节处理使得功能与美观兼具，确保地面既实用耐用，又能融入整体空间设计。设计时还要注意安全与环保，优先选用环保板材和可回收材料。

任务二　小户型居室地面材料表编制

任务目标

①通过编制地面装饰材料表，全面了解地面装饰材料的种类、特性。

②提高对材料的选择和应用能力。

③培养环保意识和安全意识，在选择和使用地面装饰材料时能够充分考虑对环境的影响和人员的安全性要求。

任务要求

①详细列出所需的各种地面装饰材料，确保所选材料符合设计要求和施工需要。

②表内材料应符合国家及地方的相关法规和标准，特别是环保和安全方面的要求。

知识链接

一　地面装饰材料的作用

（一）保护楼板或地坪

从室内设计的视角来看，地面装饰不仅关乎审美与风格，更承载着保护楼板或地坪的重要职责。饰面层如同楼板的“防护服”，能够有效抵御外力的直接冲击，耐磨且防碰撞，从而延长楼板的使用寿命。同时，它还能防止水渗漏，避免楼板内部钢筋锈蚀，为室内环境的安全稳定提供坚实的保障。

（二）满足正常使用要求

除上述基本要求外，还因房间的不同而对地面有不同的要求，一般要求坚固、耐磨、平整、不易起灰和易于清洁等。对于厨房和卫生间等房间，则要求耐火和耐水。

（三）满足装饰方面的要求

地面装饰是室内装饰工程的重要组成部分，对室内整体装饰效果有很大影响。处理好地面的装饰效果与功能之间的关系，需要考虑多方面的因素。例如，必须考虑空间造型、整体色彩、装饰图案、质感效果、家具饰品、人的活动状况与心理感受等因素。

二 材料表的编制原则

（一）准确匹配项目需求

要精准反映项目设计要求，涵盖材料的详细信息，包括名称、规格、型号等，同时依据施工工艺需求，确保材料与施工流程相适配，以实现设计效果并保障施工顺利进行。

（二）全面清晰呈现信息

完整列出工程所需的各种装饰材料，不能有遗漏或错误，并且采用规范统一的格式和编码系统，使材料表清晰易读，方便不同人员查阅与交流。

（三）合理控制成本预算

要在保证材料质量的基础上，充分考虑成本因素，合理选择不同价格的材料，使材料表符合项目预算要求，实现性价比最大化。

三 地面饰面材料

（一）整体类地面材料

1. 水泥砂浆

地面水泥砂浆材料是传统且应用广泛的地面基层与面层材料，由水泥、细骨料和水按比例配制而成（图 1-2-1）。它成本低廉、施工便捷且适应性强，既可用于木地板、瓷砖等铺设前的找平层，也适用于工厂、仓库等对耐磨、耐压要求高的场所，还能满足临时装修或经济型装修需求。凭借高强度及良好的耐磨性、耐久性、可塑性，水泥砂浆地面可适应不同厚度、强度及造型要求，且环保无毒，日常维护简便。

▶ 图 1-2-1　水泥砂浆地面

2. 水磨石

水磨石材料是一种历史悠久且颇具特色的装饰材料（图 1-2-2）。它由水泥、石子（如大理石、花岗岩碎片）等混合浇筑，经研磨、抛光制成，适用场景广泛。水磨石地面色彩丰富、图案多样，耐磨且易清洁，兼具装饰性与实用性，能为空间增添独特韵味（图 1-2-3）。

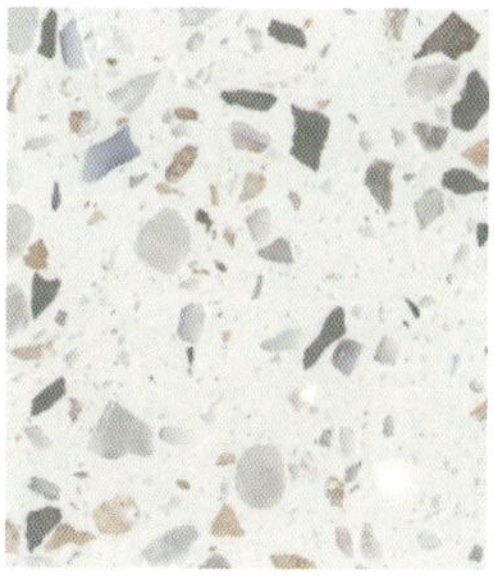

▶ 图 1-2-2　水磨石效果

▶ 图 1-2-3　水磨石地面

3. 自流平

自流平材料是一种高性能的地面涂装材料，由环氧树脂、固化剂、稀释剂及填料等按比例混合而成。施工时，材料能自动流淌并找平，形成光滑、平整且无缝的地面（图 1-2-4）。其特点是耐磨、耐压、耐化学腐蚀、易清洁及装饰性强，能满足不同风格和功能的室内设计需求（图 1-2-5）。

▶ 图 1-2-4　自流平施工

▶ 图 1-2-5　自流平地面

（二）块材铺贴类地面材料

数字资源

1. 天然石材

天然石材是指从天然岩体中开采出来并加工成的块状或板状材料的总称（图 1-2-6）。从广义上讲，有纹理的称为大理石，以点斑为主的称为花岗岩。

▶ 图 1-2-6　天然石材纹理

从美学角度看，大理石宛如大自然精心绘制的艺术品，其独特的纹理和丰富的色彩，能为室内空间增添高雅的气质。大理石常用于打造酒店大堂、精品住宅客厅等彰显品位的区域（图 1-2-7）。然而，在功能方面，它硬度偏低，耐磨性不足，在人流量较大的空间使用时需谨慎评估，且放射性检测须达标。

▶ 图 1-2-7　大理石装饰效果

2. 陶瓷地砖

陶瓷地砖是以陶土或瓷土为原料，经高温烧制而成的地面装饰材料，具有防水、耐磨、抗污、易清洁的特性。其种类多样（如釉面砖、通体砖、抛光砖等），可满足不同风格与功能需求，是室内外地面装修的常用选择。

（1）釉面砖

数字资源

釉面砖是表面施釉处理的陶瓷砖，釉层赋予其丰富色彩与图案，可营造多种风格（图1-2-8）。釉面砖防污性佳，易清洁，但耐磨性相对较弱，适用于客厅、卧室等干燥且对装饰要求高的室内地面。

▶ 图 1-2-8　陶瓷釉面砖

（2）通体砖

通体砖坯体与表面材质一致，整体硬度高，耐磨防滑，性能稳定，能适应一定重载与摩擦（图1-2-9）。它多用于阳台、走廊、室外庭院等公共区域或对防滑要求高的场所。

▶ 图 1-2-9　通体砖

（3）抛光砖

数字资源

抛光砖由通体砖表面打磨抛光制成，视觉效果明亮大气，能提升空间通透感。普通抛光砖防滑性较差，易渗污，需定期保养，常用于客厅、展厅等湿度低且追求美观的室内地面（图1-2-10）。柔抛砖采用柔和抛光工艺，表面呈亚光或半亚光质感，光感柔和不刺眼，防滑性优于普通抛光砖，适配温馨家居场景（图1-2-11）。

▶ 图 1-2-10　普通抛光砖

▶ 图 1-2-11　柔抛砖

（4）玻化砖

玻化砖是经高温高压全瓷化处理形成的，硬度、密度高，吸水率极低，耐磨、抗污性能卓越，使用寿命长（图 1-2-12）。

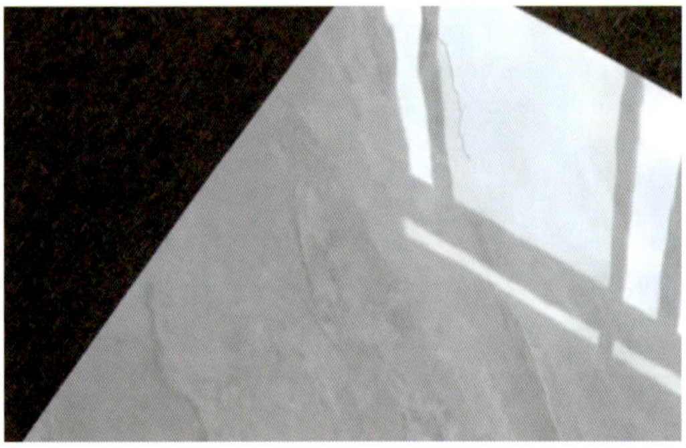

图 1-2-12　玻化砖

（5）马赛克

数字资源

马赛克又称陶瓷锦砖，是一种由小块陶瓷、玻璃、石材等材料拼接而成的装饰材料（图 1-2-13），早期用于建筑墙面、地面装饰。其色彩丰富，造型灵活，具有防水、耐磨等特性，常用于浴室、厨房、玄关等空间，也可拼贴成图案、文字，打造个性化背景（图 1-2-14）。在现代设计中，它衍生出 3D 立体、金属质感等创新款式，兼具实用价值与艺术装饰价值。

近年来，市场上出现了非陶瓷、玻璃、石材等材料拼接的新型马赛克材料，如树脂马赛克，在不少场景中被视作独立的材料品类。

图 1-2-13　马赛克（陶瓷锦砖）

图 1-2-14　马赛克（陶瓷锦砖）应用效果

（三）木竹类地面材料

木竹地板是以天然木材或木材加工制品为主要材料的地面装饰材料，涵盖竹质地板、实木地板、实木复合地板、复合地板等类型。其经烘干、刨切、涂装等工艺处理，保留木纹肌理，兼具装饰性与舒适性，脚感温润且富有弹性（图 1-2-15）。

图 1-2-15　木竹地板地面

1. 竹质地板

竹质地板是以 4 ~ 6 年生毛竹为原料，通过切割、蒸煮、胶合、高压等工艺制成的（图 1-2-16）。其最大优势在于高硬度与高环保性，适用于客厅、餐厅等人流量大的区域。

▶ 图 1-2-16　竹质地板

2. 实木地板

数字资源

实木地板由天然木材直接加工而成，保留木材天然的纹理与质感，脚感舒适（图 1-2-17）。如橡木、胡桃木、柚木等材质各具特色，环保美观，但价格较高，需精心保养，易受环境湿度影响，干燥时可能开裂，潮湿时可能变形。

▶ 图 1-2-17　纯实木地板

3. 实木复合地板

数字资源

实木复合地板一般由多层实木单板纵横交错压制而成（图 1-2-18、图 1-2-19），表层为优质实木单板。实木复合地板兼具实木地板的美观性与较好的稳定性，价格适中，脚感也不错，在家庭居室和一些追求自然质感的场所应用广泛。

▶ 图 1-2-18　实木多层复合地板

▶ 图 1-2-19　实木三层复合地板

4. 复合地板

数字资源

复合地板一般指强化复合地板，由耐磨层、装饰层、基材层和平衡层组成（图 1-2-20）。耐磨层耐磨性强，装饰层可模拟多种木材纹理，基材层多为高密度纤维板，平衡层则多为防潮平衡地板。它价格实惠，安装便捷，不过脚感和环保性相对弱一些，常用于对成本控制严格、人流量较大的场所。

▶ 图 1-2-20　强化复合地板（木屑粉末压贴）

（四）卷材类地面材料

1.PVC 卷材

PVC 卷材即聚氯乙烯塑料地板，是一种现代化的地面装饰材料，近年来在室内设计中得到广泛应用。它以聚氯乙烯树脂为主要原料，添加增塑剂、稳定剂、颜料等辅料，经挤出、压延等工艺制成，是商业空间、医疗机构、教育机构及家庭装修中理想的地面装饰材料（图 1-2-21、图 1-2-22）。

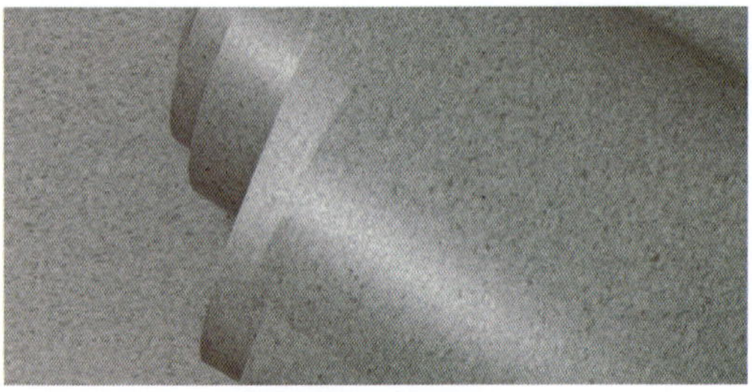

▶ 图 1-2-21　PVC（聚氯乙烯）卷材

▶ 图 1-2-22　卷材铺设施工

2. 橡胶地毡

橡胶地毡是以天然橡胶或合成橡胶为主要原料，经过一系列复杂的加工工艺制成的，具有丰富的色彩、多样的纹理以及出色的物理性能的地面装饰材料（图 1-2-23）。它广泛应用于各类室内空间，为室内环境增添了独特的魅力与实用性。

▶ 图 1-2-23　橡胶地毡

3. 地毯

地毯是棉、麻、毛、丝、草等天然纤维或化学合成纤维类原料，经手工或机械工艺进行编结、栽绒或纺织而成的地面铺敷物（图 1-2-24）。在室内设计领域，地毯凭借其独特的质感、丰富的色彩和多样的图案，在提升空间舒适度、美化环境以及改善声学效果等方面发挥着重要的作用。

▶ 图 1-2-24　地毯

任务实施

步骤 1：明确装饰材料表的编制目的、需求和范围，明确涉及的房间区域。

步骤 2：制作地面详细材料表。

①材料代码：为项目唯一标识材料，方便信息管理、沟通协作等。

②材料名称：明确材料的种类和名称。

③材料编号：对每种材料进行编号，方便管理和查找。

④使用位置：标明各类材料应安装、应用或放置的具体地点或区域。

⑤防火等级：装饰材料的燃烧性能等级按现行国家标准《建筑材料及制品燃烧性能分级》（GB 8624—2012）的有关规定检测确定。

步骤 3：对于需要特殊说明的材料，在备注栏中进行标注（特殊要求、品牌、产地等信息）。完成后，核对数据，确保符合设计要求和施工条件（表 1-2-1）。

表 1-2-1 居室地面详细材料表

材料代码	材料名称	材料编号	使用位置	防火等级	备注（规格）
瓷砖 CT	防滑地砖	CT-01	卫生间	A 级	品牌见物料手册
石材 ST	意大利灰大理石	ST-01	电梯厅	A 级	品牌见物料手册
石材 ST	雅铂灰大理石	ST-02	客厅 / 餐厅	A 级	品牌见物料手册
石材 ST	条纹石纹大理石	ST-03	窗台	A 级	品牌见物料手册
石材 ST	大理石	ST-04	过门石	A 级	品牌见物料手册
木材 WD	实木复合地板	WD-01	主卧 / 次卧	B2 级	品牌见物料手册
金属 MT	金属收边条	MT-01	收边	A 级	品牌见物料手册

任务三 小户型居室客厅石材地面结构深化图绘制

任务目标

①通过结构深化图的绘制，确保居室地坪施工质量和效率。

②通过详细准确的图纸指导施工团队正确理解设计意图，减少错误和返工。

任务要求

①明确标注所使用的石材类型，需注明石材的规格、尺寸和颜色等详细信息，确保施工过程中材料的一致性。

②清晰展示石材地面的构造设计，包括基层处理、石材铺设、填缝处理等，确保施工过程的准确性。

知识链接

一 石材地面构造

在居室装修中，石材类和陶瓷类地面材料备受青睐。以石材地面为例，天然石材中的大理石纹理自然优雅，色彩丰富，有爵士白、黑金砂等品种，能营造高雅的空间氛围，但硬度相对较低，需注意防刮耐磨；花岗岩质地坚硬，抗污性强，如芝麻白、芝麻黑常用于公共区域地面，也适用于厨房、阳台等磨损较大的家庭空间地面。

设计师需根据空间功能、风格和业主需求等合理选择石材（表 1-3-1）。

表 1-3-1　常用石材地面构造图例

<table>
<tr><th>构造名称</th><th>图例</th><th>三维示意图</th></tr>
<tr><td>石材（有垫层）</td><td>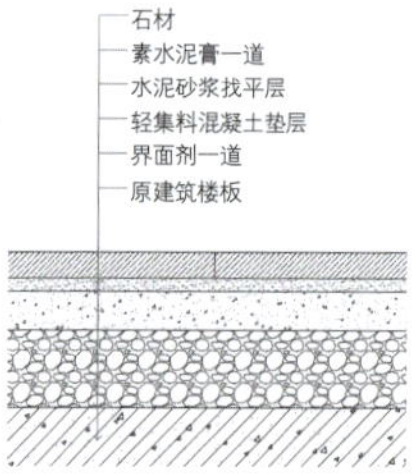
</td><td>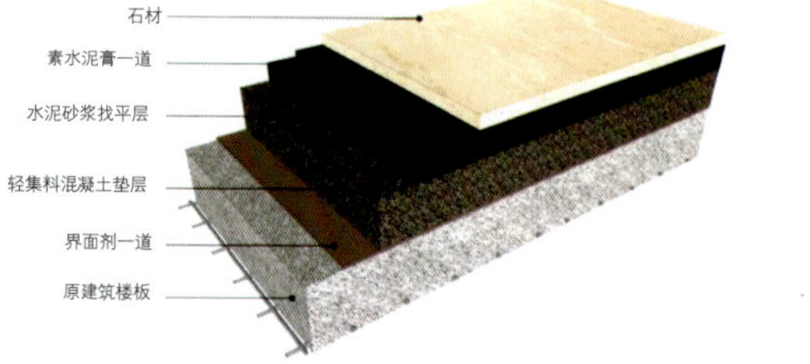
</td></tr>
<tr><td>石材（无垫层）</td><td>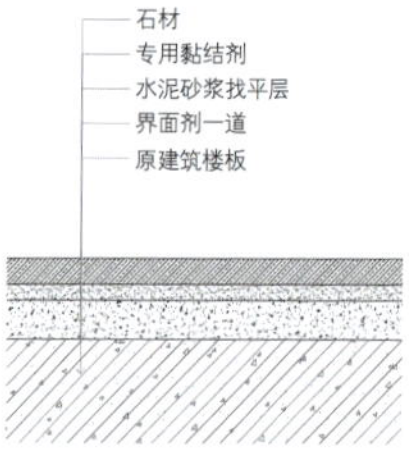
</td><td>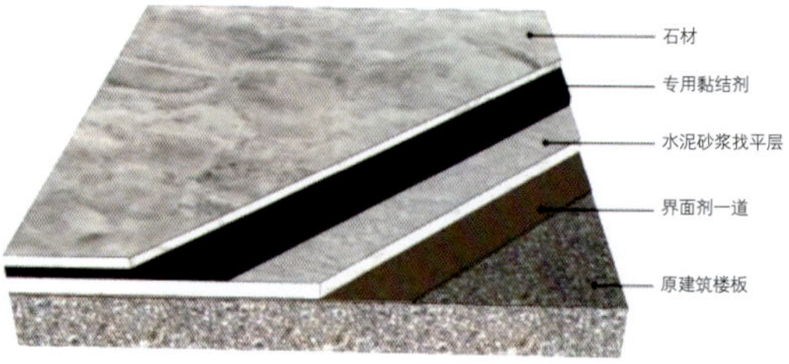
</td></tr>
<tr><td>石材（有防水）</td><td>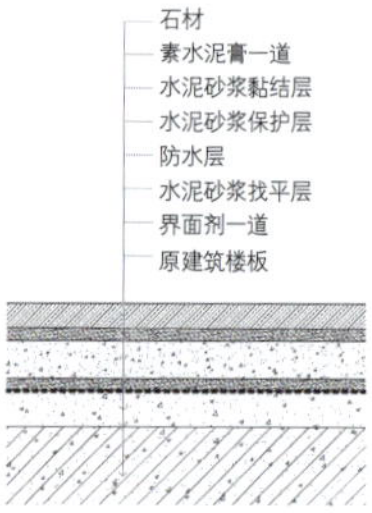
</td><td>
</td></tr>
<tr><td>石材（有防水、有地暖）</td><td>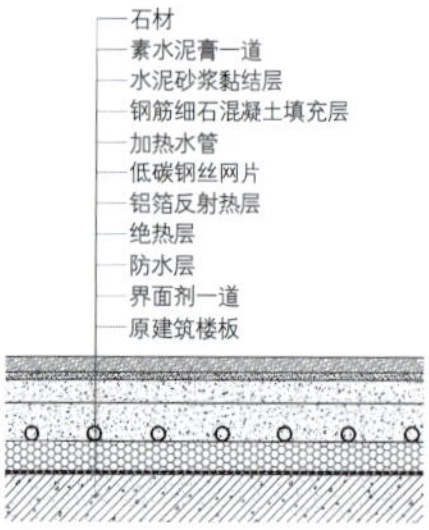
</td><td>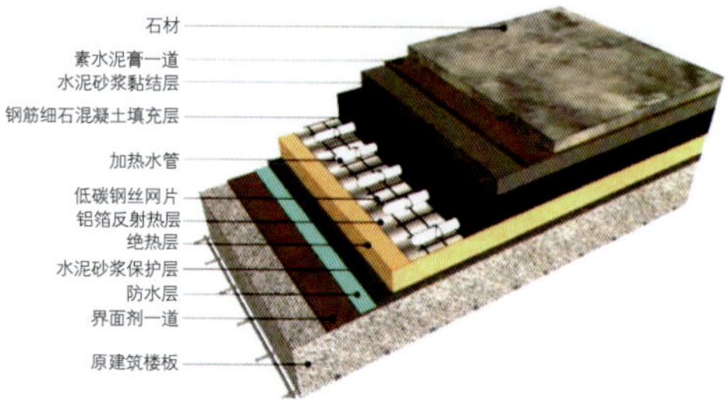
</td></tr>
</table>

二 石材地面施工

（一）石材（有垫层）

原建筑钢筋混凝土楼板，刷界面剂一道；LC7.5 轻集料混凝土垫层（厚度依现场实际情况而定）；30 mm 厚 1∶3 水泥砂浆找平层（图 1-3-1）；10 mm 厚素水泥膏均匀批涂在石材背面；石材根据编号及纹路方向铺贴。

（二）石材（无垫层）

施工前检查基层强度，含水率应小于 8%；石材加工切割后应确保彻底干透后再做六面油性防护（图 1-3-2）；检查石材的光泽度、平整度、厚度、强度等；施工过程中，石材切割后或背网铲除后，需对石材进行局部防护处理；基层不得有明水或起砂现象；石材铺贴应使用专用黏结剂（也称胶黏剂）（图 1-3-3），铺贴 15 天后再清缝、填缝（图 1-3-4），以使水泥砂浆中多余的水分充分挥发；石材铺贴后应采用透气材料进行成品保护。

（三）石材（有防水）

原建筑钢筋混凝土楼板，刷界面剂一道；30 mm 厚 1∶3 水泥砂浆找平层；1.5 mm 厚 JS 防水涂料（聚合物水泥防水涂料）或聚氨酯涂膜防水层；10 mm 厚 1∶3 水泥砂浆保护层；30 mm 厚 1∶3 干硬性水泥砂浆黏结层（也称结合层、粘接层）；10 mm 厚素水泥膏（黑或白水泥膏）；安装石材。

▶ 图 1-3-1 水泥砂浆找平

▶ 图 1-3-2 石材防护处理

▶ 图 1-3-3 瓷砖胶黏结

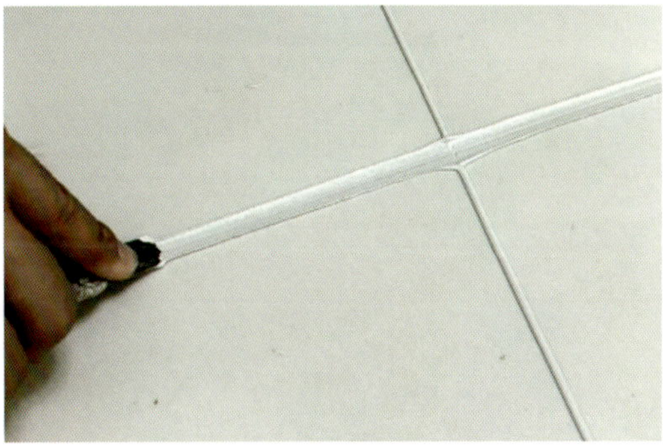

▶ 图 1-3-4 填缝剂

（四）石材（有防水、有地暖）

原建筑钢筋混凝土楼板，刷界面剂一道；1.5 mm 厚 JS 防水涂料或聚氨酯涂膜防水层；40 mm 厚聚苯乙烯泡沫塑料保温层；铺真空镀铝聚酯薄膜（或铺玻璃布基铝箔贴面层）绝缘层；铺 18 号镀锌低碳钢丝网，用扎带与加热水管绑牢；加热水管；50 mm 厚 C20 细石混凝土垫层，6 mm 钢筋 @150 mm，随打随平（表面开伸缩缝）；30 mm 厚 1∶3 干硬性水泥砂浆黏结层；10 mm 厚素水泥膏（黑或白水泥膏）；安装石材。

任务实施

数字资源

步骤 1：结构图选择。以编号 D-01-2 剖切索引为例，绘制任务一中所示户型客厅区域的石材地面构造图。该节点是地面荷载传递、平整性控制的核心，需解决材料过渡、厚度匹配、工艺衔接三大问题，属于地面构造设计的典型基础节点。

步骤 2：收集地面石材的材质、颜色、尺寸等详细信息，确定绘图的比例和尺寸。可参考学习《国家建筑标准设计图集　内装修—楼（地）面装修》（13J502-3）中的石材楼（地）面构造做法（图 1-3-5）。

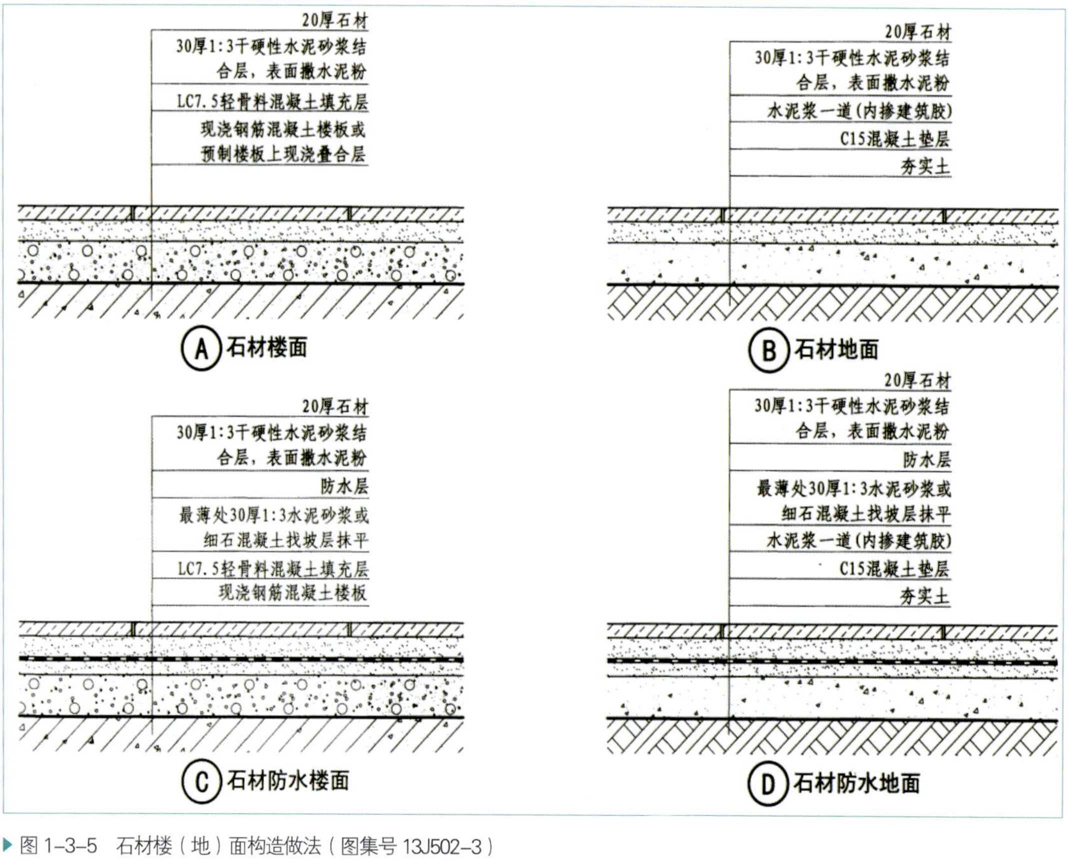

图 1-3-5　石材楼（地）面构造做法（图集号 13J502-3）

步骤 3：构造设计推导（图 1-3-6）。石材面层（ST-02）厚 20 mm；1∶3 水泥砂浆黏结层厚 20 mm；1∶3 水泥砂浆找平层厚 20 mm；地热保护层采用纤维网，厚 10 mm，包裹地暖管，防止管道受损；地热层间隔 150 ~ 200 mm 排列地暖管，确保散热均匀；基层清理隔热层阻断热量向楼板散失；厚 120 mm 钢筋混凝土作为结构基层。

步骤 4：依次绘制出基层、中间层及面层，并详细标注材料的种类、厚度、铺设方式及地暖排水管道等相关设备，需要在图纸上准确绘制出设备与各构造层之间的相对位置和关系。对于特殊位置或重要信息，可添加注释或说明文字。

步骤 5：仔细检查图纸，如发现错误或遗漏，及时进行修改和完善。

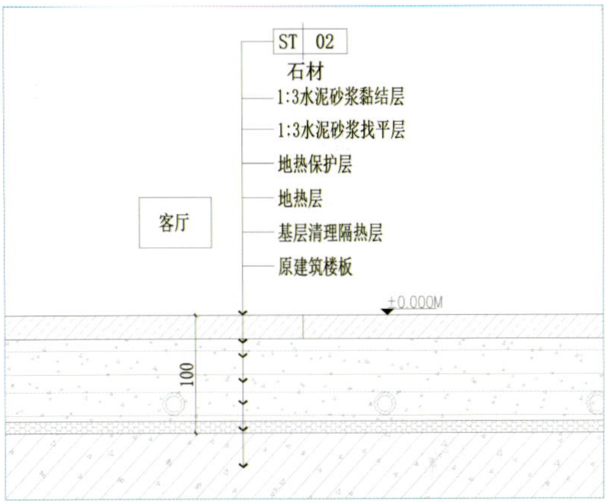

▶ 图 1-3-6　客厅石材地面构造图

任务四　小户型居室卧室木地板地面结构深化图绘制

任务目标

①通过详细标注木地板的类型、规格、颜色等信息，以及清晰的构造设计，确保施工人员在施工过程中能够准确理解并遵循设计师的设计意图。

②通过精细的节点详图绘制，确保木地板与周边结构的衔接细节处理得当，以提升整体装修的美观性和协调性。

任务要求

①明确木地板信息，标注木地板的材质、规格和纹理，保证施工材料一致。

②展示木地板构造设计，体现基层处理（地面找平、防潮）、铺设方式（龙骨铺设、直接粘贴）、伸缩缝处理，确保施工准确。

③标注铺设尺寸、伸缩缝宽度，注明木地板专用胶水、防潮垫等辅助材料及安装配件（踢脚线、地板钉），确保图纸数据准确，比例与实际一致。

知识链接

一 木地板地面构造

面层为木地板本体，直接承受使用荷载并呈现装饰效果，包括实木地板、实木复合地板、复合地板等类型。实木地板保留天然木纹，脚感温润，需通过龙骨铺设或悬浮式安装；复合类地板表面的耐磨层强化了耐用性，多采用锁扣式悬浮铺设或胶黏剂固定。

中间层承担防潮、找平、缓冲等核心功能。防潮层多采用防潮膜或铝膜防潮地垫，阻断地下潮气上侵；缓冲层选用 PEX、EVA 等材质地垫，找平细微高差、吸收踩踏振动并降低噪声；对于实木地板，用木龙骨或钢龙骨构成架空层，形成空气流通腔体，提升透气性与保温性。

基层要求平整、干燥、坚固。水泥找平层是最常用的基层，复合地板可直接铺设其上，平整度不足时需先做自流平处理；实木地板的龙骨体系依附于建筑地面，通过预埋件或螺栓连接，将面层荷载均匀传递至基层。层次构造需预留 8 ~ 12 mm 的伸缩缝，以应对木材热胀冷缩的特性，确保整体结构稳定耐久，如表 1-4-1 所示。

表 1-4-1　常用木地面构造图例

构造名称	图例	三维示意图
实木地板（木龙骨）	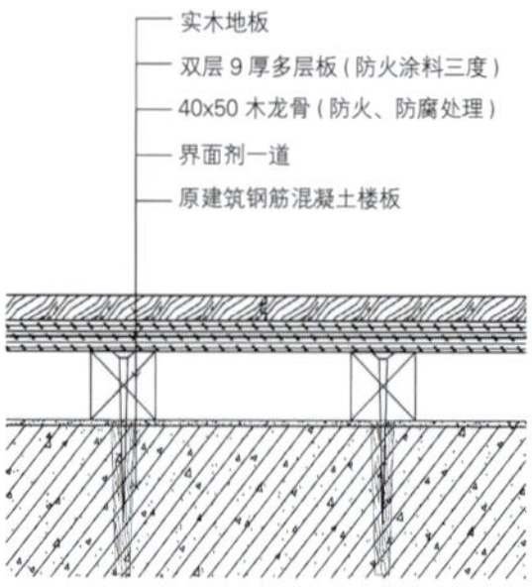	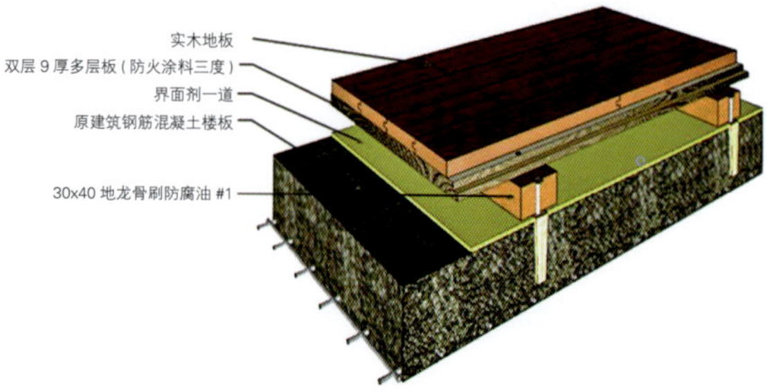
实木地板（槽钢架空）	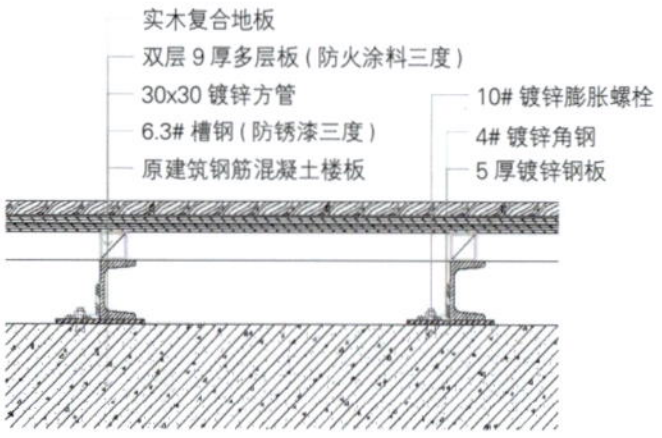	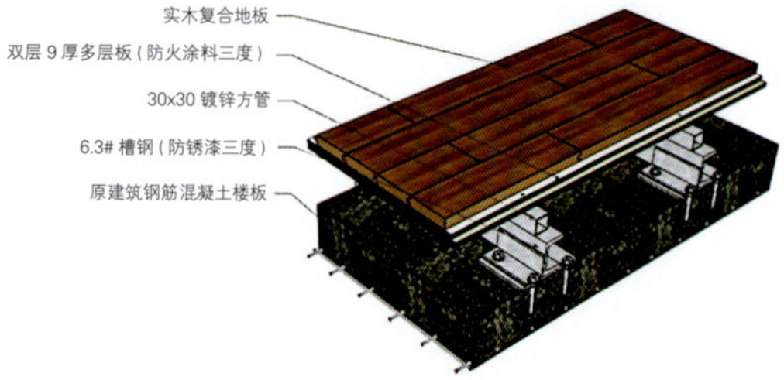

续表

<table>
<tr><th>构造名称</th><th>图例</th><th>三维示意图</th></tr>
<tr><td>复合地板</td><td>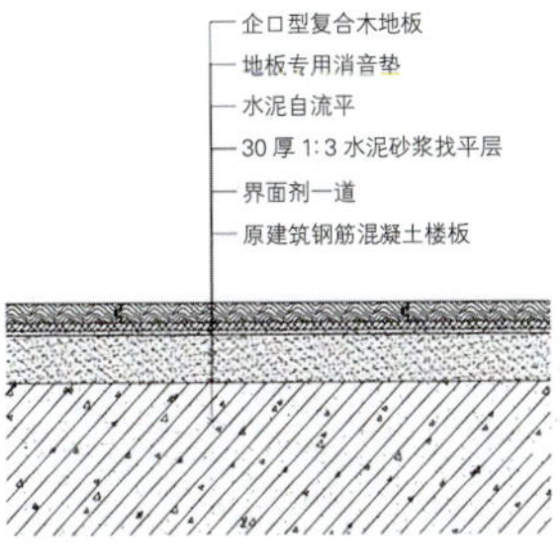
</td><td>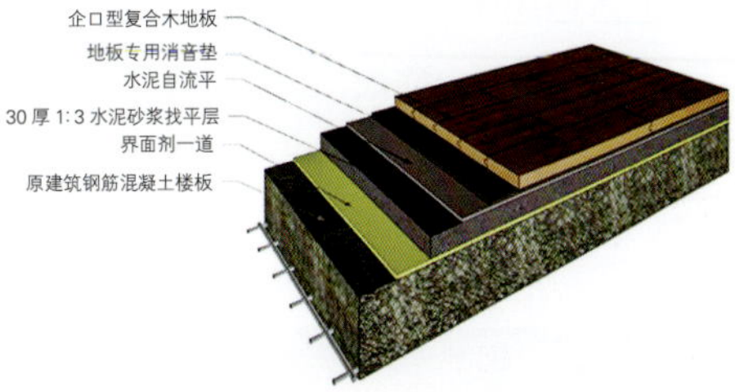
</td></tr>
<tr><td>实木复合地板（有地暖）</td><td>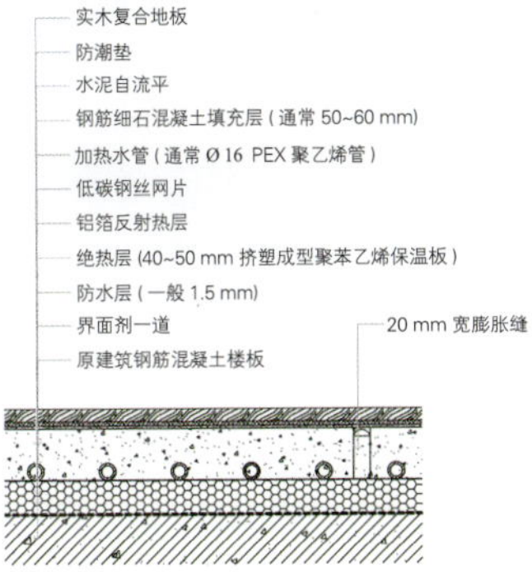
</td><td>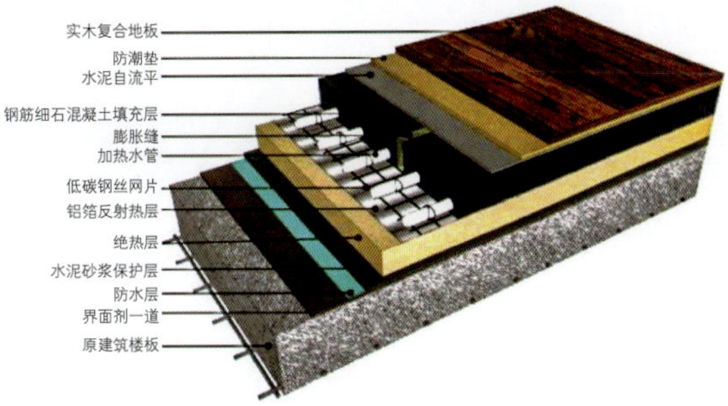
</td></tr>
</table>

二 木地板地面施工

（一）悬浮铺设

不使用胶水粘贴，也无龙骨支撑，通过地板锁扣或企口连接，整体悬浮于地面。这种工艺适用于各类强化复合地板及部分实木复合地板，在家庭装修及对施工速度要求高的场所常用。

施工步骤：基层处理，确保地面平整、干燥、洁净。铺设防潮垫，从房间一角开始逐块铺地板并连接，四周墙边预留 8 ~ 12 mm的伸缩缝，最后用踢脚线收口。

（二）龙骨铺设

这种工艺常用于居室实木地板铺设，也适用于健身房、舞蹈教室等对地面弹性和舒适度要求高的场所。

施工步骤：基层处理保证平整，按木地板长宽合理间距安装龙骨，木龙骨间距为 300 ~ 400 mm，轻钢龙骨按产品规格设置间距（图 1-4-1、图 1-4-2）。用水平仪确保龙骨水平，将木地板钉在龙骨上，注意钉眼深度，墙边预留伸缩缝并用踢脚线遮盖。

▶ 图 1-4-1　木龙骨铺设

（三）直接粘贴法

这种工艺适用于较薄的木地板，如部分强化复合地板和实木复合地板，但对基层要求高。用专用胶水将木地板直接贴在平整的基层上，施工简单，稳定性好（图 1-4-3）。

施工步骤：基层平整度误差控制在 2 mm 内，干燥、干净且无油污。地面均匀涂胶后铺贴木地板，用橡胶锤敲实，及时清理溢出的胶水，预留伸缩缝并收口。

▶图 1-4-2 轻钢龙骨铺设

▶图 1-4-3 胶水铺贴木地板

任务实施

数字资源

步骤 1：选择结构图，明确绘图位置、图纸深度等具体要求。以编号 D-01-3 剖切索引为例，绘制任务一中所示户型卧室区域的木地板地面构造图。此构造设计需满足“实木复合地板 + 地热系统”的功能需求。

步骤 2：收集木地板材料的具体信息，根据图纸用途和展示内容，确定图纸尺寸、绘图比例以及需要用到的 CAD 等绘图工具。

步骤 3：参考学习《国家建筑标准设计图集 内装修—楼（地）面装修》（13J502-3）中的木地板楼（地）面构造做法及铺装形式，掌握常见的构造方式和规范要求（图 1-4-4）。

步骤 4：构造设计推导（图 1-4-5）。实木复合地板为厚度 18 mm 的企口拼接型，适配卧室使用场景；PE 防水薄膜满铺搭接，阻隔潮气上侵，防止木地板受潮膨胀、翘曲；30 mm 厚 1:3 水泥砂浆找平层满足强度与平整度要求；基层清理隔热层采用保温板，阻隔地热热量向下散失，提升地热采暖效率；原建筑楼板作为结构承载层，需检测基层强度、裂缝及起砂情况，保障后续施工质量。

步骤 5：使用 CAD 绘图工具，从基层开始，逐步绘制找平层、面层等结构层次，依次详细标注各层材料的种类、厚度及铺设方式，对于特殊位置或重要信息，如地面有管道穿过的处理方式、伸缩缝的设置等，添加注释或说明文字。

步骤 6：完成后，检查是否存在遗漏或错误的信息。核对尺寸是否准确、标注是否清晰完整、构造表达是否合理。

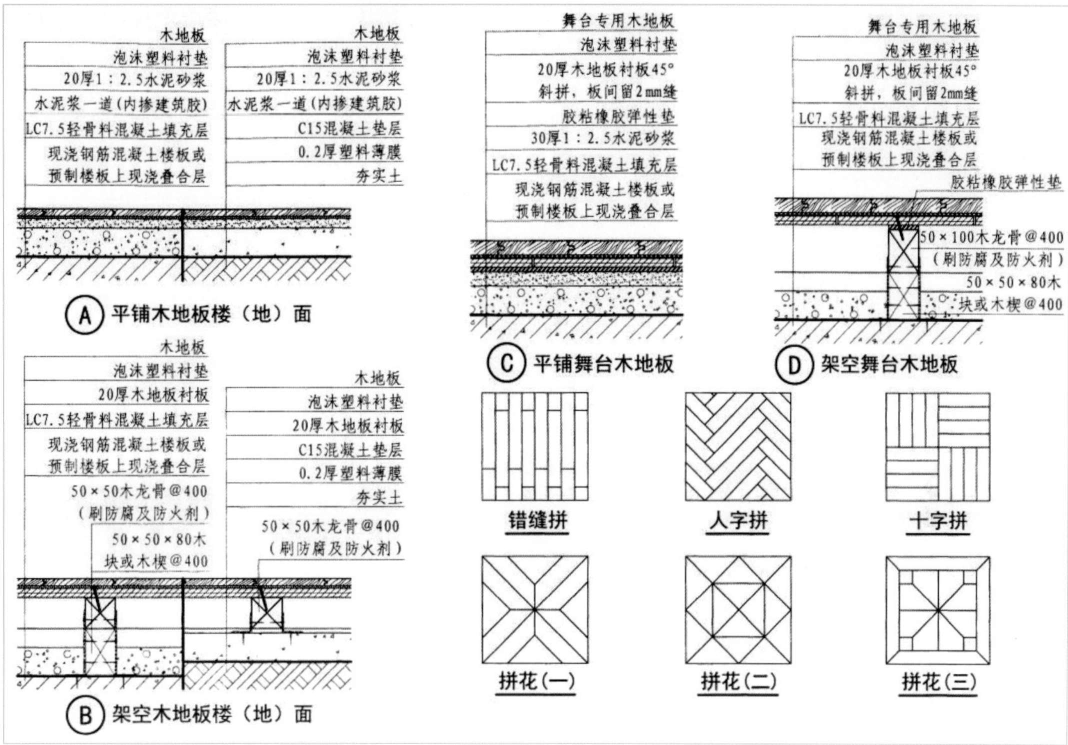

▶图 1-4-4　木地板楼（地）面构造做法及铺装形式（图集号 13J502-3）

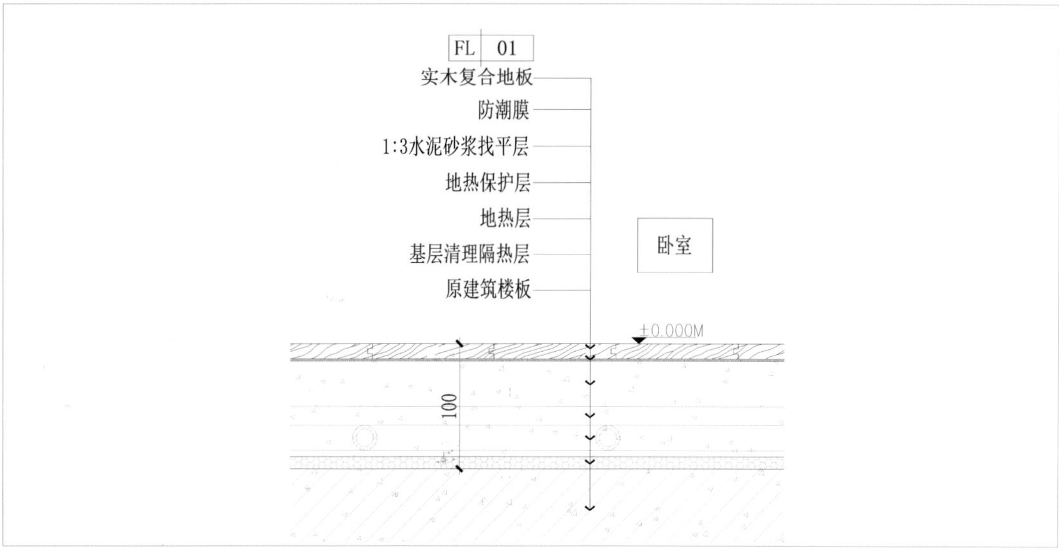

▶图 1-4-5　木地板地面构造详图 D-01-3

任务五　小户型居室卫生间地面结构深化图绘制

任务目标

①通过标注地面材料、构造细节、关键尺寸和防水处理等信息，提供清晰的施工指导。

②通过强调防水处理的描述，准确标注防水层的材料、厚度、铺设范围等关键信息，确保施工后的防水性能符合相关规范。

任务要求

①标注地面材质（瓷砖、防水石材等）、规格（尺寸、厚度）、颜色和纹理。

②展示构造设计，涵盖基层处理（找平、防水）、排水系统（地漏位置、坡度）、防滑处理，注明铺设方式及与墙面、设备的连接方式。

③标注铺设尺寸、坡度、排水口位置，列出防水涂料、填缝剂等辅助材料及配件（门槛石、防滑条），注明防水层材料。

④确保图纸规范，图纸比例与实际一致，标注特殊要求和细节。

知识链接

一　陶瓷类地面构造

陶瓷类地面是室内设计常用的地面形式，其构造（表 1-5-1）与石材地面构造类似，基层一般为钢筋混凝土楼板，是整个地面结构的承重基础，具备较高的强度和稳定性。找平层常用 1:3 水泥砂浆，厚度一般为 20 ~ 30 mm，为后续的防水层施工提供一个平整的基面。

防水层常见的有 JS 防水涂料、聚氨酯防水涂料等。通过涂刷，在地面形成一层连续的、具有一定厚度和弹性的防水膜（图 1-5-1）。其作用是防止卫生间内的水渗透到楼下或墙体内部，避免造成渗漏和损坏相邻空间的结构与装饰。

一般使用干硬性水泥砂浆作为黏结介质，将地砖牢固地粘贴在保护层上，确保地砖的稳定性和平整度。

图 1-5-1　涂刷防水涂料

表 1–5–1　常用陶瓷类地面构造图例

<table>
<tr><th>构造名称</th><th>图例</th><th>三维示意图</th></tr>
<tr><td>后场厨房地面</td><td>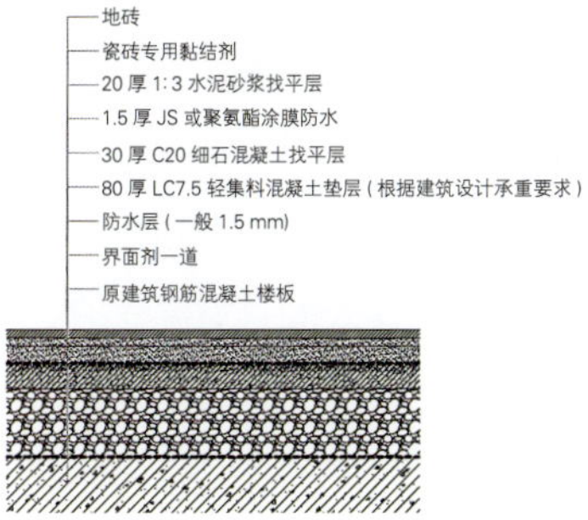
</td><td>
</td></tr>
<tr><td>地砖地面</td><td>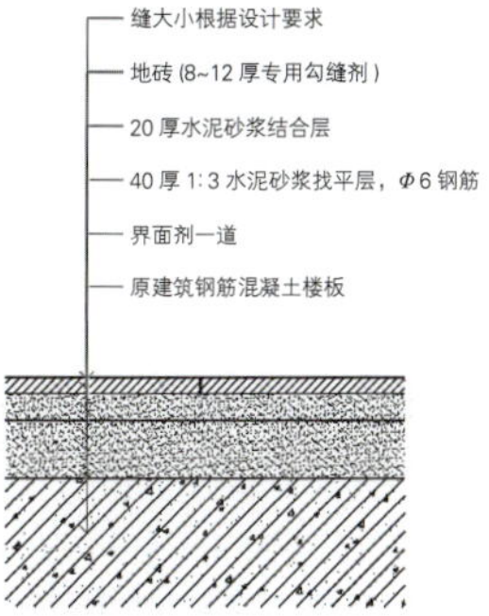
</td><td>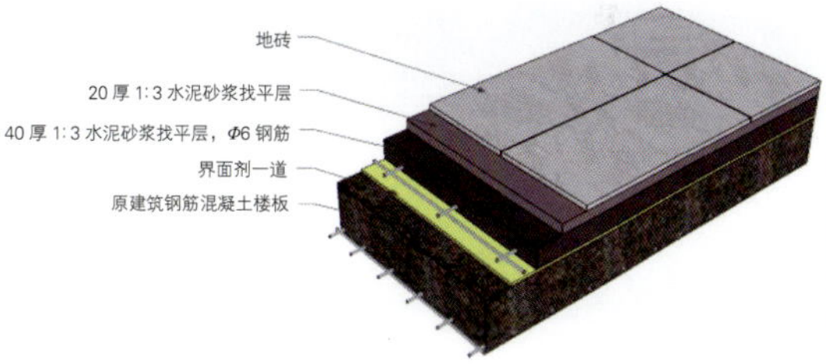
</td></tr>
<tr><td>地砖地面（有地暖、有防水）</td><td>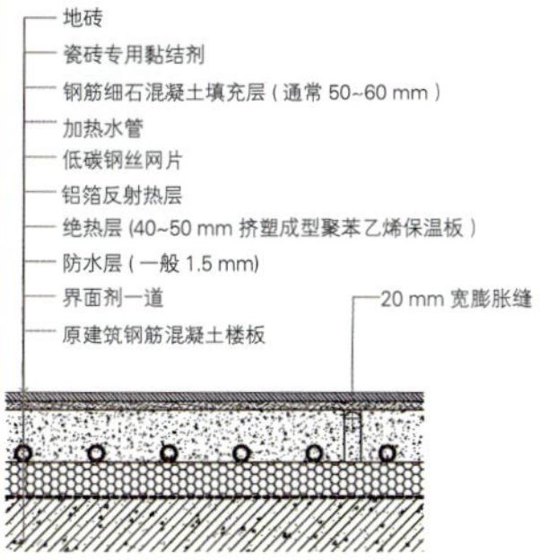
</td><td>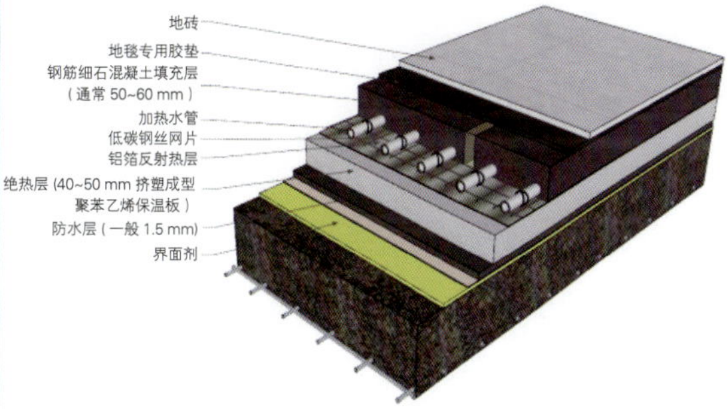
</td></tr>
<tr><td>马赛克地面（有防水）</td><td>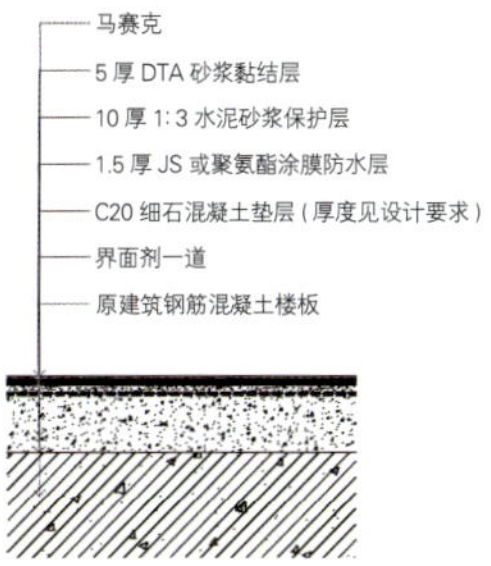
</td><td>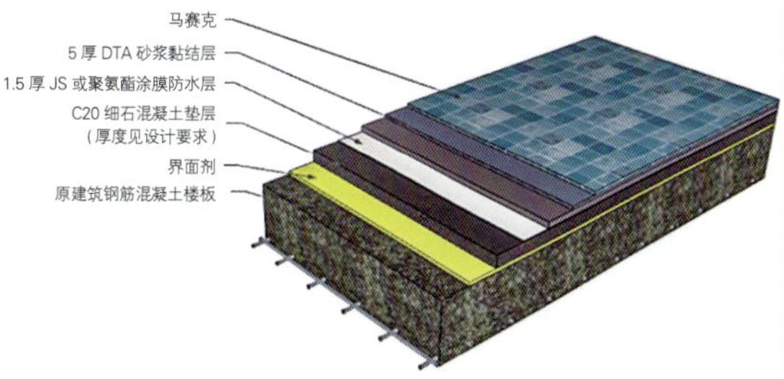
</td></tr>
</table>

二 陶瓷类地面施工

（一）干贴法

干贴法适用于酒店、商场等大面积的公共卫生间，用干性水泥砂浆（1:3）做黏结层，含水量少，不易空鼓、位移，适用于大面积铺贴（图1-5-2）。

▶ 图 1-5-2 地砖干贴

施工步骤：先清理基层，平整度误差超过 3 mm 时，需找平并刷界面剂；按砖尺寸弹线预排，避免边缘出现小条砖并标记位置；在基层铺 20 ~ 30 mm 厚干硬性砂浆（手捏成团、轻敲即散），刮平拍实；砖背抹素水泥浆后对准线铺贴，用橡胶锤敲平并校准平整度；贴后检查空鼓，2 小时固定砖缝，24 小时后清理，养护 3 ~ 5 天，其间禁止承重。

（二）湿贴法

湿贴法是家居最常用的施工方式，适合客厅、卧室等非潮湿区域，尤其适合中小规格瓷砖（如 800 mm×800 mm 以下），但需注意预留 2 ~ 3 mm 伸缩缝防止热胀冷缩。

施工步骤：施工前先清理基层浮灰、空鼓，平整度误差超过 5 mm 时，需用 1:2.5 水泥砂浆找平，浇水湿润基层，避免砂浆失水。按水泥：中砂 =1:3 配制湿性砂浆，弹线定位后在基层摊铺 20 ~30 mm 厚砂浆层，瓷砖背面抹 5 ~10 mm 素水泥浆，对准控制线铺贴并轻敲至水平，预留 2 ~ 3 mm 伸缩缝。铺贴后用十字卡固定砖缝，24 小时后清理表面，常温养护 3 ~ 5 天，其间禁止踩踏。

（三）薄贴法

薄贴法省空间，黏结力强，适用于 750 mm×1500 mm 等大规格砖或地暖环境（图 1-5-3）。

▶ 图 1-5-3 地砖薄贴

施工步骤：首先用自流平水泥找平基层（平整度≤ 2 mm），养护干燥后按瓷砖胶：水 =2:1 搅拌黏结剂，静置后二次搅拌。弹线预排砖，避免边缘窄缝，用 6 mm 齿深刮板在基层和砖背均匀刮涂 3 ~ 5 mm 厚黏结剂，粘贴时横向揉压排气，用振动器确保满粘，平整度误差≤ 1 mm。铺贴后 2 小时清理多余黏结剂，24 小时后可行走。

（四）灌浆铺贴法

厨卫等湿区常用灌浆铺贴法。先做防水，

涂刷 JS 防水涂料（墙面翻高 300 mm，淋浴区 1.8 m），闭水试验无渗漏后做 20 mm 厚砂浆保护层。采用湿贴或薄贴法铺贴瓷砖，应预留 3 ~ 5 mm 宽砖缝（马赛克 1 ~ 2 mm），用十字架固定缝宽。待黏结剂固化 48 小时后，清理砖缝灰尘，用环氧彩砂或美缝剂填缝，压实刮平后 1 ~ 2 小时用海绵擦除残留物，24 小时内避水。阴阳角可倒角拼接或装金属阳角条，地漏周边找坡 0.5%，确保排水顺畅。

任务实施

数字资源

步骤 1：选择结构图，先明确绘图位置和深度要求。以编号 D-01-4 剖切索引为例，绘制任务一中所示户型卫生间瓷砖地面防水构造图。此构造设计需解决结构渗漏、基层空鼓等问题，是湿区地面防水的典型代表。

步骤 2：参考学习《国家建筑标准设计图集　内装修—楼（地）面装修》（13J502-3）中的地砖（陶瓷锦砖）楼（地面）构造做法，掌握构造方式和规范要求（图 1-5-4）。收集瓷砖材料的具体信息，根据图纸用途和展示内容，确定图纸尺寸、绘图比例以及需要用到的 CAD 等绘图工具。

步骤 3：构造设计推导（图 1-5-5）。基于“原楼板→防水→填充→找平→饰面”的设计逻辑，涂刷 1.5 mm 厚双道 JS 防水层（涂刷三遍，上下各一道），第一道隔离结构渗漏，第二道阻断面层窜水；55 mm 厚轻质混凝土垫层，解决卫生间降板填充问题；1:2.5 水泥砂

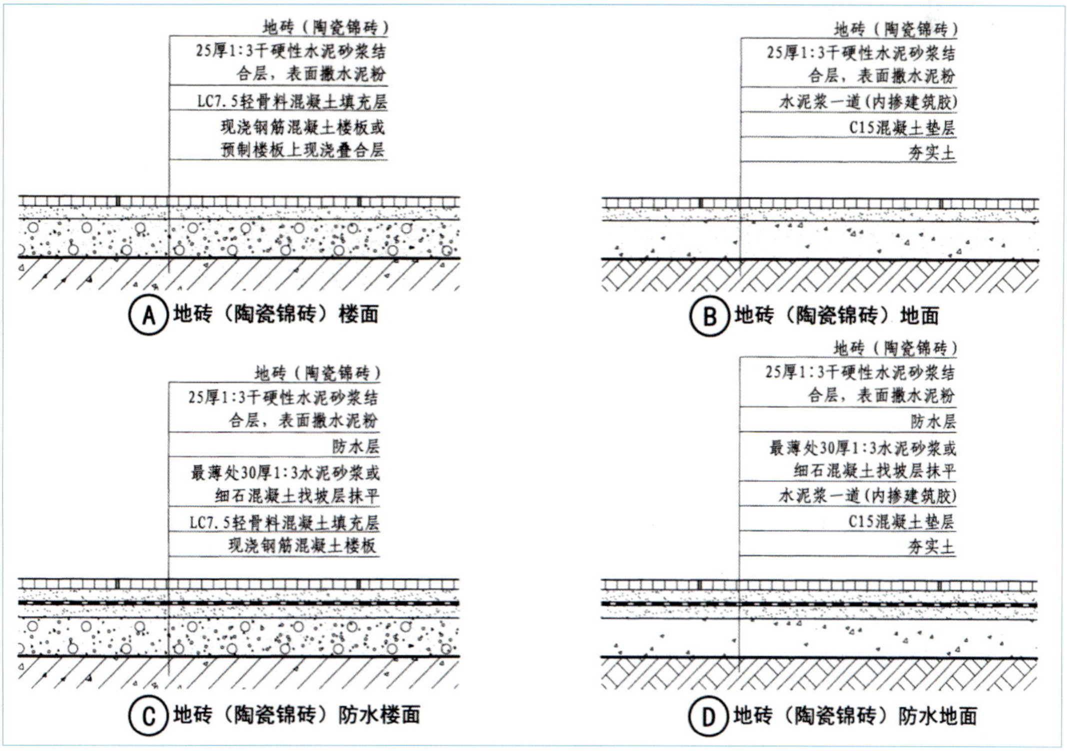

▶ 图 1-5-4　地砖（陶瓷锦砖）楼（地）面构造做法（图集号 13J502-3）

浆用于 30 mm 抹灰层和 35 mm 找平层，为防水和瓷砖提供稳定基底；瓷砖黏结剂满粘施工；8 ~12 mm 厚防滑瓷砖，适配湿区瓷砖抗滑移需求。

步骤 4：绘制构造图。根据卫生间实际情况和绘图需求，从基层开始绘制，按照实际施工顺序，依次绘制各层；标注各层材料的种类，添加注释说明；审核图纸，保证施工人员准确理解图纸。

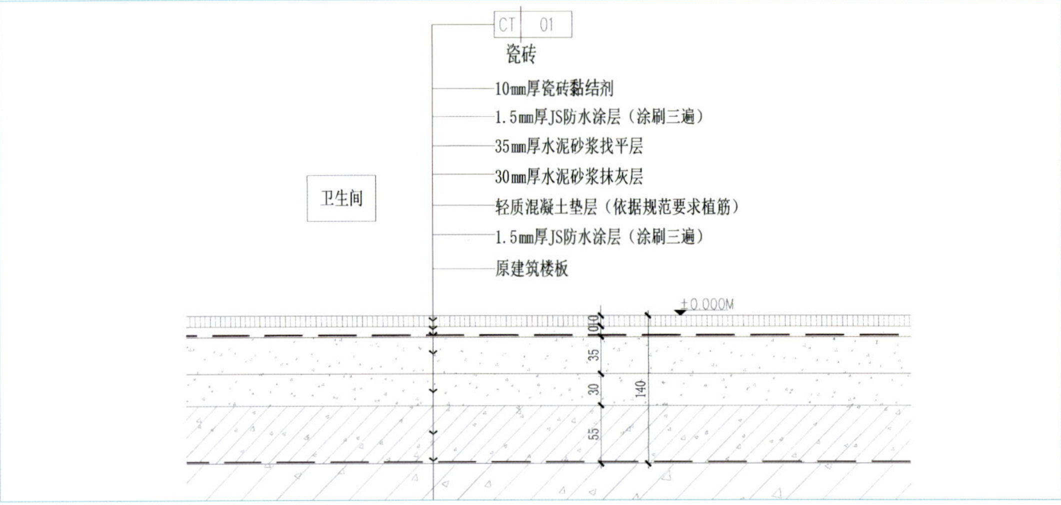

▶ 图 1-5-5　卫生间瓷砖地面防水构造图

任务六　小户型居室过门石结构深化图绘制

任务目标

①通过详细标注过门石的材质、规格、铺设方式、接缝处理，以及关键数据和辅助材料等信息，避免由于信息不明或理解偏差导致质量问题。

②通过明确标注过门石的材质、颜色和纹理等细节以及特殊要求，确保施工后的实际效果与设计意图相符。

任务要求

①标注过门石的材质、规格、颜色和纹理，保证材料一致。

②清晰呈现与地面的连接方式（砂浆、胶黏剂等）、与两侧地面的接缝处理（填缝剂、过渡条）和基层处理（找平、防水）。

③标注铺设尺寸、接缝宽度，注明填缝剂、胶黏剂等辅助材料及过渡条、固定件等配件，添加说明文字或注释，方便施工人员理解。

知识链接

一 过门石构造

过门石主要有平口式和高低差式两种类型，其常用构造如表 1-6-1 所示。

平口式过门石两侧边缘与相邻地面材料平齐，表面平整光滑、过渡自然、简洁大方，适用于多数装修风格，尤其契合追求简约流畅空间感的设计（图 1-6-1）。安装时先处理基层，确保平整、干燥，再涂抹水泥砂浆或石材黏结剂，放置过门石后用水平仪找平，最后用填缝剂填缝。

高低差式过门石一侧与相邻地面平齐，另一侧根据实际情况高出一定尺寸形成落差（图 1-6-2），常用于不同空间之间的过渡。安装时基层处理与平口式类似，涂抹黏结剂后按设计落差安装，完成后填缝并打磨高低差边缘，使其过渡自然，避免人被绊倒。

▶ 图 1-6-1　平口式过门石

▶ 图 1-6-2　高低差式过门石

表 1-6-1　常用过门石地面构造图例

构造名称	图例	三维示意图
木地板 + 石材 + 地砖（平口式）	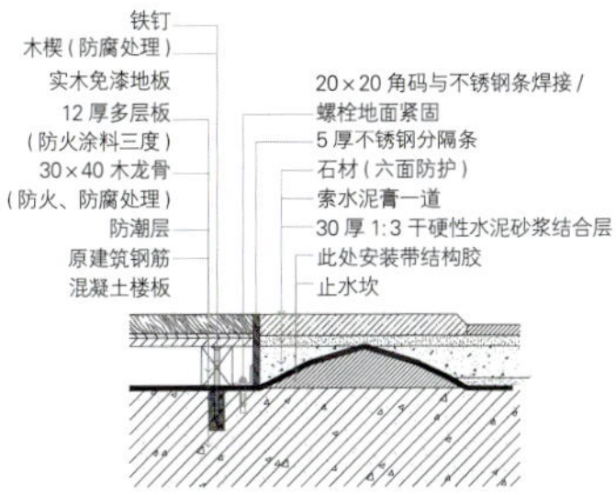	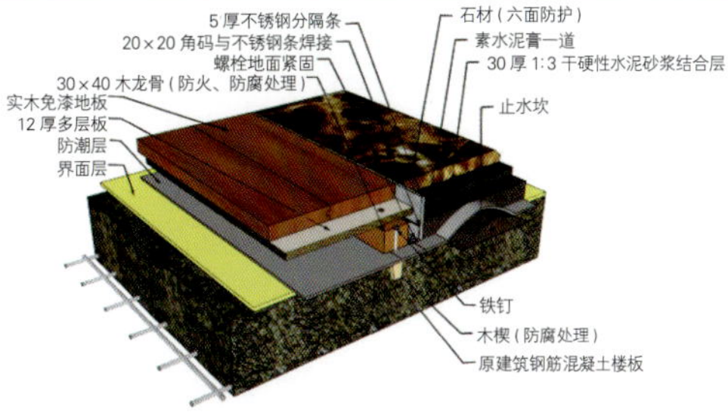
木地板 + 石材 + 地砖（高低差式）	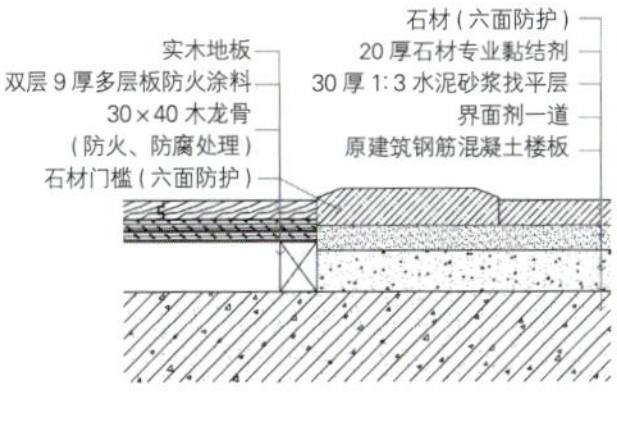	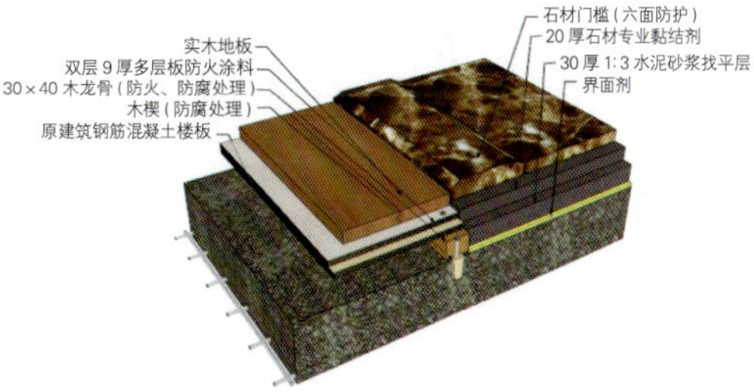

续表

<table>
<tr><th>构造名称</th><th>图例</th><th>三维示意图</th></tr>
<tr><td>地砖＋
过门石＋
木地板
（平口式）</td><td>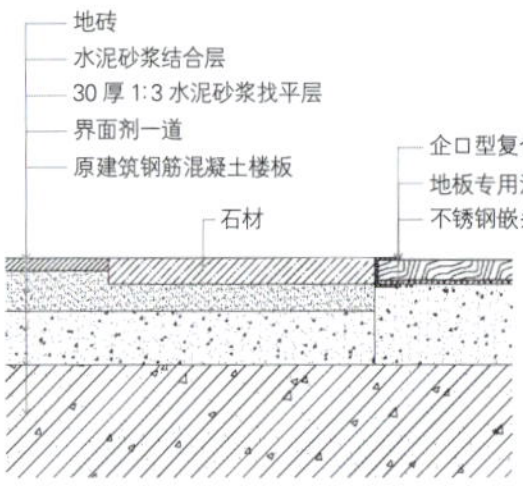
</td><td>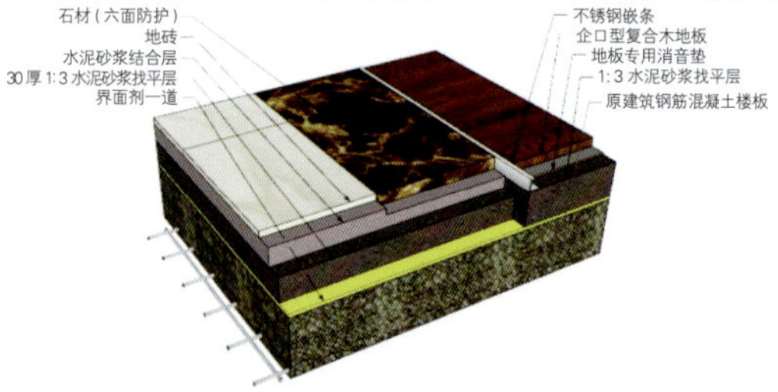
</td></tr>
<tr><td>地砖＋
过门石＋
木地板
（高低差式）</td><td>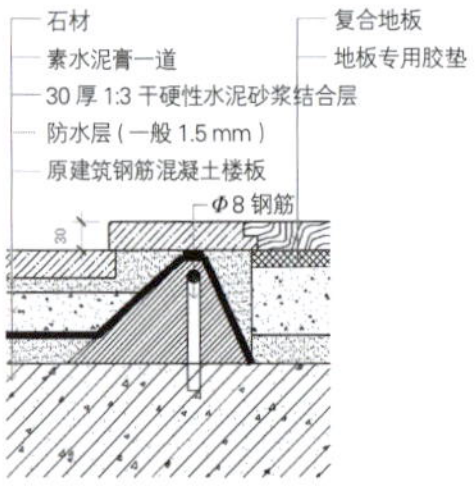
</td><td>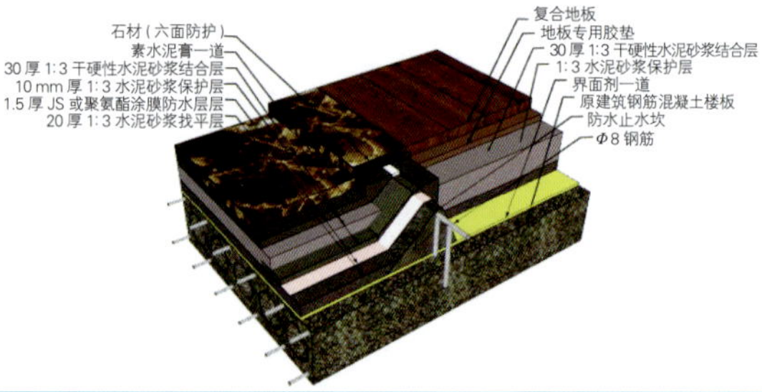
</td></tr>
</table>

任务实施

数字资源

步骤1：选择结构图。明确绘图位置和深度要求，以编号D-01-5剖切索引为例，绘制任务一中所示户型卧室至客厅过门石构造图。通过过门石解决跨空间材质衔接问题，让地面构造既满足功能需求，又实现视觉统一。

步骤2：参考学习《国家建筑标准设计图集 内装修—楼（地）面装修》（13J502-3）中的过门石构造做法及铺装形式（图1-6-3～图1-6-6），掌握构造方式和规范要求。收集过门石材料的具体信息，根据图纸用途和展示内容，确定图纸尺寸与绘图比例。

步骤3：构造设计推导（图1-6-7）。基于“共通地热系统→分区功能面层→细节收口处理”的推导逻辑。共通构造为原建筑楼板、提升采暖效率的隔热层、PE-RT管地热层、抗裂水泥砂浆地热保护层；卧室分区构造为1:3水泥砂浆找平层、PE防水薄膜（满铺搭接）潮气阻断层、18 mm企口实木复合地板；客厅分区构造为平整基底1:3水泥砂浆找平层、1:3水泥砂浆或石材专用黏结剂固定石材黏结层、饰面石材面层；收口构造为5 mm金属压条、示意空间分隔的门套线。

步骤4：绘制构造图。先绘制基层结构，体现其形状、厚度和材质特征；接着绘制中间层，明确黏结层的涂抹形状、厚度以及与基层和过门石的连接方式；最后绘制面层，包括过门石和周边地面的面层材料，精确表达它们的形状、尺寸、拼接方式以及相互之间的高低关系和衔接细节。

步骤5：依次详细标注各层材料的种类等信息，如石材种类和规格、周边地面面层材料的材质等，对于特殊位置或重要信息，如过门石与不同材质地面交接处的伸缩缝设置、有水房间门槛高度的特殊要求等，添加注释或说明文字；审核图纸，逐项验证结构与参数。

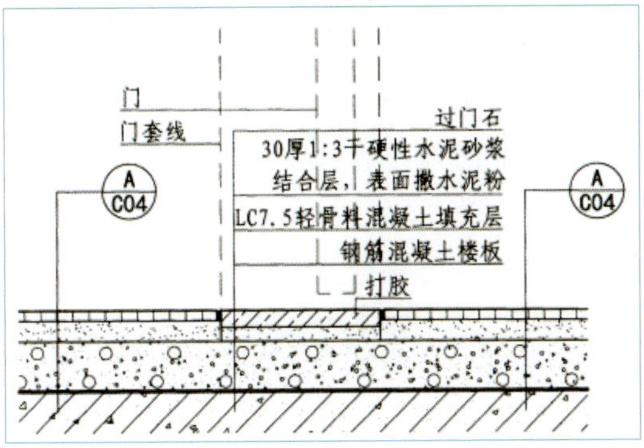

图 1-6-3　地砖—过门石—地砖（陶瓷锦砖）

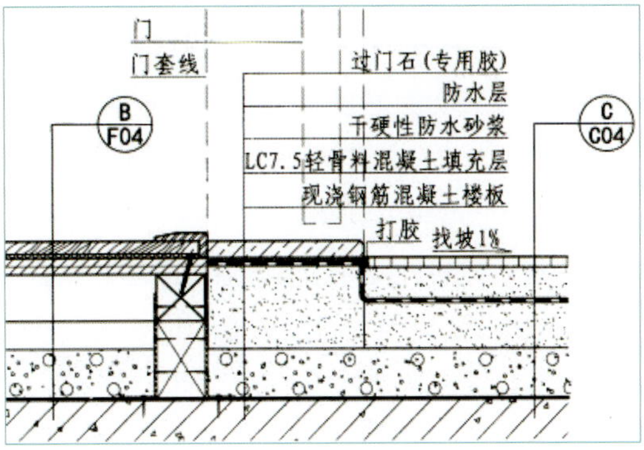

图 1-6-5　木地板（架空）—过门石—地砖（陶瓷锦砖）

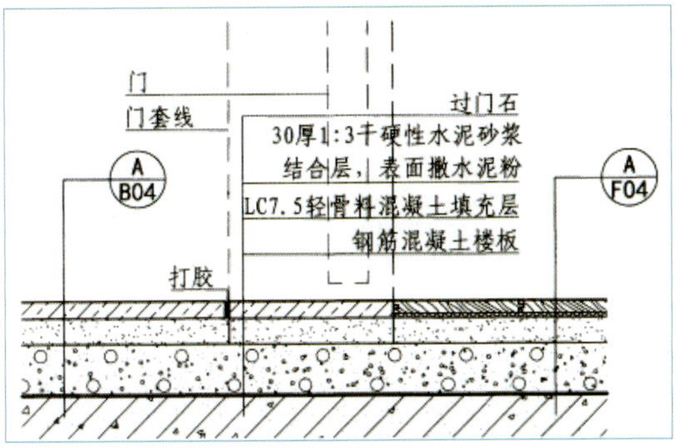

图 1-6-4　石材—过门石—木地板（平铺）

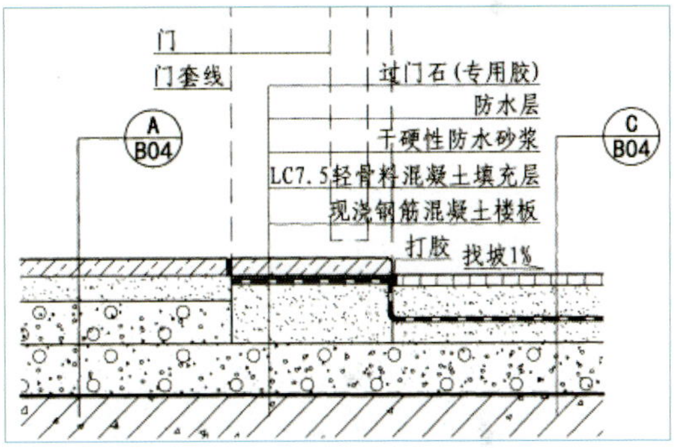

图 1-6-6　石材—过门石—地砖（陶瓷锦砖）

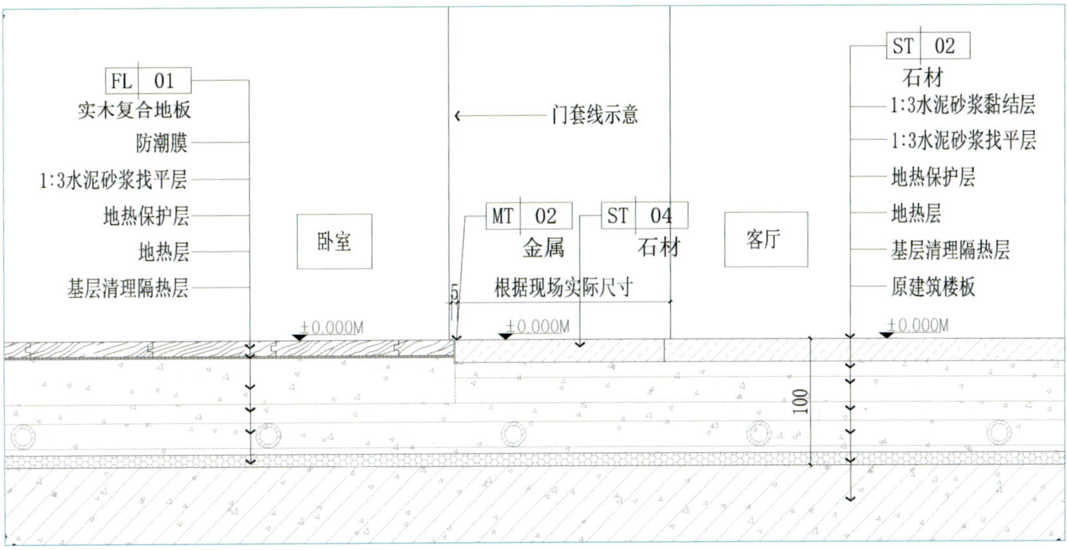

图 1-6-7　卧室至客厅过门石构造图

核心知识小结

1. 各类地面装饰材料的特性及适用范围

水泥砂浆以经济性与适应性见长，是基层处理及工业场景的务实选择；水磨石凭借石子肌理与抛光质感，成为兼具装饰性与耐久性的经典地面装饰材料；自流平地面则以高科技材料实现无缝平整，适用于有高强度需求与极简风格的空间。

不同石材的材料特性与适用场景差异显著。大理石以其精美的纹理成为装饰亮点，常用于对美观性要求极高的住宅客厅。人造石材如陶瓷地砖、马赛克等则凭借可定制的色彩纹理、高强度、耐磨和抗污等优势，成为居住空间地面材料的理想之选。

木地板因类型不同，性能与适用范围也有所不同。实木地板保留了天然木材的优美纹理和舒适脚感，然而其高昂价格和对环境湿度的敏感性，决定了它需要精心保养，常出现在追求高品质生活且有条件维护的空间。实木复合地板巧妙地平衡了美观性与稳定性，价格适中，在居住空间等众多场所得到广泛应用。复合地板因其价格实惠、安装简便，虽脚感和环保性稍逊一筹，但在人流量大且注重成本控制的区域发挥着重要作用。

卷材类地面材料各有特色。塑料地面凭借多样的色彩和图案为室内增添活力；橡胶地毡因其出色的弹性和防滑性能，在体育场馆、健身房等运动场所不可或缺；地毯以柔软的触感和良好的隔音效果，为家庭、酒店等场所营造温馨舒适的氛围。

2. 地面施工图的识读方法及在实际施工中的应用能力

识读地面施工图的关键在于熟悉相关制图标准。《房屋建筑制图统一标准》（GB/T 50001—2017）与《房屋建筑室内装饰装修制图标准》（JGJ/T 244—2011）是基础，依据这些标准，能够准确解读地面施工图中的材料标注、构造层次和尺寸标注等核心元素，并将其与实际施工场地紧密对应。

3. 地面构造设计的理论原则及其在实际项目中的应用

地面构造设计遵循多项理论原则，这些原则相互关联且共同作用于实际项目。功能优先性原则是首要考虑因素，不同空间的功能需求决定了材料的选择方向。结构安全性原则关注材料的长期性能，耐磨性、抗污性和使用寿命是评估重点，且要求从健康角度出发，选择符合环保标准的材料，保障室内空气质量。人体工学适配原则关注用户的生理、心理维度，通过材质触感、色彩氛围与微气候调节，优化空间体验的舒适性与安全性。形式整合性原则与可持续性原则要求在满足前几项原则的基础上，根据装修预算筛选性价比高的产品，实现资源的合理利用，倡导可回收材料使用、模块化构造与耐久性设计。

在实际应用中，以小户型居室为例，各空间严格按照上述原则选材和设计构造。厨房和卫生间选用防滑地砖等满足功能需求的材料，卧室则选择符合舒适美观要求的木地板或地毯。在构造设计方面，不同地面类型的基层、黏结层和面层处理方式各有不同。石材地面的基层处理因基层类型而异，黏结层可根据实际情况选择水泥砂浆或瓷砖胶，面层铺设注重排版和细节处理，且各空间在防水、伸缩缝等方面都有针对性的设计，确保地面实用、耐久。

4. 地面结构深化图绘制的基本步骤

绘制地面结构深化图的首要任务是做好充分准备。明确绘图的目标、要求、比例和尺寸，确保绘图方向准确。全面收集所需地面材料的详细信息，为后续绘制提供准确的数据支持。准备好相关的参考资料，如标准图集等，以及熟练掌握绘图工具，如 CAD 软件等，为绘图工作奠定坚实的基础。深入学习相关标准图集是关键步骤，通过学习了解常见的地面构造方式和规范要求，使绘制的图纸符合行业标准和实际施工需求。在绘制过程中，合理规划图纸布局，根据项目特点确定关键部位，从基层开始，按照实际施工顺序依次绘制各结构层次，准确表达它们的形状、尺寸和相互关系，保证图纸准确、完整。标注环节至关重要，要详细标注各层材料的种类、厚度、铺设方式等信息，确保施工人员能够清晰了解施工要求。对于特殊位置和重要信息，添加详细的注释说明，避免施工过程中出现误解。完成绘制后，进行全面检查是必不可少的。仔细核对图纸的每一个细节，检查是否存在遗漏或错误信息，如有则及时修改完善，确保最终绘制的地面结构深化图能够准确指导施工，保证工程质量。

延伸阅读

《建筑地面工程施工质量验收规范》（GB 50209—2010）（节选）

7.6 地面辐射供暖的木板面层

7.6.1 地面辐射供暖的木板面层宜采用实木复合地板、浸渍纸层压木质地板等，应在填充层上铺设。

7.6.2 地面辐射供暖的木板面层可采用空铺法或胶黏法（满粘或点粘）铺设。

7.6.3 与填充层接触的龙骨、垫层地板、面层地板等应采用胶黏法铺设。铺设时填充层的含水率应符合胶黏剂的技术要求。

7.6.4 地面辐射供暖的木板面层铺设时不得扰动填充层，不得向填充层内楔入任何物件。面层铺设尚应符合本规范第 7.3 节、7.4 节的有关规定。

课后实训

数字资源

主题一：居室地面铺装设计

某装饰公司承接了一个家居空间设计项目，该项目为一套 100 ㎡的三居室住宅，整体风格定位为现代简约风，户型特征见图 1-7-1。业主是一对年轻的上班族夫妇，对居住空间的实用性、美观性和环保性有较高要求，尤其注重地面装饰的品质与耐久性，期望通过合理的地面构造设计营造舒适、时尚且易于打理的生活环境。

①根据上述内容，绘制地面铺装图，详细标注材料的类型、尺寸、铺贴方式、缝隙宽度、坡度等信息。

②编制地面材料表，列出所需地面装饰材料的名称、规格、数量等信息，并做出该项目地面材料的总预算（可根据市场调研情况自行设定品牌和价格）。

③撰写一份地面构造设计分析报告，阐述每种地面材料的选择依据、性能优势、铺贴方式的合理性以及与整体家居风格的协调性，分析在施工过程中可能遇到的问题，提出解决方案，并对该地面构造设计的整体效果进行评价。

主题二：卫生间地面构造图绘制

根据图 1-7-2 所示卫生间地面铺装图，绘制编号为 DT-01-1 的该区域地面构造图。

数字资源

①依材料实际尺寸精确绘制，标注清晰准确，各构造层次（基层、黏结层等）的厚度、材料及连接关系要明确，如卫生间防水、瓷砖规格等绘制与标注都应精准。

②遵循制图标准与规范，采用统一的图例、符号和标注方法，布局合理整洁。

③关键部位要有文字说明特殊构造、工艺、材料要点，如木地板安装、石材防护等内容。

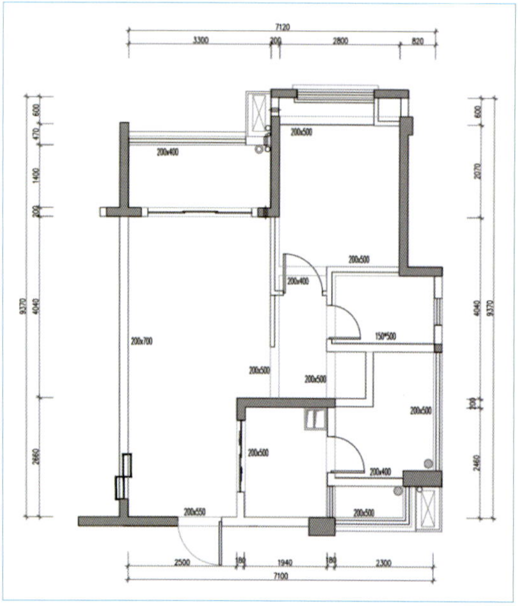

▶ 图 1-7-1　三居室户型图

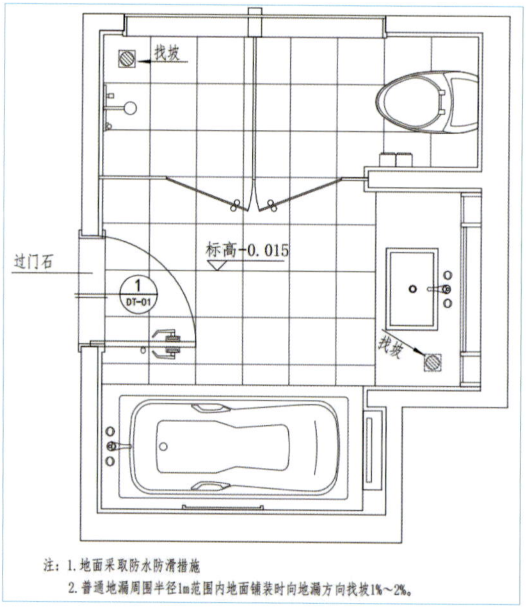

▶ 图 1-7-2　卫生间地面铺装图

学习评价

序号	维度	分值	内容	评分标准	学生自评	学生互评	教师 / 师傅评价
1	学习态度	10	学习过程中的主动参与度与积极性	出勤率（4 分） 课堂互动（3 分） 自主学习（3 分）			
2	识图任务	10	识别和理解小户型居室地面施工图信息的能力	识图准确率（7 分） 识读熟练度（3 分）			

续表

序号	维度	分值	内容	评分标准	学生自评	学生互评	教师 / 师傅评价
3	项目设计任务	20	根据小户型空间特性和实际需求制订合理的地面设计方案	方案的完整度（5 分） 方案的适用性和可操作性（5 分） 方案的创新性（5 分） 方案的美观协调性（5 分）			
4	装饰材料应用	15	小户型居室地面装饰材料的选择与应用能力	合理选择材料（5 分） 环保节能材料选择（5 分） 材料性价比（5 分）			
5	地面构造设计	15	依据地面铺装图和实际情况制订科学的构造设计方案	地面基层处理恰当（5 分） 黏结层施工工艺正确（5 分） 特殊部位构造设计完善（5 分）			
6	装饰材料结构深化图绘制	20	绘制小户型居室地面装饰材料结构深化图	图纸完整性（5 分） 准确性（5 分） 规范性（5 分） 细节表达（5 分）			
7	职业责任	5	法律法规和行业规范	法规遵守（2 分） 操作规范（2 分） 质量安全关注（1 分）			
8	劳动素养	5	劳动态度和团队合作精神	劳动态度（3 分） 团队合作（2 分）			
合计		100	评价学生签名： 教师签名：	权重	0.2	0.2	0.6
				实际得分			

练习思考

①为什么在进行小户型居室地面构造设计时，我们需要特别关注地面的实用性和耐久性？

②针对当前国家关于室内装修的环保政策和标准，你认为在小户型居室地面构造设计中应如何体现环保理念？

数字资源

③随着科技的不断进步，新型地面装饰材料层出不穷。请调研并分析一种未在书中提及的新型地面材料，阐述其特性、适用范围以及在小户型居室地面构造设计中应用的可能性与优势，同时探讨其可能面临的挑战及应对策略。

02 项目二

中户型居室天花装饰材料与构造设计

岗位要求

全面掌握天花材料知识，熟知其特性、优缺点与适用场景，严格按照功能性、美观性原则进行天花构造设计，具备从实例分析中总结经验并应用于实际的能力。

学习目标

知识目标

掌握天花装饰材料的种类、特性及应用范围，理解天花构造设计的基本原理。

能力目标

能够独立分析天花的装饰需求，根据居室空间的特点，选择合适的材料，推导构造方案，并具备实际操作能力，完成天花装饰设计。

素质目标

培养审美意识和环保意识，提升职业素养和实践能力，设计的方案在展现个性化和创新性的同时，注重可持续发展。

思维导图

- **中户型居室天花装饰材料与构造设计**
  - 中户型居室天花施工图识图
  - 中户型居室天花材料表编制
  - 中户型居室客餐厅天花结构深化图绘制
  - 中户型居室卧室天花结构深化图绘制
  - 中户型居室卫生间天花结构深化图绘制

情境导入

天花装饰是室内空间顶界面的核心构成元素，其作用是功能提升与美学优化。通过整合空调管线、电线、灯具及风口等设备，设计师可改善建筑室内物理性能。通过对造型、色彩、材质的系统设计，结合灯光艺术处理，可强化空间的视觉层次与整体协调性，塑造多种空间装饰风格。

中户型的购房人群较为广泛，无论是单身人士、三口之家还是三代同堂的家庭，都能在中户型中找到适合自己的居住空间。中户型在装修和家具配置上具有更大、更自由的发挥空间。业主可以根据自己的喜好和需求，选择合适的家具和装饰品，营造个性化的居住环境。

本项目将全面解析中户型居室天花装饰材料与构造设计的相关知识，帮助学习者掌握核心技能，提升设计水平。内容包含：一是天花装饰材料的选择。主要介绍各种天花装饰材料的特性、优缺点以及适用场景，从而了解不同材料的适用范围。二是中户型居室天花装饰材料与构造设计实例分析。通过具体的案例分析，了解中户型居室天花装饰材料与构造设计的实际运用方法，提升实际操作能力。

思考：某设计项目坐落于城市核心地带，周边交通便捷，商业配套完备。目标客户是一个祖孙三代共同居住的家庭，客户倾向于现代简约的造型风格。请分析客餐厅、卧室、卫生间区域，应分别选用何种天花构造形式，以及如何确保照明设计满足各区域所需。

☆思政小案例

寻新质材料，解锁天花设计新可能

一、项目描述

在某城市的一个新建住宅小区，居民们对居住环境的环保与品质提出要求。与此同时，一则关于某新型环保材料公司专注全屋定制环保材料研发与使用的新闻引发广泛关注。某校一支室内设计专业师生团队决定以此为契机，开展居室天花装饰材料与构造设计项目，将环保理念融入其中，为居民打造绿色健康的居住空间。

二、实施流程

①调研学习：深入研究该公司的环保实践案例，对小区居民进行问卷调查和上门访谈，了解其需求、审美偏好以及对环保的重视程度。

②材料筛选：基于调研结果，选用符合国家环保标准的新型环保石膏板，其甲醛释放量极低，且具有良好的防火、隔音性能。搭配环保型的水性漆作为表面装饰材料，减少挥发性有机化合物（VOC）的排放。

③构造设计：借鉴新闻中该公司对结构优化的思路，采用轻钢龙骨搭建天花框架，确保结构稳固，减少木材使用，降低对森林资源的消耗。在天花造型设计上，采用简约而富有层次感的设计，避免复杂造型带来的材料浪费。

三、成果与反响

项目完成后，小区居民对新的天花装饰非常满意。环保材料的使用让他们能够放心入住。简约而美观的天花设计满足了居民的审美需求，为他们营造舒适、宁静的居住环境。

四、思政要点

通过对新闻事件的学习以及实践项目的推进，师生树立了今后设计工作中优先考量环保因素的意识，助力绿色设计理念的传播与应用；借鉴企业的创新实践，探索了新型材料与构造设计的应用，提升了创新与实践能力。

任务一　中户型居室天花施工图识图

任务目标

①通过本次任务，快速且精准地提取图纸关键信息，提高对天花施工图的识图水平，熟练掌握识图方法与技巧。

②经由识图实践和案例探究培育实操能力，保证所学知识能切实应用于实际天花施工环节。

任务要求

①熟知施工图纸的规范符号及表示规则，精准辨别与领会天花施工图中的各类元素，涵盖材料标识、构造层级、尺寸数据等。

②能够将施工图纸设计和实际施工场所进行对应，防止施工期间因图纸误读而引发差错。

知识链接

一 天花的装饰类型

天花装饰类型可按构造方式、外观形式等维度划分，以下为其主要分类及特点。

（一）直接式天花

直接式天花是指进行装修工程时，直接在上部的楼面或屋面的结构层底部做饰面层而形成的天花形式。通常采用的方式是直接喷浆、抹灰或粘贴壁纸、面板等饰面材料，不设悬吊结构（图 2-1-1、图 2-1-2）。

（二）悬吊式天花（吊顶）

悬吊式天花是通过吊筋、龙骨将面层与楼板连接，形成有一定高度差的构造层。其特点是可隐藏管线，灵活设计造型，适用于客厅、餐厅等需要丰富装饰效果的空间。

按结构的不同分类，悬吊式天花有平面式吊顶（图 2-1-3）、跌级（分层式）吊顶、开敞式吊顶等类型；按造型的不同分类，有回字形吊顶（图 2-1-4）、悬浮式吊顶（图 2-1-5）、L 形不对称吊顶、曲面吊顶等类型；按饰面材料的不同分类，有纸面石膏板吊顶、木饰面吊顶、铝扣板 / 金属板吊顶、定制化 GRG（玻璃纤维增强石膏）材料曲面吊顶、透光云石吊顶等类型。

平面式吊顶最为简洁、常见，天花表面平整光滑，没有明显的凹凸造型。通常采用石膏

图 2-1-1　乳胶漆天花

图 2-1-2　清水混凝土天花

板、集成吊顶板等材料直接安装在天花板基层上，施工简单，成本较低，能让空间显得开阔、简洁。这种吊顶适合现代简约风格的各类居室空间，如卧室、客厅等，也能在一定程度上提升空间的视觉高度。

跌级（分层式）吊顶是现代室内设计中常用的天花造型手法，是通过多层级高低落差设计形成的立体吊顶构造，利用不同高度的吊顶层次划分空间功能或增强视觉层次感（图 2-1-6）。其核心特点是采用轻钢龙骨作为主要支撑结构，通过阶梯式造型引导视线，外层结合石膏板、金属线条、木饰面等材料增强质感对比，既能满足管线隐藏、灯光布局等实用需求，又能提升空间的艺术表现力。

开敞式吊顶是悬吊式天花的一种特殊形式，其核心特征是通过特定形状的单体构件（如木质格栅、金属方通、塑料单元体等）组合悬吊，使天花表面呈现“既遮又透”的效果。这类吊顶打破了传统封闭式吊顶的完整界面，通过单体构件的排列与组合，形成具有韵律感的通透造型，既能对建筑顶部的管线、设备起到一定遮蔽作用，又能保持空间的视觉开放性（图 2-1-7）。

▶图 2-1-5　悬浮式吊顶

▶图 2-1-3　平面式吊顶

▶图 2-1-6　多层跌级吊顶

▶图 2-1-4　回字形吊顶

▶图 2-1-7　开敞式吊顶

二 天花的构造层次

（一）直接式天花的构造层次

直接式天花构造工艺简单，结构层厚度小，材料消耗量小，施工便捷高效，有利于空间的高效利用。然而，此类天花无法形成用于隐蔽管线、设备等的内部空间，仅可将小截面管线预埋于楼屋盖结构层内部。故而直接式天花适用于普通民用建筑及功能需求相对简单、空间规模有限的场所。其常见类型如表 2-1-1 所示。

直接式天花识图需从基层平整度、面层工艺、结构暴露特征及节点细节入手，结合图纸中的材料图例、分层标注及设备布置，明确构造层次与施工要求，尤其需注意与悬吊式天花的区别（无悬吊系统，基层直接装饰）。

（二）悬吊式天花的构造层次

悬吊式天花的构造层次主要由悬吊系统、龙骨、饰面材料三部分组成（图 2-1-8）。

表 2-1-1 直接式天花构造类型

类型	具体内容	图示
直接抹灰式天花	将楼板底面抹灰后喷刷涂料，先用混合砂浆打底，再用纸筋灰罩面	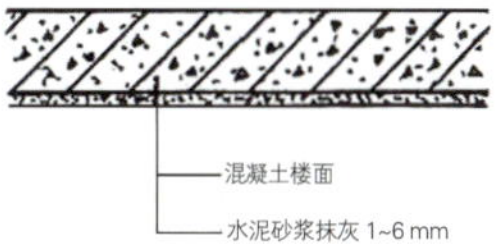
直接喷涂式天花	将楼底面填缝刮平后直接喷刷大白浆、石灰浆等涂料	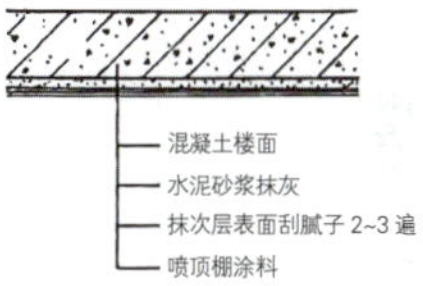
直接粘贴式天花	在楼底面找平后用胶黏剂粘贴壁纸、泡沫塑料板等饰面材料，有预制粘贴和现场粘贴两种做法	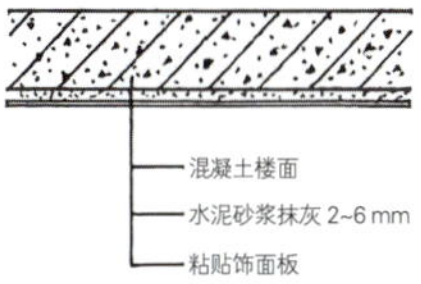

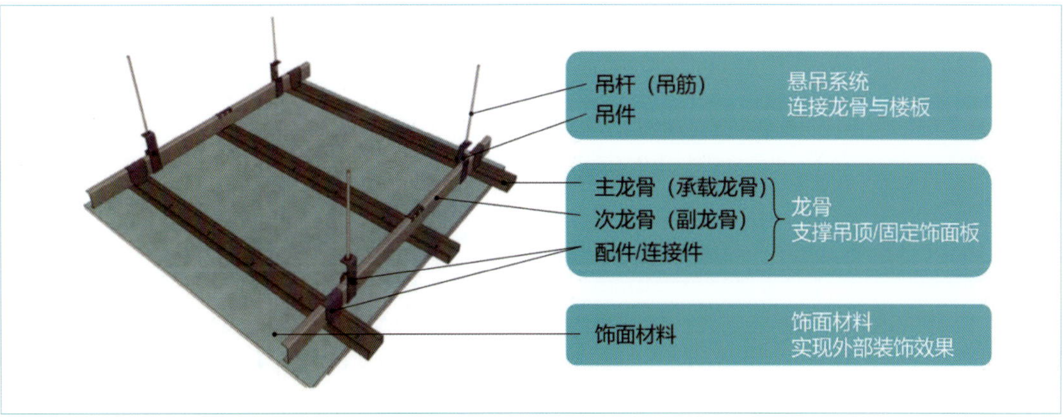

▶ 图 2-1-8 悬吊式天花构造示意（以轻钢龙骨石膏板吊顶为例）

1. 悬吊系统

悬吊系统包含吊件与吊杆（又称吊筋），作为连接吊顶龙骨与楼板的承重构件，其形式选择与楼板结构类型、吊顶荷载大小直接相关。其核心功能包括：承担吊顶全部荷载并传递至建筑承重结构层；通过调节吊杆长度精准控制天花空间高度，以适应不同部位的造型设计与艺术处理需求。吊杆材料常选用钢筋、型钢或方木，固定方式需结合楼板施工阶段预埋或后期射钉（或膨胀螺栓）锚固，确保荷载传递路径安全可靠。

2. 龙骨

其作用与舰船龙骨类似，作为吊顶的骨架，承担支撑吊顶的功能，承受天花荷载并通过悬吊系统传递给承重结构。

龙骨骨架由主龙骨（又称承载龙骨）、次龙骨（又称副龙骨、覆面龙骨）、横撑龙骨及其配件组成。其中，主龙骨是吊顶骨架的主要受力构件，承担饰面及次龙骨等的荷载，并通过吊杆传至楼板结构层；次龙骨和横撑龙骨主要用于固定饰面板，在开敞式吊顶中，次龙骨还直接起装饰作用。

龙骨按材质的不同，可分为木质龙骨（包括方木龙骨、圆木龙骨）和金属龙骨（包括轻钢龙骨、铝合金龙骨）。上人的天花需采用型钢、轻钢或大截面木材作为龙骨，并在龙骨上设置人行通道以保障安全。

3. 饰面材料

饰面材料指覆盖在吊顶龙骨骨架表面，用于实现装饰效果并满足功能需求的各类材料。它是吊顶构造的最外层组成部分，通过与龙骨的连接（如钉、搁、粘、吊、卡等方式），形成完整的天花界面。饰面材料不仅承担着美化室内空间的功能，还需根据设计要求具备吸音、防火、防潮、保温等功能，同时需与灯具、风口等设备协调布置，以实现装饰性与功能性的统一。

悬吊式天花识图需从“悬吊系统→龙骨→饰面材料”三层构造入手，结合节点详图理解各构件的材料、连接与间距，重点关注荷载传递路径、设备协调及安全构造，确保图纸信息与施工规范一致。

三 常见天花材料图例

常见天花材料图例如表 2-1-2 所示。

表 2-1-2　常见天花材料图例

材料名称	图例	备注
胶合板	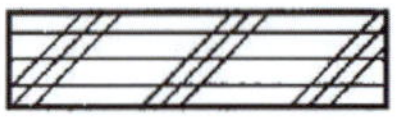	注明厚度或层数
密度板		注明厚度
多层板	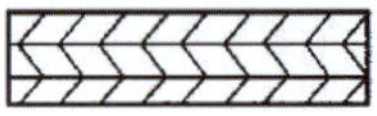	注明厚度或层数
木工板	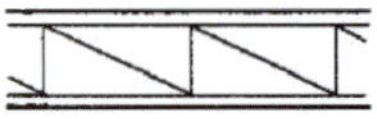	注明厚度

续表

材料名称	图例	备注
石膏板	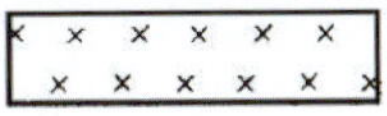	①注明厚度 ②注明石膏板品种名称
纤维材料	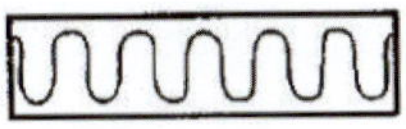	包括矿棉、岩棉、玻璃棉、麻丝、木丝板、纤维板等
木材		①上图为垫木、木砖或木龙骨 ②中图为横断面 ③下图为纵断面
金属	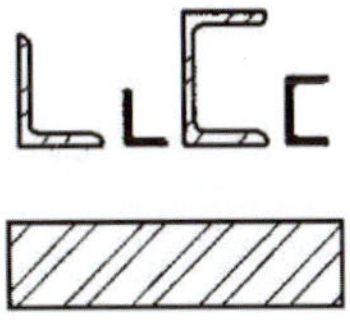	①各种金属，注明材料 ②图形小时，可涂黑

注：混凝土、钢筋混凝土图例见表 1–1–2。

四 常见天花设备图例

常见天花设备图例如表 2-1-3 所示。

表 2–1–3 常见天花设备图例

设备类别	设备名称	图例
照明设备	嵌入式筒灯	
	嵌入式可调节射灯	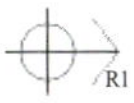
	暗藏 LED 灯带	
	可调式筒型射灯	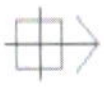
	格栅射灯	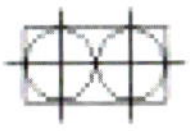
	轨道射灯	
	集成灯	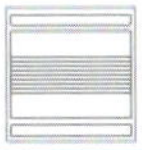
	吸顶灯	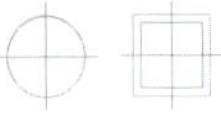
	工艺吊灯	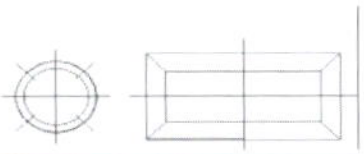

续表

设备类别	设备名称	图例
设备风口 天花检修	侧面送风口	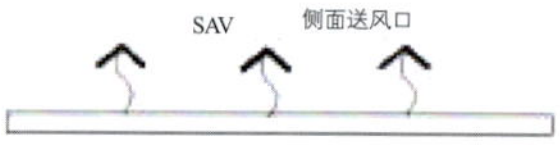
	侧面回风口	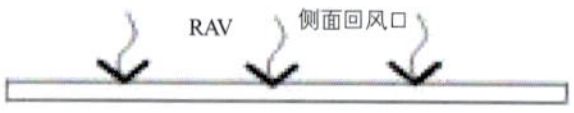
	空调下出风口	
	空调下回风口	
	条形新风口	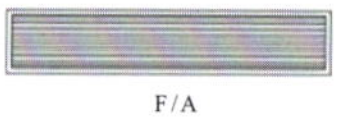
	分机盘管	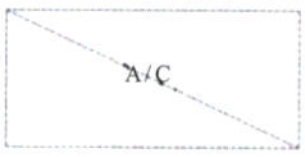
	方形出风口	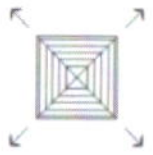
	方形回风口	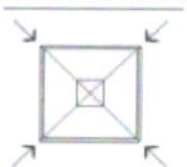
	天花检修口	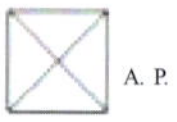
	排风口	
	室内卡式吸顶空调机	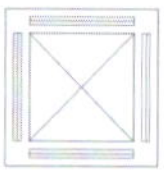
消防设备	烟感探测器	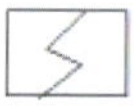
	喷淋	
	消防喇叭	
	可燃气体探测器	
	应急照明灯	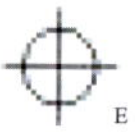

数字资源

任务实施

步骤 1：查阅规范《房屋建筑制图统一标准》（GB/T 50001—2017）、《房屋建筑室内装饰装修制图标准》（JGJ/T 244—2011）及《国家建筑标准设计图集　内装修—室内吊顶》（12J502-2），熟悉规范中对于制图的基本规定。

步骤 2：本案例为三居室，如图 2-1-9 所示，以平面布置图为起点，观察图上各个房间的分布及其相互连接关系，留意这些特殊布局下不同功能区域的过渡方式。

步骤 3：精准识读天花布置图和灯具定位图（图 2-1-10、图 2-1-11）。明确天花材料标注，关注标高信息，了解配件与安装方式，确保设备与天花协调。识读灯具定位图，了解灯具特点和用途，并分析灯具的间距及其排列方式。

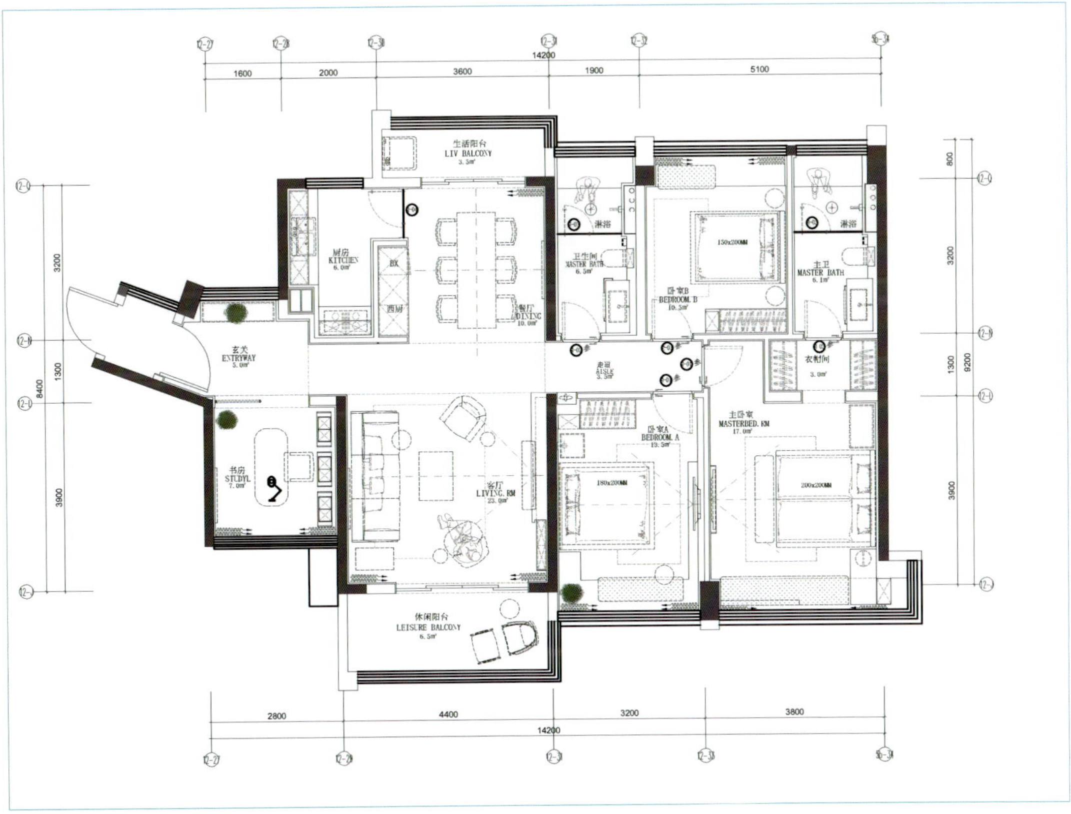

图 2-1-9　三居室平面布置图

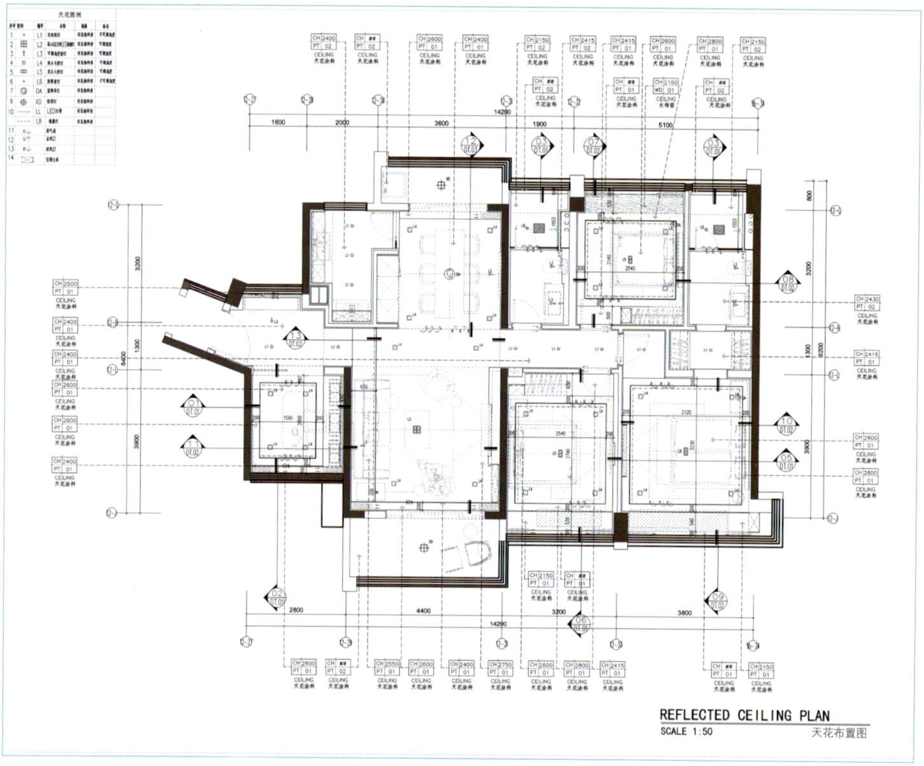

▶图 2-1-10　三居室天花布置图

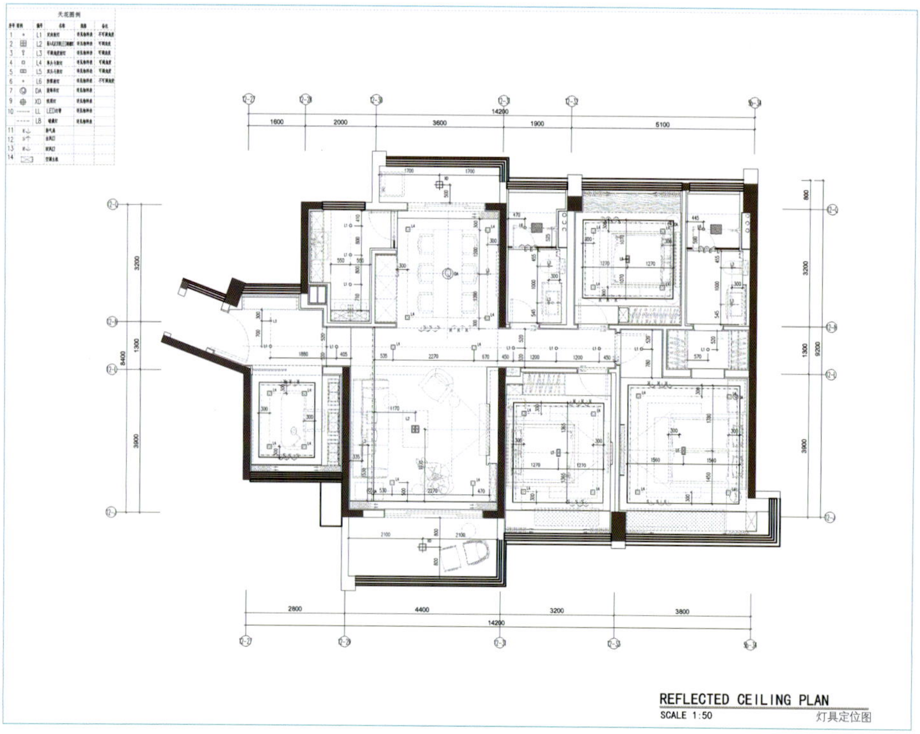

▶图 2-1-11　三居室灯具定位图

步骤 4：根据天花布置图中的剖切索引符号 DT-01-01 的指引，以观察视角解读书房吊顶构造剖面图中的可视化元素（图 2-1-12）。识别剖面中的天花构造层次，用语言描述图示内容并对比数据。

数字资源

步骤 5：完成上述步骤后，对图纸的各个部分进行全面细致的核查，查看是否存在冲突或不合理的地方。一旦察觉问题，需迅速查阅建筑行业标准、设计参考图集。

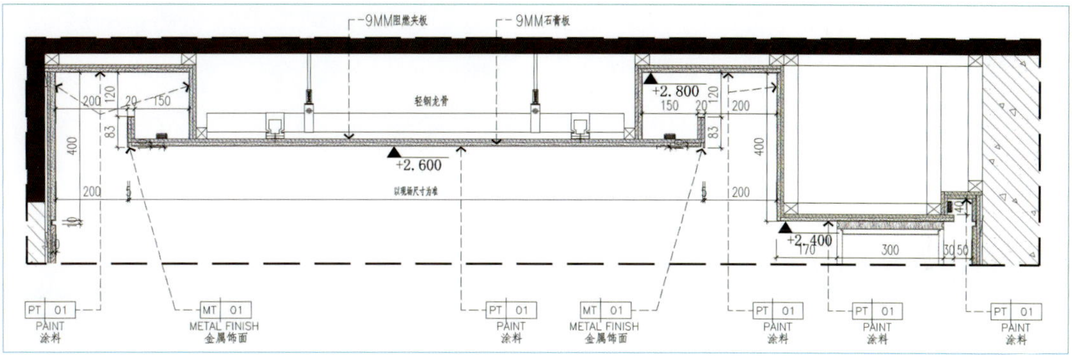

▶ 图 2-1-12　书房吊顶构造剖面图

任务二　中户型居室天花材料表编制

任务目标

① 熟悉各类天花材料的特性、规格和适用场景，掌握不同材料的优缺点，为实际应用打下基础。

② 培养独立编制天花材料表的能力，学会收集、整理材料信息，依据设计需求和预算筛选材料并清晰呈现。

任务要求

① 做到材料表内容完整，各项材料的规格、型号、数量、单价等信息准确无误。

② 采用行业通用格式，表头、项目栏、数据栏设置合理，文字简洁，方便各方查阅使用。

知识链接

天花装饰材料不仅具有美化室内空间的作用，还具备吸声降噪、隔热保温、防火防潮等实用功能。良好的天花材料选择，能够有效提升室内环境的舒适度与安全性。

一 板材类天花材料

（一）纸面石膏板

纸面石膏板是以建筑石膏为基料，添加纤维、添加剂制成的轻质板材，具有质轻、防火、易加工、隔音性好的特点（图 2-2-1）。常用于住宅客厅、卧室及商业空间吊顶，可塑造平面、弧形等多种造型，并可通过乳胶漆、壁纸等饰面实现不同风格效果（图 2-2-2、图 2-2-3）。纸面石膏板类型丰富，普通型适用于无特殊要求的室内部位；耐水型用于卫生间等潮湿场所；耐火型加玻璃纤维，适配高层建筑防火分区等（图 2-2-4）。

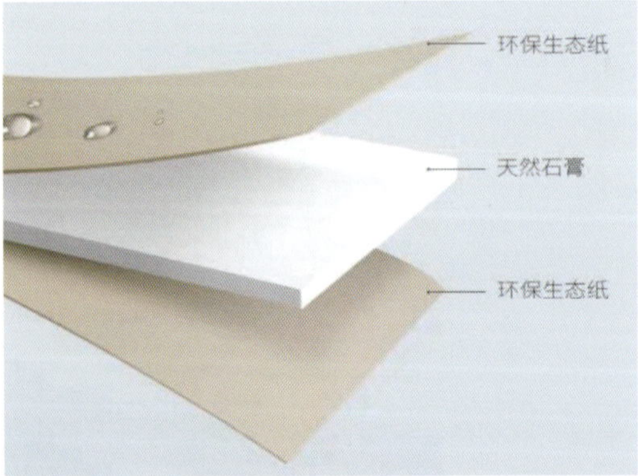

图 2-2-1　纸面石膏板结构示意

图 2-2-2　石膏板贴合弧形造型

图 2-2-3　吊顶石膏板

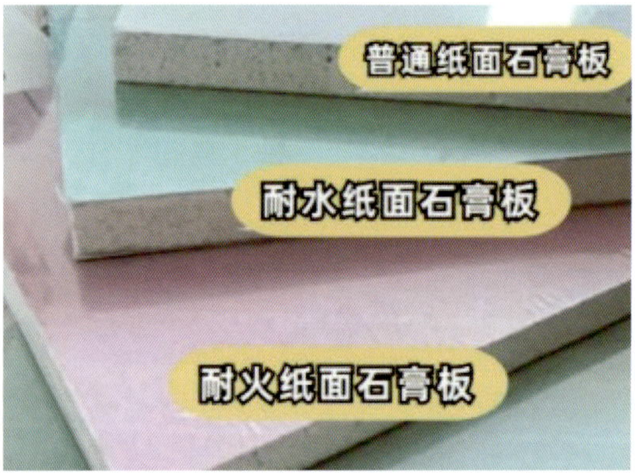

图 2-2-4　纸面石膏板常见类型

（二）矿棉板

矿棉板是以矿棉为主要原料，加入适量黏结剂、防潮剂等辅料，经成型、烘干、饰面等工艺制成的吊顶材料（图 2-2-5）。它具备质轻、吸声降噪、隔热保温、防火的特性，表面可呈现浮雕、穿孔等多样纹理（图 2-2-6）。常用于对声学环境要求较高的办公室、会议室，以及学校教室、医院候诊室等公共空间。设计时需注意根据空间大小选择合适规格，可利用穿孔板提升吸音效果，搭配 T 形金属龙骨形成明架吊顶。

▶ 图 2-2-5　矿棉板

▶ 图 2-2-6　多孔吸音矿棉板

▶ 图 2-2-7　铝扣板

▶ 图 2-2-8　铝扣板天花

（三）铝扣板

铝扣板是以铝合金为基材，经辊压成型、喷涂烤漆等工艺制成的顶面装饰板材，具有质轻耐用、防潮防火、抗油污易清洁的特性，表面色彩丰富且不易褪色变形（图 2-2-7）。其广泛应用于厨房、卫生间等潮湿环境（图 2-2-8），以及对防火防潮要求高的公共空间天花吊顶。设计时可根据空间大小选择条形、方形等规格，同时通过色彩与纹理搭配适配现代简约风、工业风等不同风格需求。

（四）胶合板

胶合板是以木段旋切成单板或由木方刨切成薄木，再用胶黏剂胶合而成的多层板状材料（图 2-2-9）。其强度高且韧性好，不易变形，便于加工。长度常为 2440 mm，宽度常为 1220 mm ，厚度从 3mm 到 25 mm 不等，有 3 厘板、5 厘板、9 厘板等多种类型。在室内设计中，胶合板应用广泛，可用于制作各种家具，也常作为吊顶、墙面的基层材料（图 2-2-10），为饰面材料提供稳定基础，也可通过热压弯曲等工艺塑造弧形、曲面等复杂的天花造型。

▶ 图 2-2-9　胶合板

▶ 图 2-2-10　胶合板吊顶

（五）蜂窝板

蜂窝板是以铝合金或高分子材料为面板，中间夹蜂窝状芯材的复合吊顶板材（图 2-2-11），具有质轻高强、平整度高、防潮防火、抗变形能力强的特性，且安装便捷、拼接缝隙小。其广泛应用于厨房、卫生间等家居空间的天花吊顶（图 2-2-12、图 2-2-13）。

▶ 图 2-2-11　蜂窝板结构示意

▶ 图 2-2-12　厨房集成蜂窝板吊顶

▶ 图 2-2-13　卫生间集成蜂窝板吊顶

二 涂料类天花材料

（一）乳胶漆

乳胶漆是以合成树脂乳液为基料，加入颜料、填料及助剂制成的水性涂料，广泛适用于住宅客厅、卧室等对环保要求高的室内天花，可通过滚涂、喷涂工艺实现均匀平整的饰面效果（图 2-2-14、图 2-2-15）。

（二）艺术涂料

艺术涂料是以丙烯酸树脂、水性聚氨酯等为基料，添加颜料、骨料及助剂制成的装饰性涂料，通过刮、刷、喷涂等特殊工艺，可在天花表面呈现仿大理石、皮革、织物纹理或立体浮雕效果（图 2-2-16、图 2-2-17）。其特点是色彩丰富、质感独特、耐擦洗性强，且具备一定的防潮性。适用于精品住宅客厅、商业空间，可根据空间风格定制个性化图案。

（三）防火涂料

天花用防火涂料是以阻燃树脂为基料，添加膨胀型阻燃剂、成炭剂等制成的功能性涂层材料，遇火时迅速膨胀形成隔热炭化层，延缓基材燃烧。常用于木质或石膏板天花吊顶，以及对防火有特殊要求的区域。设计时需关注涂层厚度，同时需与基层龙骨、板材的防火等级相匹配，保证整体防火性能。

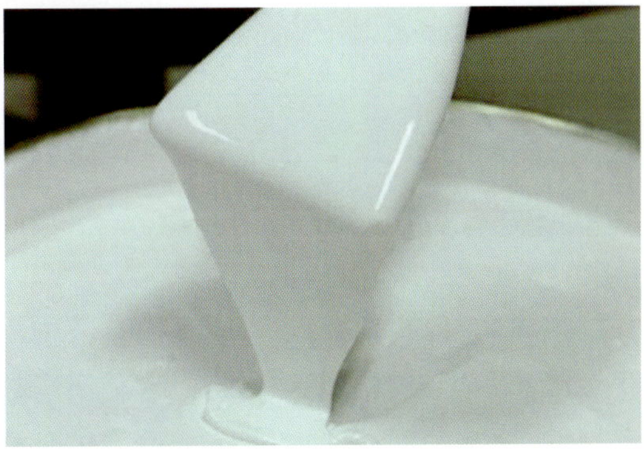

▶ 图 2-2-14　乳胶漆

▶ 图 2-2-15　涂刷乳胶漆

▶ 图 2-2-16　艺术涂料雅晶石效果

▶ 图 2-2-17　艺术涂料天鹅绒效果

三 软质天花材料

软质天花材料通常指软膜天花，是以聚氯乙烯（PVC）为基材，表面经特殊涂层处理的柔性膜材（图 2-2-18）。它通过高温焊接成型并固定于专用铝合金龙骨框架上，具有质轻、柔韧、防水、高透光的特性，可拉伸塑造弧形、波浪形等复杂造型，并通过不同灯光营造均匀柔和的光影效果（图 2-2-19），广泛应用于商业场所、娱乐空间及住宅客厅、卧室等，尤其适合异形吊顶设计。

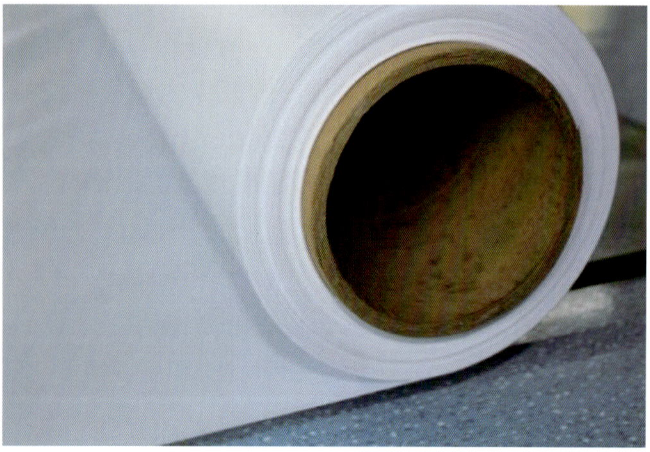

▶ 图 2-2-18　PVC 软膜

▶ 图 2-2-19　软膜吊顶

任务实施

步骤 1：先明确居室客厅、卧室、厨卫等各空间的天花功能，结合整体装修风格，筛选匹配的材质；然后整理候选材料的规格、防火等级、防潮性能等数据。

步骤 2：搭建材料表表格框架，并填充内容（参照表 1-2-1 设置）。

步骤 3：校验输出。核对材料是否达标、满足需求；确认材料质感、纹理与整体风格是否适配；检查材料编号唯一性、防火等级合规性，确保规格、特性描述清晰无歧义；整理成规范表格文档，如表 2-2-1 所示。

表 2-2-1　居室天花详细材料表

材料代码	材料名称	材料编号	使用位置	防火等级	备注（规格）
乳胶漆 PT	白色乳胶漆	PT-01	天花局部	A 级	品牌见物料手册
	白色乳胶漆（防水）	PT-02	卫生间、厨房天花	A 级	品牌见物料手册
木材 WD	木饰面	WD-01	天花、墙面局部	B2 级	品牌见物料手册
金属 MT	金属饰面	MT-01	天花局部	A 级	品牌见物料手册

任务三　中户型居室客餐厅天花结构深化图绘制

任务目标

① 理解客餐厅天花构造的设计方法和表达方式。

② 掌握客餐厅天花结构深化图的绘制流程及方法。

③ 掌握客餐厅天花的常用材料和相关施工工艺。

任务要求

① 能够绘制客餐厅天花结构深化图，准确表达造型设计、标高变化及灯具点位布置。

② 熟悉客餐厅常用天花装饰材料的性能特点及施工要点。

③ 掌握轻钢龙骨石膏板跌级吊顶工艺，规范标注材料规格和节点构造要求，确保图纸符合施工规范。

知识连接

一　客餐厅天花构造

在客餐厅天花设计中，悬吊式构造通过多层级骨架与饰面材料的艺术化组合，成为实现风格与功能共融的核心载体（表2-3-1）。例如，现代简约风格空间依托轻钢龙骨支撑石膏板悬浮薄顶，边缘内嵌金属线条与灯带，以极简轮廓拓展空间感；工业风空间则大胆暴露金属龙骨网格，展现结构美学。

表 2-3-1　常用客餐厅天花构造图例

构造名称	图例	三维示意图
跌级吊顶（条形风口＋暗藏灯带）	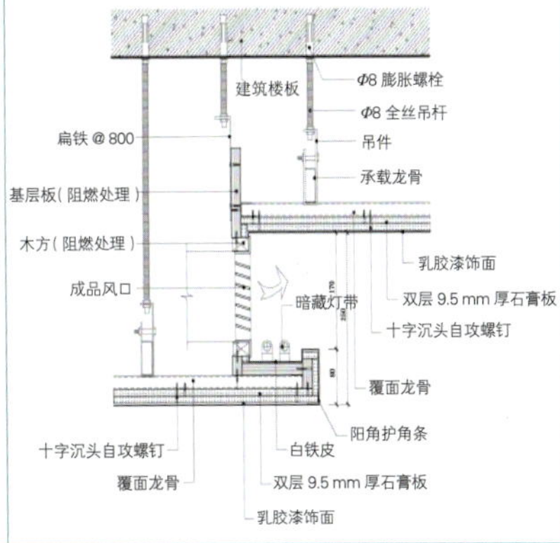	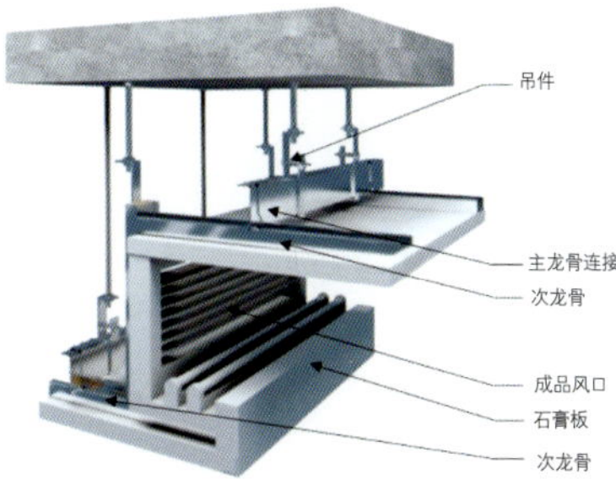

续表

<table>
<tr><th>构造名称</th><th>图例</th><th>三维示意图</th></tr>
<tr><td>窗帘盒（轻钢龙骨）</td><td>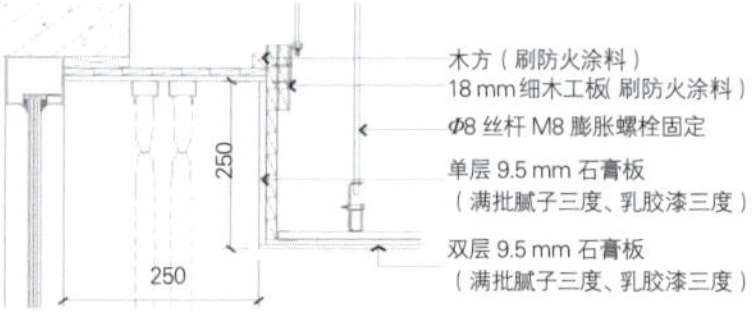
</td><td>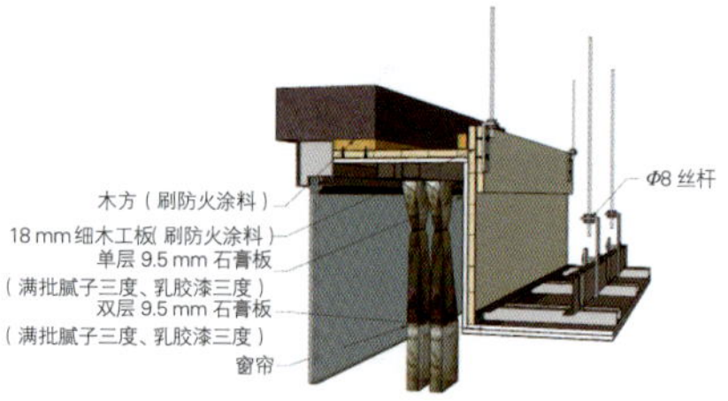
</td></tr>
<tr><td>窗帘盒（木龙骨 + 细木工板基层）</td><td>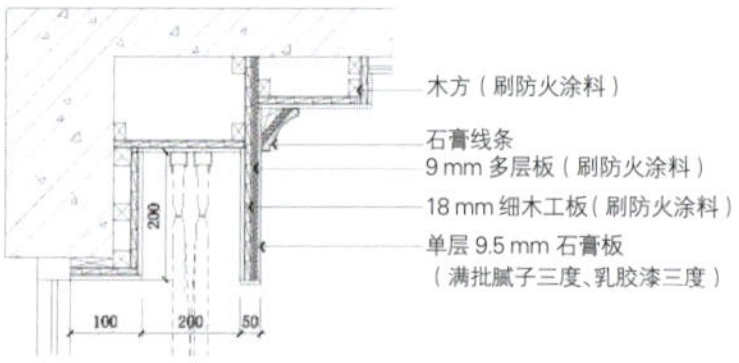
</td><td>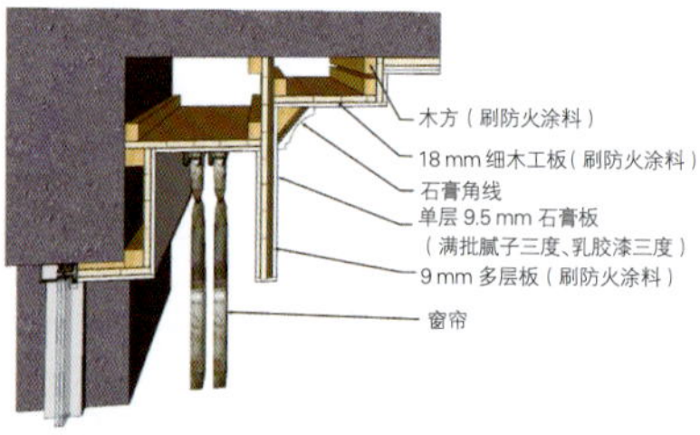
</td></tr>
<tr><td>窗帘盒（暗藏灯带）</td><td>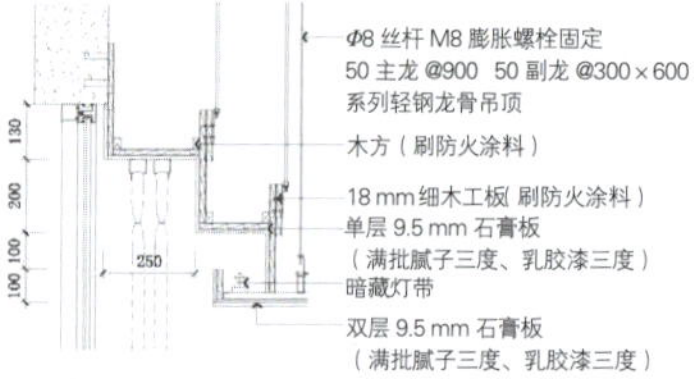
</td><td>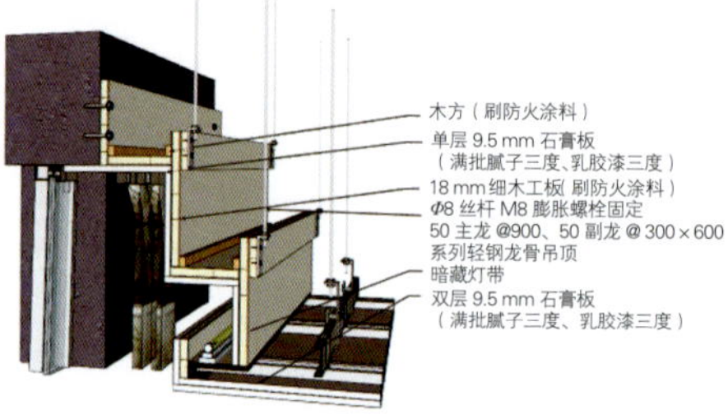
</td></tr>
<tr><td>木饰面天花</td><td>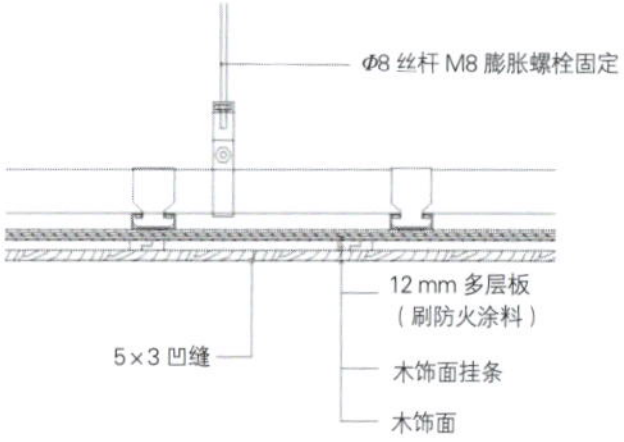
</td><td>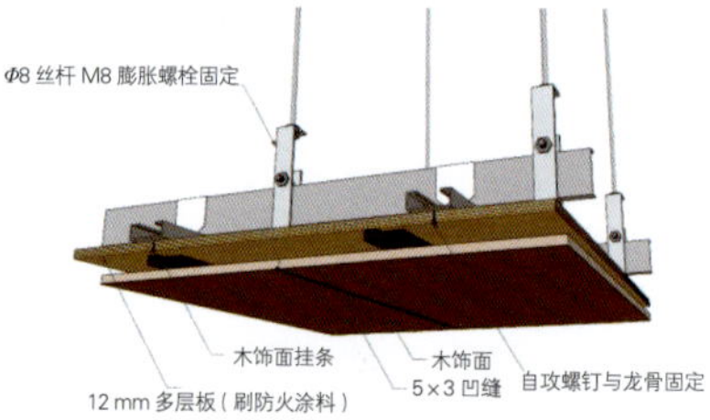
</td></tr>
<tr><td>硬包天花</td><td>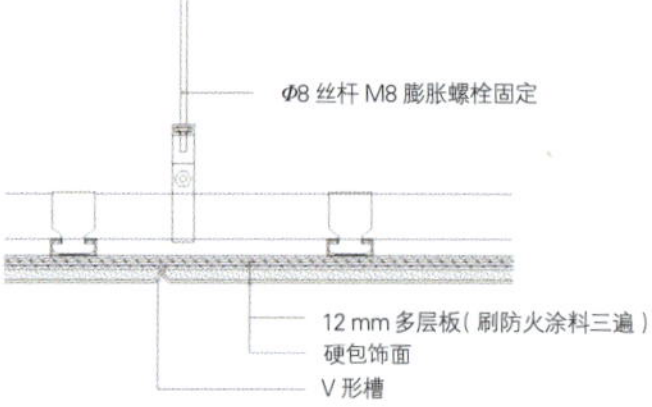
</td><td>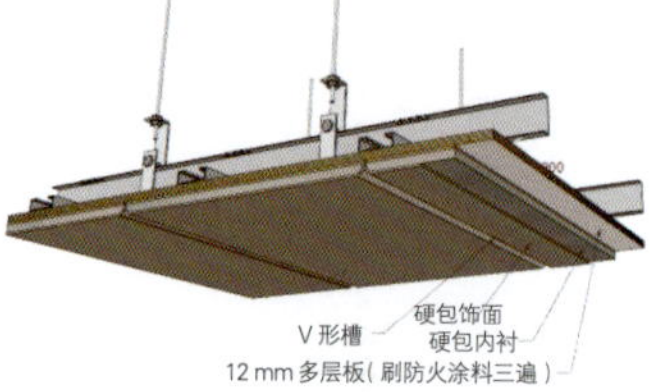
</td></tr>
<tr><td>镜子与木饰面相接</td><td>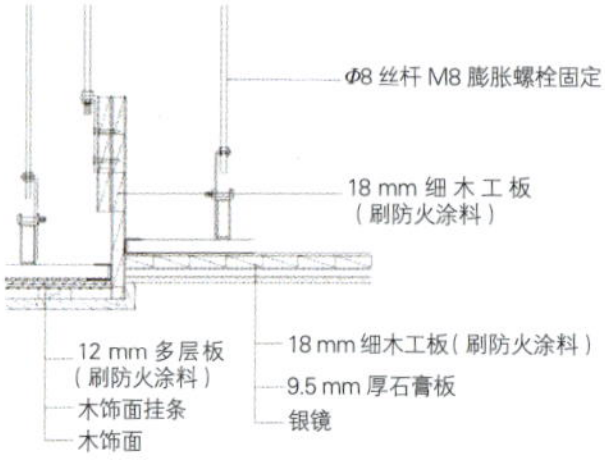
</td><td>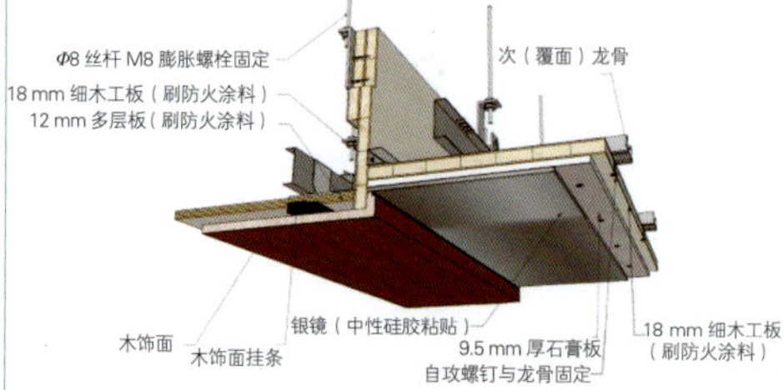
</td></tr>
</table>

续表

构造名称	图例	三维示意图
纸面石膏板饰面吊顶与风口相接	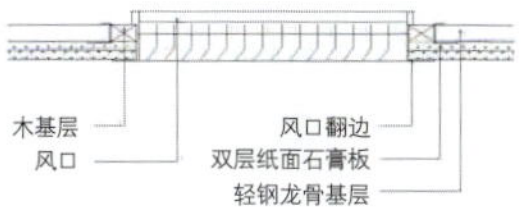	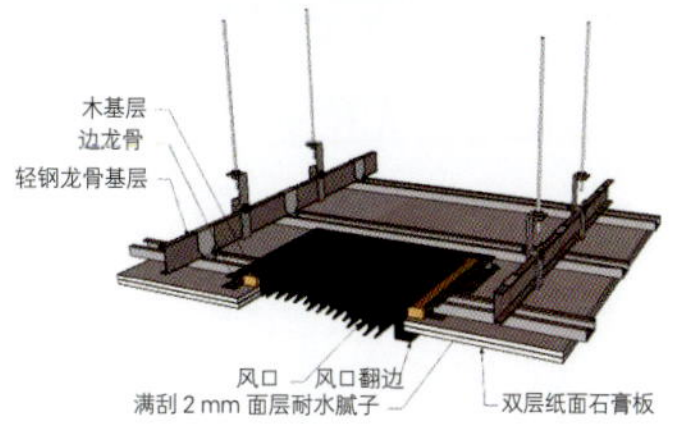

二 客餐厅天花施工

（一）风口与窗帘盒施工

天花风口与窗帘盒的施工直接影响使用功能和装饰效果。安装风口时，要根据暖通图纸准确定位，避开龙骨位置并确保与其他设备的合理间距。施工时需在风口周边设置加强龙骨框架，采用专用工具精确开孔并做好防锈处理。安装时注意调整风口的水平度和叶片的灵活性，最后用密封胶收口，保证接缝严密美观。

进行窗帘盒施工前需做好墙面基层处理，封板建议采用阻燃板。安装轨道时，要根据其类型预留足够的操作空间，安装电动窗帘前还需预埋电源线并做好绝缘保护。最后进行防裂处理和饰面施工，确保与吊顶整体协调统一（图 2-3-1）。

（二）木饰面天花施工

清理楼板底面，弹线定位龙骨安装点，用膨胀螺栓连接镀锌吊杆；轻钢龙骨骨架主龙骨中距为 900 mm，次龙骨中距为 400 mm；采用 12 mm 厚阻燃夹板，背面刷防火漆，用专用自攻螺钉（防锈）拧牢，孔眼用腻子填平；贴木饰面板，表面喷亚光清漆（图 2-3-2）。

（三）硬包饰面天花施工

楼板基层找平后，固定龙骨骨架，龙骨间根据需求可填充隔音棉；龙骨上覆防潮石膏板，表面刮腻子找平并涂刷防潮底漆。按设计划分硬包区域，弹出边框线及固定点。制作预制硬包块时需在木工板上粘贴 30 mm 厚海绵，再包覆布艺或皮革，边角处绷紧压实，背面用码

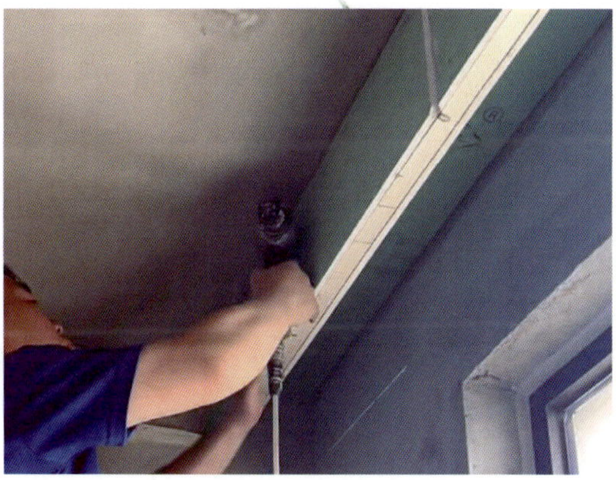

▶ 图 2-3-1　固定窗帘盒侧板

▶ 图 2-3-2　贴木饰面板

钉固定。将预制硬包板块按弹线位置，用自攻螺钉或胶黏剂固定于石膏板基层，用收边条收口，确保表面平整无褶皱。

（四）镜子饰面天花施工

天花镜子饰面主要用于需要拓展空间感和增强采光效果的场所。通常采用阻燃型木板或硅酸钙板作为衬板，确保基层平整度误差控制在 2 mm 以内，并涂刷专用防潮底漆以防止水汽渗透；选用钢化镜或亚克力镜（图 2-3-3），使用专用胶黏剂配合不锈钢镜钉固定，用激光水平仪校准；为确保美观和安全，镜面四周用收边条包边。

▶图 2-3-3　安装饰面镜

任务实施

数字资源

步骤 1：选择结构图。以客餐厅典型剖切索引 DT-03-12、DT-03-13 为例，绘制复杂跌级吊顶结构深化图。需重点解决跌级造型的层级衔接、木龙骨与轻钢龙骨的结合稳定性、暗藏灯带与饰面层的匹配关系，以及窗帘盒、暖通设备的整合问题。

步骤 2：收集信息并参考图集。主要信息如下：30 mm × 40 mm 木龙骨、U50 系列轻钢主龙骨、次龙骨、9 mm 厚石膏板、阻燃夹板等材料规格；跌级造型的标高差、进深尺寸；暗藏 LED 灯槽宽度、窗帘盒宽度；风管尺寸、风口位置等暖通设备参数；绘图比例。可参考《国家建筑标准设计图集　轻钢龙骨石膏板隔墙、吊顶》（07CJ03-1）中相关的构造图示（图 2-3-4）。

步骤 3：明确各层次构造组成。具体内容如下：楼板基层；间距 800 ~ 1000 mm 的轻钢主龙骨横向铺设，跌级转折处用木龙骨加固，次龙骨沿造型轮廓加密排列；跌级凹槽内预留 50 mm × 30 mm 灯带安装槽，暖通设备周边留设检修口；不同标高跌级采用 9 mm 厚石膏板折弯或拼接，表面做防裂处理。

步骤 4：绘制各层次，标注尺寸与注释说明。依次绘制基层、龙骨层、功能层、饰面层，并详细标注窗帘盒的宽度与深度，标注暖通设备，对跌级阴阳角、灯带接线处等特殊位置添加注释说明（图 2-3-5、图 2-3-6）。

步骤 5：检查与完善。核查造型冲突、结构隐患、隐蔽效果、设备协调四类问题，如发现尺寸冲突或标注遗漏，及时修正尺寸矛盾，补充遗漏的标注。

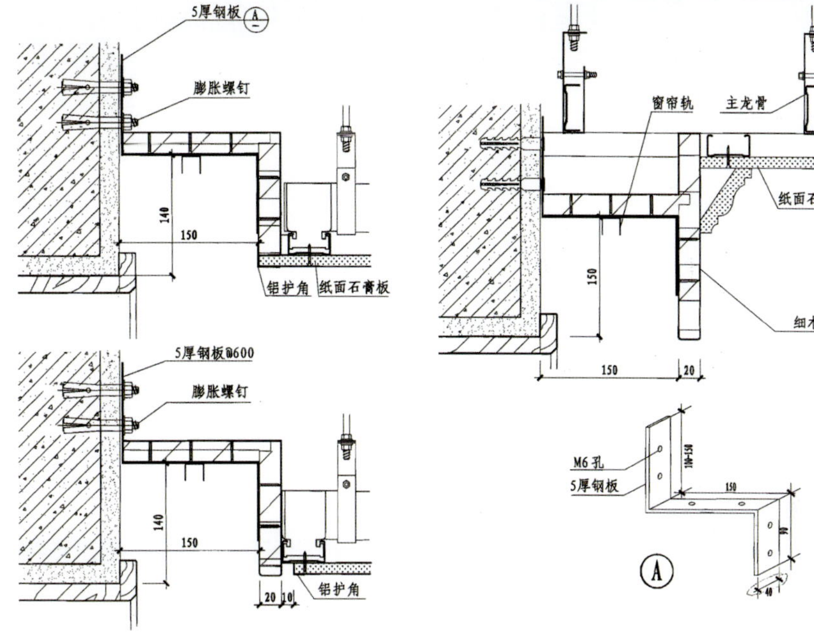

注：窗帘盒所用板材，应根据建筑防火设计要求进行调整。

▶ 图 2-3-4　吊顶窗帘盒安装构造做法（07CJ03-1）

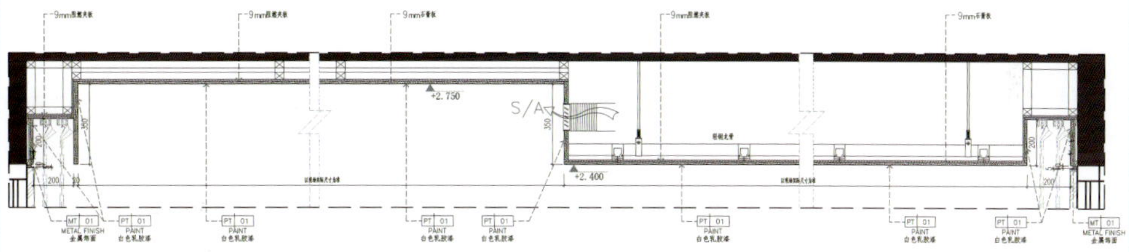

▶ 图 2-3-5　客餐厅天花构造图 DT-03-12

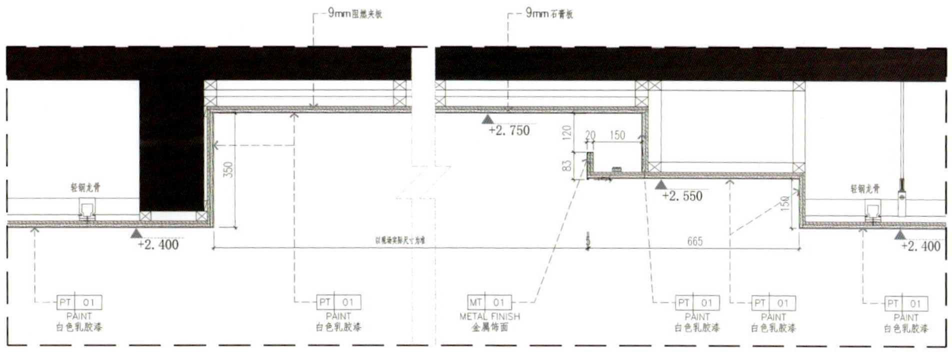

▶ 图 2-3-6　客餐厅天花构造图 DT-03-13

任务四　中户型居室卧室天花结构深化图绘制

任务目标

①了解卧室天花的结构推导流程和图纸绘制步骤。

②了解卧室天花结构的常用材料和相关工艺。

③掌握卧室天花结构深化图的绘制和表达方法。

任务要求

①熟悉卧室天花常用装饰材料的性能特点及施工要求，能够根据设计需求合理选材并在图纸中正确表达。

②掌握轻钢龙骨吊顶的施工工艺要点，并在图纸中规范标注材料规格、收口节点等关键信息。

③能够独立绘制卧室天花结构深化图，准确表达结构层次、材料分布及装饰细节。

知识链接

一　卧室天花构造

卧室天花设计要以营造静谧舒适的氛围为核心。造型上宜采用轻钢龙骨骨架覆设纯白石膏板，通过隐藏式灯槽与射灯组合，兼顾结构稳定与静谧需求（表 2-4-1）。局部造型吊顶聚焦床头，饰面层优选石膏板、木饰面等，嵌铜条以增添精致感。

平面吊顶可采用嵌入式窗帘盒，与天花统一材质，形成简洁的视觉效果；跌级吊顶可结合错层窗帘盒，底部嵌入灯带，增强空间层次感。设计时需确保窗帘盒与天花造型协调，兼顾灯光联动与设备隐藏功能，既满足遮光需求，又能强化空间的静谧舒适氛围。

表 2-4-1　常用卧室天花构造图例

构造名称	图例	三维示意图
平面吊顶（轻钢龙骨）	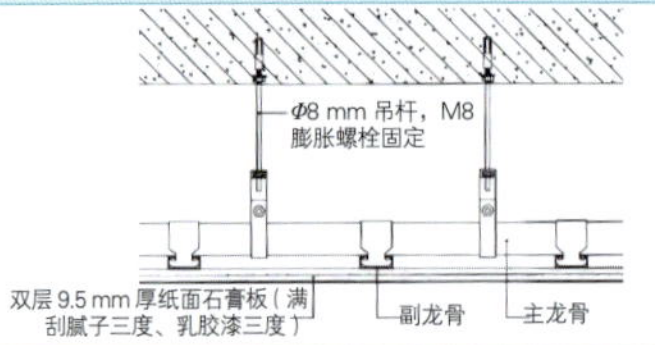	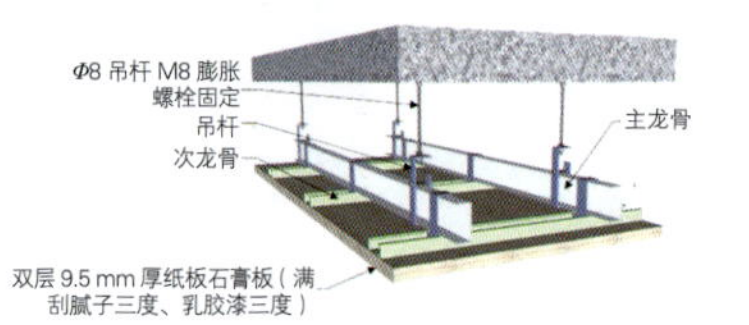
跌级吊顶（轻钢龙骨 + 灯槽）	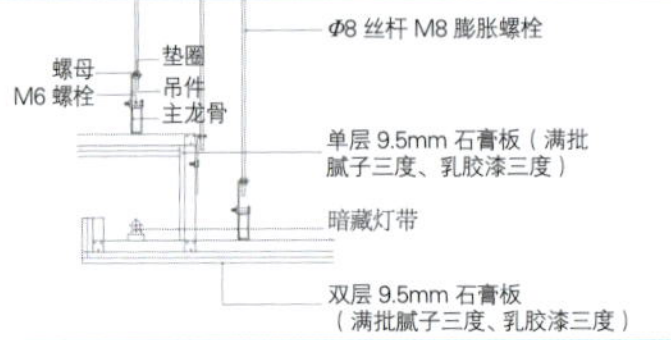	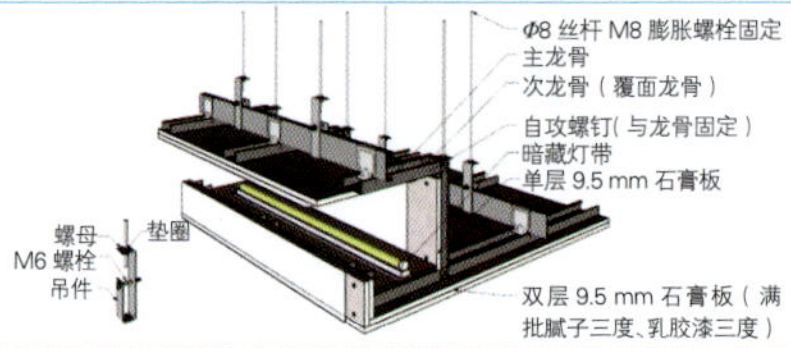

二 卧室天花施工

（一）木龙骨吊顶施工

先要对工程中所用的木龙骨进行防火处理；根据图纸在墙顶弹出吊顶标高线、造型位置线、吊点布置线、大中型灯位线，之后使用冲击钻在吊点位置标记处钻孔；在龙骨上开出凹槽进行咬口拼装（图 2-4-1）；将拼接组合好的龙骨架托起至吊顶标高位置，调节整体龙骨水平度后用膨胀螺栓将龙骨固定（图 2-4-2）；安装饰面板。在木龙骨吊顶上安装大型灯具时，需在顶板上用膨胀螺栓安装独立的吊钩或吊杆，其承载能力要满足灯具重量要求。

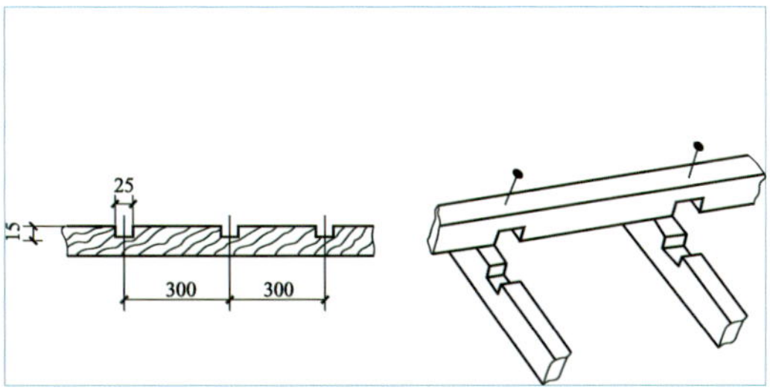

▶ 图 2-4-1　木龙骨咬口开槽、拼装

▶ 图 2-4-2　木龙骨结构

（二）平面式吊顶（轻钢龙骨）施工

根据设计标高在墙面弹线定位，确定吊顶完成面高度（图 2-4-3）；安装轻钢龙骨骨架，主龙骨间距不大于 1200 mm，副龙骨间距为 400 mm，通过吊杆与楼板固定并调平（图 2-4-4）；龙骨安装完成后，进行水电管线敷设和防火处理；安装纸面石膏板，板的长边应垂直于副龙骨方向，用自攻螺钉固定，钉距 150 ~ 170 mm，距板边 10 ~ 15 mm，钉头沉入板面 0.5 ~ 1 mm；板间接缝处需预留 5 ~ 8 mm 缝隙，用嵌缝石膏填平并粘贴接缝带；最后进行表面处理，包括批刮腻子、打磨平整和涂刷涂料，完成平整美观的吊顶。

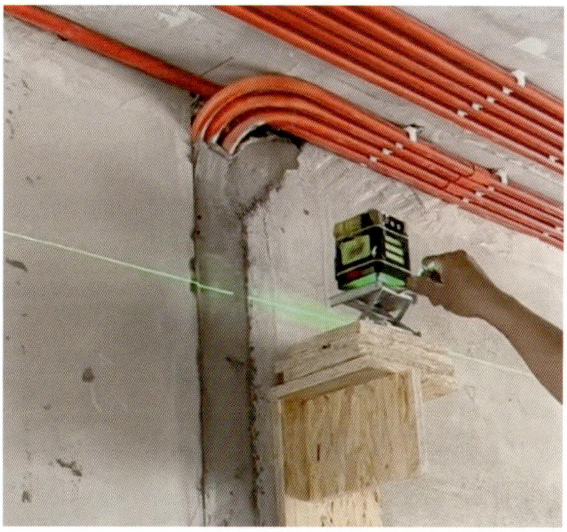

▶ 图 2-4-3　墙面定位

▶ 图 2-4-4　龙骨调平

（三）跌级吊顶（轻钢龙骨）施工

根据设计图纸在墙面和顶面弹线定位，确定各级吊顶的标高位置；安装轻钢龙骨骨架，主龙骨沿跌级转折处设置，副龙骨间距为 400 mm，通过吊杆与结构顶面连接并调平；基层板通常使用纸面石膏板作为第一层基板，再安装面层石膏板，板缝需错开基层板接缝，自攻螺钉固定间距为 150 ~ 200 mm（图 2-4-5）；最后处理接缝，采用专用嵌缝石膏填补板缝，粘贴接缝带，批刮腻子后打磨平整。施工中需特别注意跌级处的转角加固和收口处理。

图 2-4-5　安装面层石膏板

延伸阅读

天花灯槽安装

天花灯槽主要包括骨架制作与灯槽安装两个关键环节。骨架通常采用轻钢龙骨或防腐木龙骨作为主结构，通过专用吊件与结构顶面可靠连接。灯槽侧板选用阻燃石膏板或高密度纤维板，采用自攻螺钉固定在骨架上。安装灯带前需完成骨架调平，确保灯槽线条顺直，为后续灯光效果打下基础。

任务实施

数字资源

步骤 1：确定构造节点位置与类型。根据卧室设计方案和天花图纸，明确需要绘制结构深化图的吊顶区域，并选定具有代表性的剖切索引位置 DT-02-10。此结构深化图需重点解决吊顶的承重结构、隐蔽管线布置以及饰面材料固定等问题。

步骤 2：收集吊顶设计选用的具体材料信息，确定绘图比例。可参考《国家建筑标准设计图集　内装修—室内吊顶》（12J502-2）和《国家建筑标准设计图集　轻钢龙骨石膏板隔墙、吊顶》（07CJ03-1）中相关吊顶及灯槽的构造做法图示（图 2-4-6 ~ 图 2-4-8）。

步骤 3：依据选型进行构造层次推导。主龙骨承担主要荷载，通过吊杆与楼板固定；覆面次龙骨垂直于主龙骨安装，形成网格；面层用 9 mm 厚石膏板，用自攻螺钉固定在 9 mm 厚阻燃夹板上；用腻子找平涂料饰面。明确各层材料规格、间距、固定方式及关键尺寸。

步骤 4：按从结构层到饰面层的顺序，先绘制楼板基层及吊杆点位，再绘制主、次龙骨网格，最后绘制夹板基层与石膏板面层，务必标注准确（图 2-4-9）。

步骤 5：仔细检查各构造层关系是否正确、尺寸标注是否完整清晰、材料图例是否标准、设备位置是否合理。对复杂交接部位如灯槽转折处、窗帘盒内部结构或特殊工艺要求（如防开裂处理、异形吊顶加固），添加必要的局部放大图或文字注释说明。

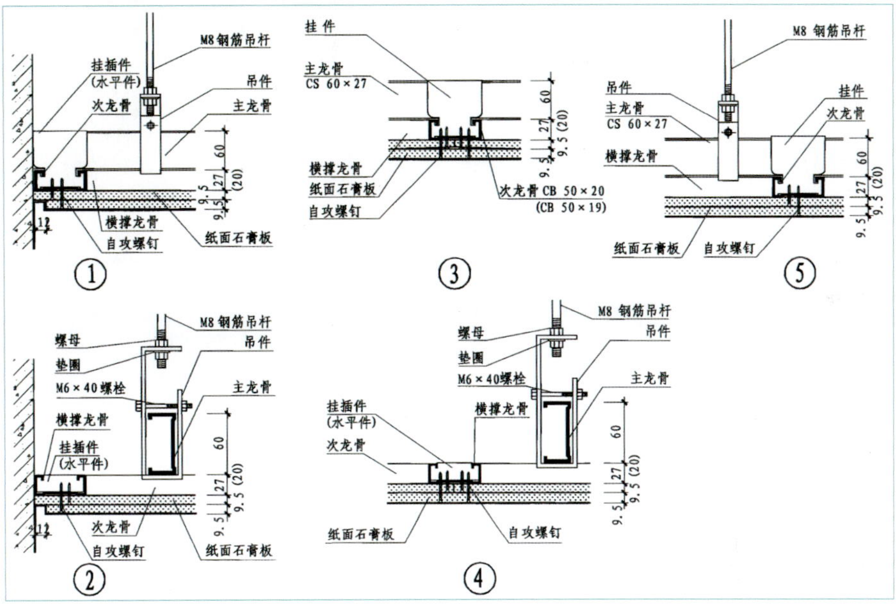

▶ 图 2-4-6　吊顶详图（12J502-2）

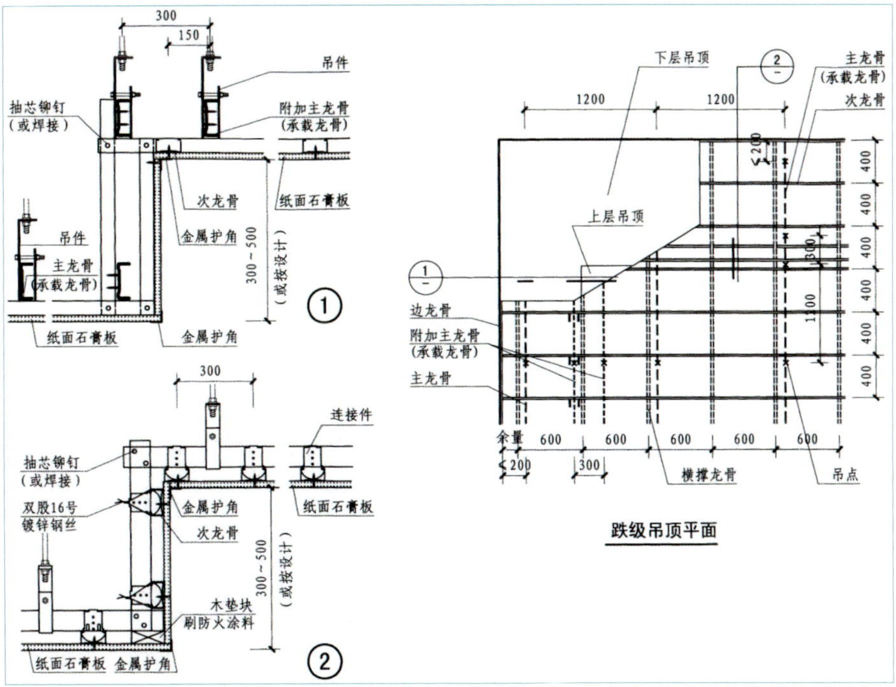

▶ 图 2-4-7　跌级吊顶平面图及详图（12J502-2）

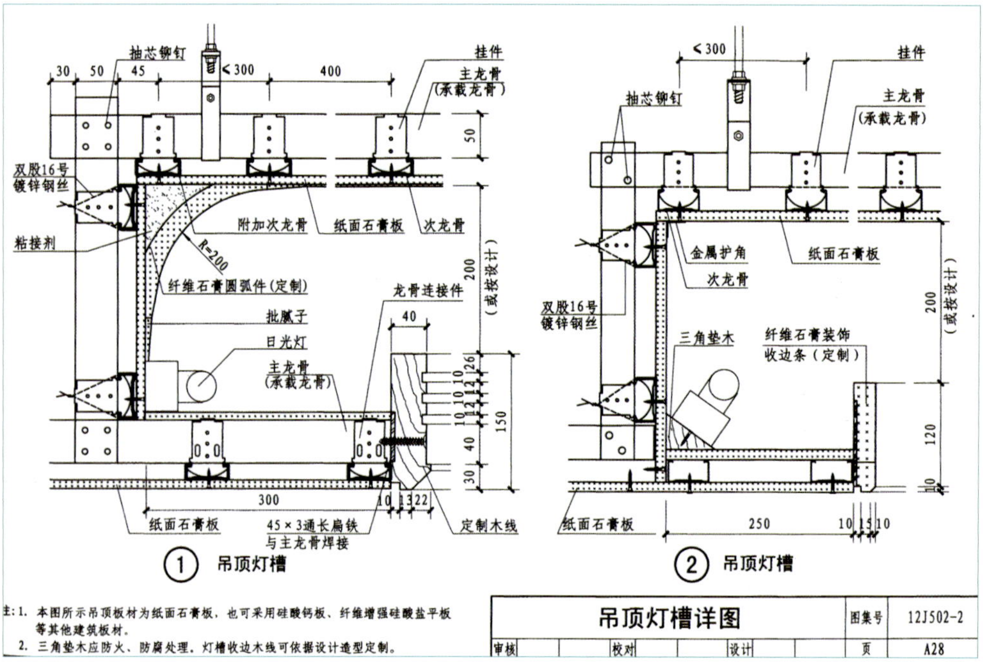

▶ 图 2-4-8　吊顶灯槽详图（12J502-2）

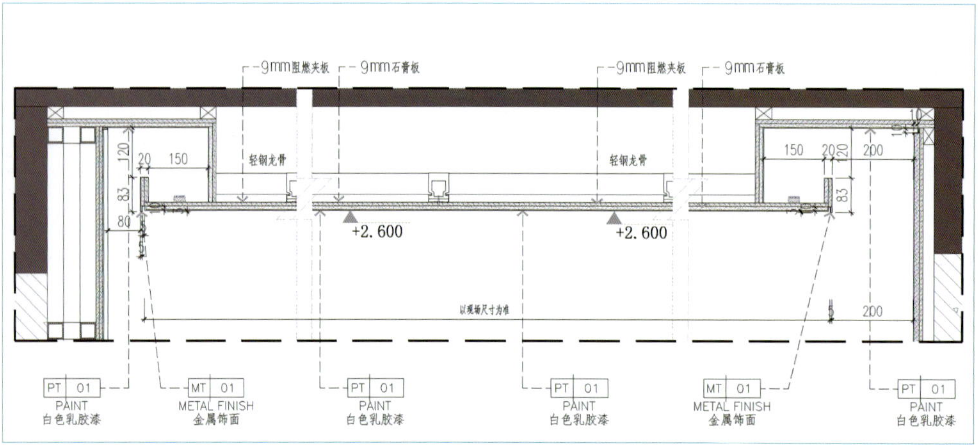

▶ 图 2-4-9　卧室天花构造图 DT-02-10

任务五　中户型居室卫生间天花结构深化图绘制

任务目标

①了解卫生间天花的设计要求与方法。

②了解卫生间天花的材料配置和施工工艺。

③掌握卫生间天花结构深化图的绘制步骤。

任务要求

①能够绘制卫生间天花结构深化图，完整表达龙骨布置和节点构造。

②掌握轻钢龙骨防水石膏板吊顶工艺，规范标注材料规格和施工要求，确保图纸符合施工规范。

知识链接

一 卫生间天花构造

卫生间天花构造需严格遵循国家规范，依据《建筑装饰装修工程质量验收标准》（GB 50210—2018），需满足防潮、防腐与防火三大核心要求。常见卫生间天花构造有三类：防水石膏板吊顶，面层采用厚耐水石膏板，接缝以防水嵌缝膏处理，表面涂刷防水乳胶漆，适用于需整合造型的干湿分离区；铝扣板吊顶，搭配阳极氧化铝扣板，兼具防水性、易清洁性与设备检修便利性；集成吊顶，将灯具、换气扇、取暖模块与饰面板集成设计，实现功能设备与饰面的一体化安装。

但吊顶作为室内空间的核心构造系统，其复杂性远不止于此，需基于卫生间天花构造的技术要点，加强对龙骨系统、设备接口的构造逻辑的理解。

二 卫生间天花施工

（一）防水石膏板吊顶施工

基层楼板做防潮处理，弹线固定防锈轻钢龙骨；将厚耐水石膏板用防锈自攻螺钉固定于龙骨；接缝处填嵌防水嵌缝膏并粘贴玻纤网格布，表面刮涂防水腻子 2 ~ 3 遍；干燥后整体涂刷防水乳胶漆（图 2-5-1），造型部位按设计弧度裁切石膏板，确保阴阳角顺直，设备安装处做龙骨加固。

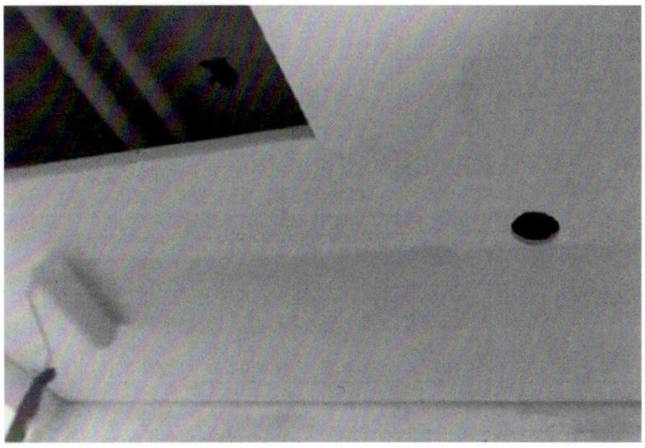

▶ 图 2-5-1　滚涂防水底漆

（二）铝扣板吊顶施工

清理楼板基层并弹线定位，安装经防腐防锈处理的轻钢龙骨框架；采用卡扣式连接方式将阳极氧化铝扣板沿次龙骨依次拼接（图 2-5-2），预留设备安装洞口；安装完成后调整扣板平整度，设备洞口周边用专用收边条密封，确保缝隙均匀，便于后期单独拆卸扣板进行检修。

▶ 图 2-5-2　安装铝扣板

（三）集成吊顶施工

测量放线确定吊顶标高，安装专用集成龙骨框架；将饰面板与灯具、换气扇、取暖模块按设计组合，通过卡扣或螺丝固定于龙骨；模块间接口用防水密封胶处理，确保设备管线与吊顶框架避让合理，实现饰面与功能设备的同步安装。

任务实施

数字资源

步骤 1：选择结构图。以编号 DT-01-03 剖切索引为例，确定需要绘制天花构造节点图的卫生间区域。该节点图需重点解决防水、防潮等核心问题。要求清晰反映龙骨类型、基层板、饰面层、灯具及设备安装方式，以及与墙面或楼板结构连接的关系。

步骤 2：收集关键设计信息并设定绘图基础。明确天花的最终饰面材料，以及内部空间高度、吊顶完成面标高、是否设置检修口等构造要求；关注基层结构状况及防水防潮等功能需求；选定绘图比例。

步骤 3：完成构造设计推导。明确龙骨的类型、排布方向与间距，以及龙骨间的连接方式；对石膏板接缝和面层进行防潮等特殊功能处理；细化天花与墙面、灯具、风口等部位的收边和交接构造，并关联完成面标高（+2.415）进行验证。

步骤 4：按结构到饰面的顺序，依次绘制龙骨及吊顶结构、管线（标明 E/A 走向）、防水石膏板饰面层，同步进行材料规格、关键尺寸、构造做法、设备信息以及特殊工艺要求的标注（图 2-5-3）。

步骤 5：审核图纸。复核龙骨规格与吊杆设置能否安全承重，检查完成面标高、材料代码及关键尺寸是否完整清晰，确认设备点位与龙骨无冲突。

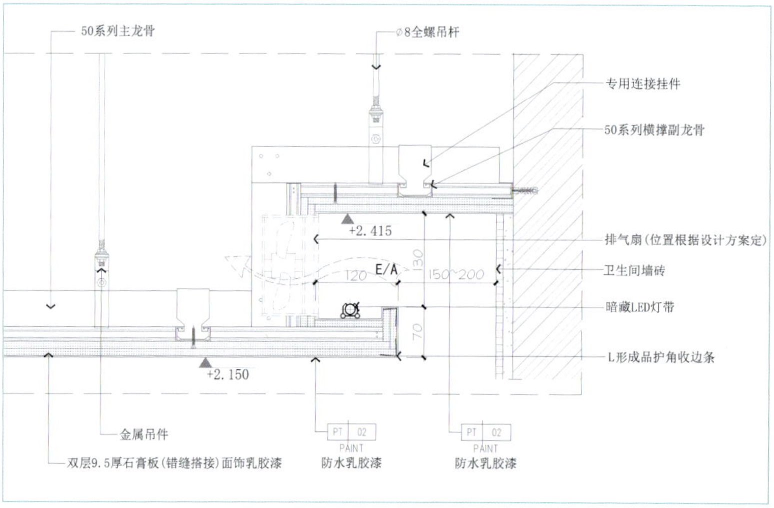

▶ 图 2-5-3　卫生间天花构造图 DT-01-03

核心知识小结

1. 各类天花装饰材料的特性及适用范围

在选择居室各功能区域的天花装饰材料时，应熟练掌握材料特性和形式。例如，石膏板是一种常见的天花装饰材料，具有良好的防火性能，重量相对较轻，便于搬运和安装，减轻了天花结构的负荷; 具有隔音性能，能有效减少外界噪声的传入和室内热量的散失，提升居住的舒适度; 易于加工，可根据设计要求进行切割、造型、钻孔等加工，满足不同的装修风格和造型需求。无论是简约现代风格、欧式古典风格还是其他风格，都能通过石膏板的造型和装饰来实现设计效果。石膏板可用于客厅、卧室、书房等房间的天花装饰，常见的有直接式天花、悬吊式天花等形式。

2. 天花施工图的识读方法及在实际施工中的应用能力

天花施工图是指导天花施工的重要文件，识读天花施工图并将其应用到实际施工中，需要熟悉图纸构成，了解基本信息，如查看图纸标题栏，明确工程名称、项目编号、图纸比例等信息，对整体工程有初步认识。查看目录与说明，快速定位不同类型的天花图纸，了解施工要求、材料规格、特殊工艺等关键信息。要熟悉各种建筑装饰图形符号，如果遇到不常见的符号，应查看图纸中的图例说明，准确理解其含义。仔细查看天花各部分的长度、宽度、高度等尺寸标注，明确吊顶的范围、造型的大小以及各构件之间的距离。在实际施工中，根据天花施工图确定施工顺序和方法，准确计算所需材料的数量和规格。以天花施工图为依据，在施工现场确定基准线，依据图纸向工人详细说明施工要求和技术要点，施工完成后，按照天花施工图的要求，对天花的平整度、造型的准确性、构件的安装位置等进行检查。

3. 天花构造设计的原则及其在实际项目中的应用

在中户型居室的天花构造设计中，应考虑功能性与美观性原则。根据空间的具体需求，选择合适的材料和设计方案。天花构造应具备足够的强度和稳定性，能够承受自身重量以及可能承受的其他荷载，如灯具、风口等设备的重量，确保使用过程的安全可靠。根据不同空间的使用功能，满足相应的功能需求。例如，厨房、卫生间的天花需要具备良好的防水、防潮性能；会议室、影音室等对声学效果有要求的空间，天花应考虑吸音、隔音功能。天花设计应与整体室内装修风格相协调，通过对造型、色彩、材质等元素的运用，创造出美观、舒适的室内空间。在满足设计要求和质量标准的前提下，尽量选择经济合理的材料和构造方式，控制成本，提高性价比。

延伸阅读

其他天花构造形式

除上述常见天花构造外，还有矿棉板天花、硅钙板天花、石膏板与铝板相接、乳胶漆与石材相接、乳胶漆与银镜相接等天花构造形式（表 2-6-1）。

表 2-6-1　其他天花构造形式

<table>
<tr><th>构造名称</th><th>图例</th><th>三维示意图</th></tr>
<tr><td>矿棉板天花</td><td>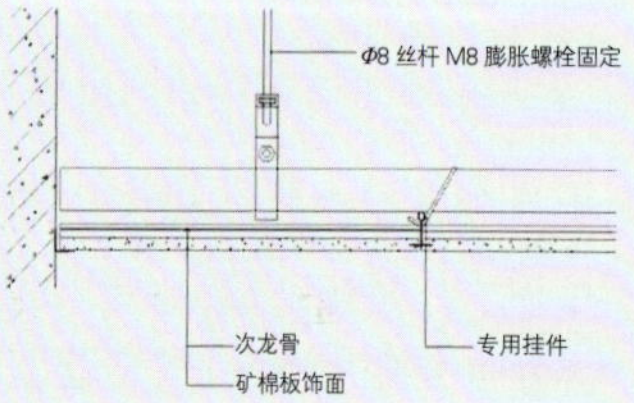
</td><td>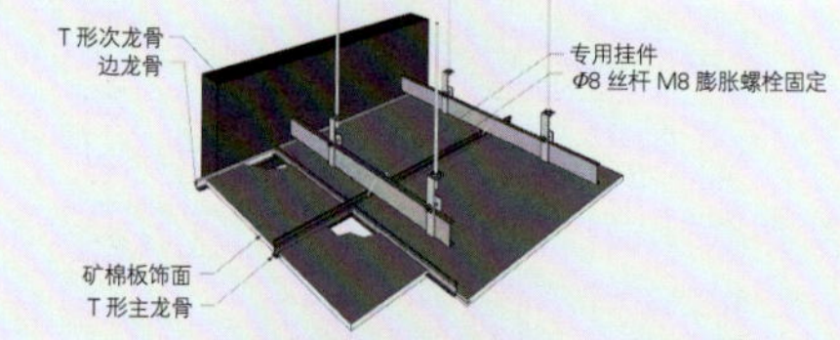
</td></tr>
<tr><td>硅钙板天花</td><td>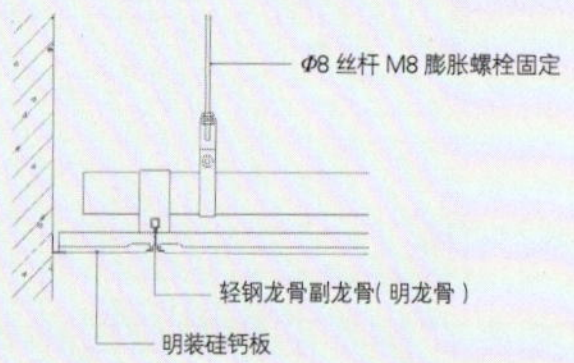
</td><td>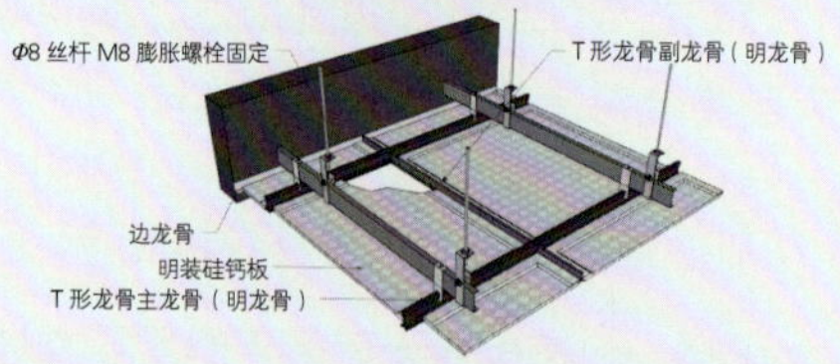
</td></tr>
<tr><td>石膏板与铝板相接</td><td>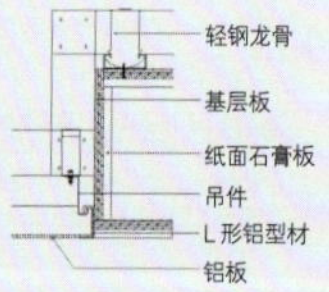
</td><td>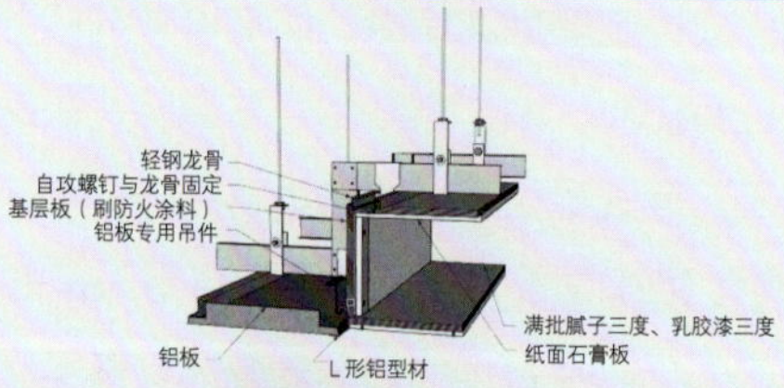
</td></tr>
<tr><td>乳胶漆与石材相接</td><td>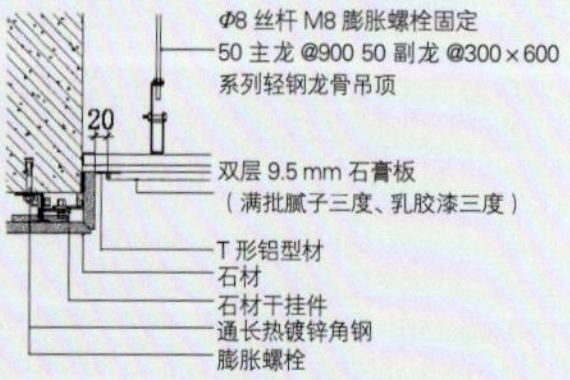
</td><td>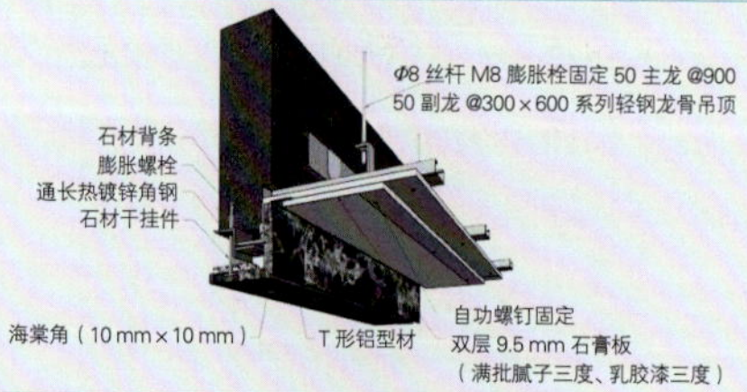
</td></tr>
<tr><td>乳胶漆与银镜相接</td><td>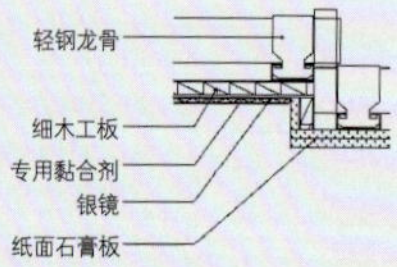
</td><td>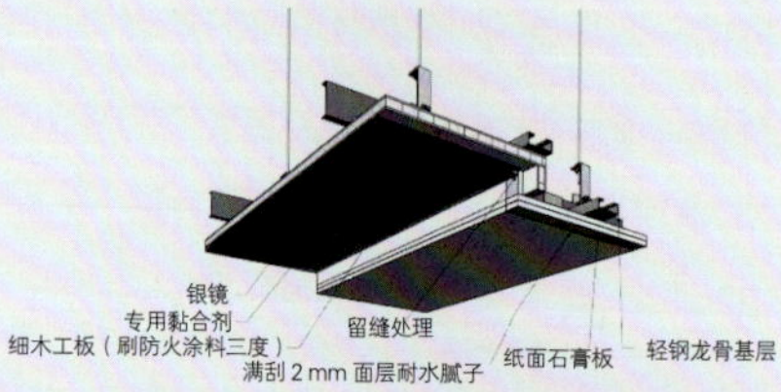
</td></tr>
<tr><td>天花（有空调风管）</td><td>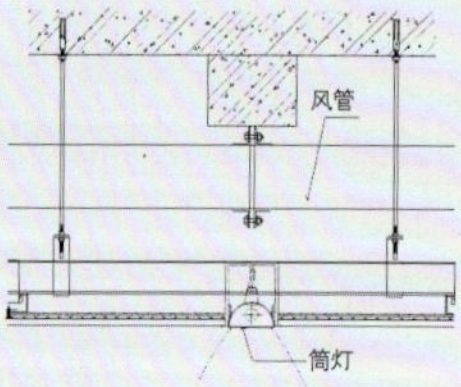
</td><td>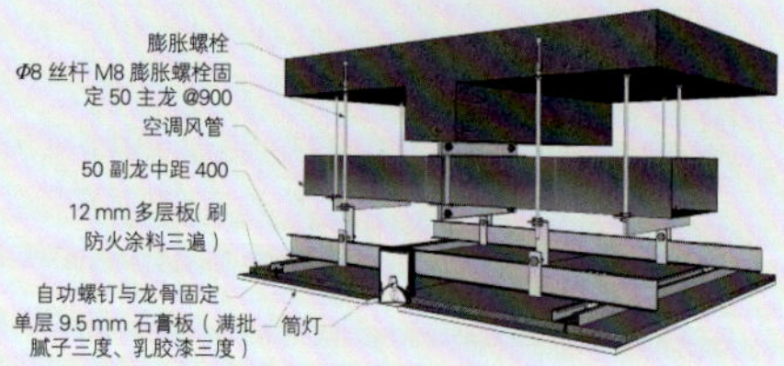
</td></tr>
</table>

课后实训

数字资源

主题一：居室天花布置设计

实训内容：

某装饰公司承接了一个家居空间设计项目，该项目为一套四居室住宅，户型特征及平面布置见图 2-6-1、图 2-6-2。业主是三代同堂的家庭，对居住空间的采光性、隔音性和安全性有较高要求，尤其注重天花装饰的层次感与环保性，期望通过合理的天花构造设计营造温馨且便于维护的生活环境。

①根据上述案例，绘制天花布置图，详细标注材料类型、尺寸、安装方式、灯具位置、龙骨间距等信息。

②编制天花材料表，列出所需天花装饰材料的名称、规格、数量等信息。

③撰写一份天花构造设计分析报告，阐述每种天花材料的选择依据、性能优势、安装方式的合理性以及与整体家居风格的协调性，分析在施工过程中可能遇到的问题并提出解决方案，最后对该天花构造设计的整体效果进行评价。

主题二：天花结构深化图绘制

实训内容：

根据实训主题一完成的天花布置图，任选一个区域绘制天花结构深化图。

①依材料实际尺寸精确绘制，标注清晰准确，各构造层次（基层、龙骨层、饰面层等）的厚度、材料及连接关系要明确。

②遵循制图标准与规范，采用统一图例、符号和标注法，布局合理、整洁。

③关键部位要有文字说明特殊构造、工艺、材料要点，如灯具安装、通风口处理等。

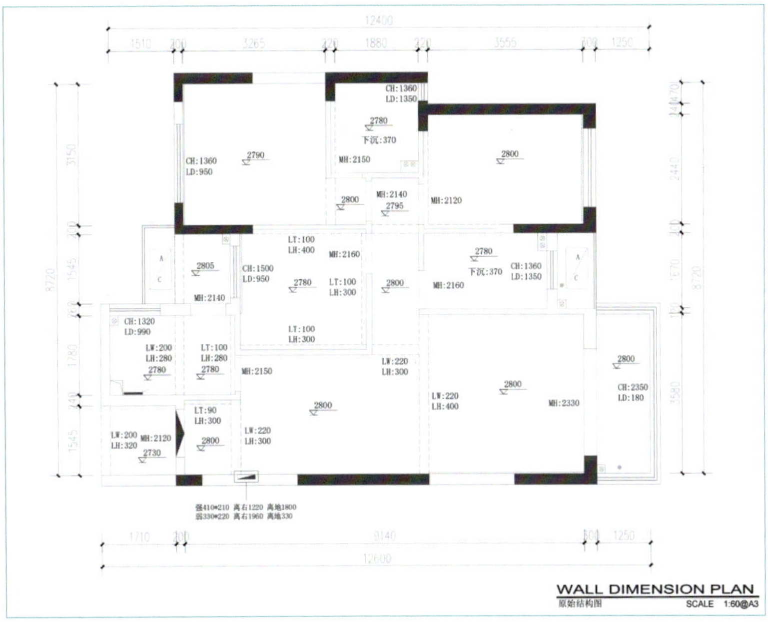

▶图 2-6-1　原始结构图

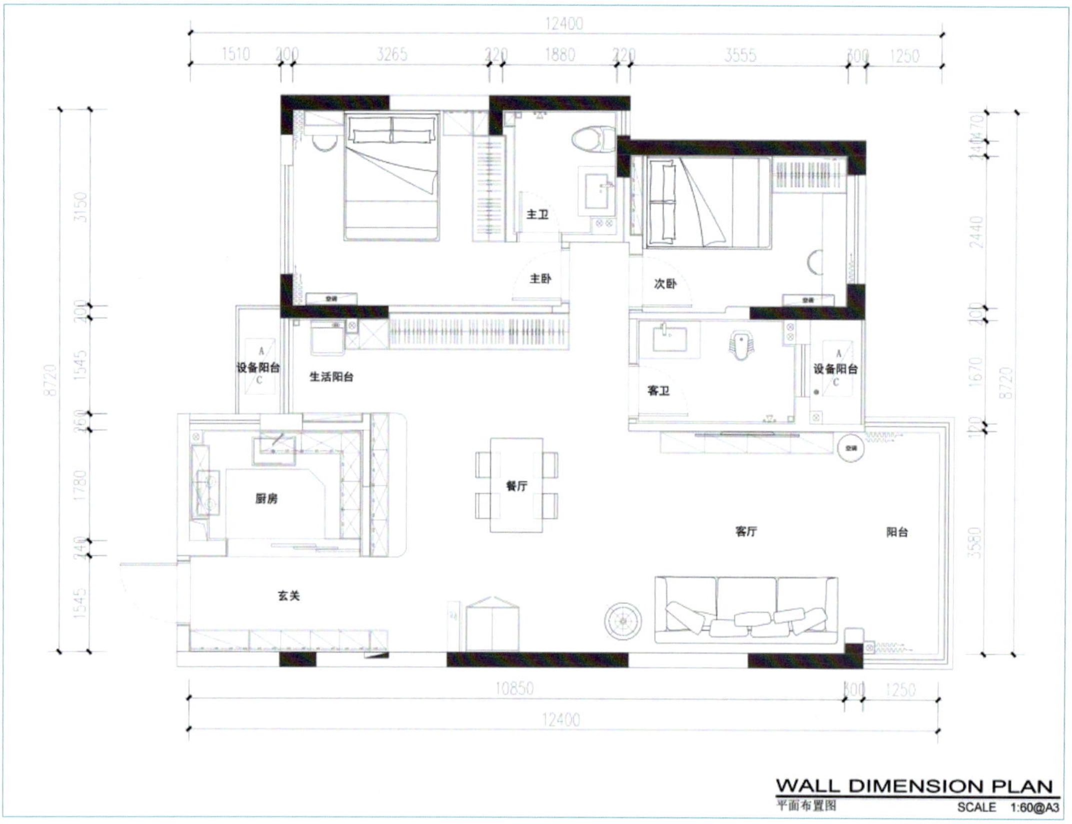

图 2-6-2　平面布置图

学习评价

序号	维度	分值	内容	评分标准	学生自评	学生互评	教师 / 师傅评价
1	学习态度	10	学习过程中的主动性、积极性	出勤率（4 分） 参与讨论（3 分） 持续学习（3 分）			
2	识图任务	10	识别、理解工程图纸信息	识图准确率（7 分） 识读熟练度（3 分）			
3	项目设计任务	20	根据实际需求和空间特性制订合理的天花设计方案	方案的完整度（5 分） 方案适用性和可操作性(5 分) 方案的创新性（5 分） 方案的艺术价值（5 分）			
4	装饰材料应用	15	新材料、新技术、新工艺 节能减排	环保节能材料选择（5 分） 新技术、新工艺应用（5 分） 污染控制（3 分） 环保措施（2 分）			
5	天花构造设计	15	依据天花布置图和实际情况制订科学的构造设计方案	天花基层处理恰当（5 分） 龙骨连接正确（5 分） 灯具、风口等细部构造设计完善（5 分）			

续表

序号	维度	分值	内容	评分标准	学生自评	学生互评	教师 / 师傅评价
6	结构深化图绘制	20	绘制天花结构深化图	完整性（5 分） 准确性（5 分） 规范性（5 分） 细节表达（5 分）			
7	职业责任	5	法律法规和行业规范	法规遵守（2 分） 操作规范（2 分） 对项目质量、安全的关注(1分)			
8	劳动素养	5	劳动态度和团队合作精神	劳动态度（3 分） 团队合作（2 分）			
合计		100	评价学生签名： 教师签名：	权重	0.2	0.2	0.6
				实际得分			

练习思考

数字资源

①某中户型居室客餐厅计划采用轻钢龙骨石膏板跌级吊顶，结合本项目中的材料特性与施工工艺，分析在龙骨间距设置、石膏板拼接及跌级转角处需采取哪些措施以避免开裂问题。

②对比直接式天花与悬吊式天花的构造差异，结合中户型不同功能区的需求，说明如何有针对性地选择天花类型，并阐述理由。

③结合本项目中结构深化图的绘制要求，若要绘制卧室暗藏灯带的轻钢龙骨石膏板吊顶详图，需明确标注哪些构造层次、尺寸及特殊工艺说明？

03 项目三

大户型居室墙面装饰材料与构造设计

岗位要求

秉承环境责任理念，优先考虑环保和节能产品，以减少生态足迹；积极追踪行业内的新型材料和技术进展，不断积累知识和发展技能，以提高项目执行的专业性和创新性。

学习目标

知识目标

了解常用墙面装饰材料的种类及其基本特性，掌握各种墙面装饰材料的适用范围与装饰效果。

能力目标

能根据具体项目需求选择合适的墙面装饰材料；能依据材料特性和施工环境，绘制切实可行的墙面装饰施工图。

素质目标

具备良好的环保意识，主动选择并使用环保型、节能型墙面装饰材料；注重施工过程中的节能减排，采取措施减少对环境的影响；保持对新材料、新技术的持续关注，培养自我提升和终身学习的意识和能力。

思维导图

- 大户型居室墙面装饰材料与构造设计
  - 大户型居室墙面施工图识图
  - 大户型居室墙面材料表编制
  - 大户型居室客厅硬包墙面结构深化图绘制
  - 大户型居室餐厅镜面墙面结构深化图绘制
  - 大户型居室卧室软包墙面结构深化图绘制
  - 大户型居室茶室木饰面墙面结构深化图绘制
  - 大户型居室卫生间石材墙面结构深化图绘制

情境导入

随着人们生活质量的提升和个性化需求的日益增长，大户型居室因宽敞舒适和功能多样的特点，逐渐成为众多消费者的理想选择。然而，如何在大面积居住空间内，基于地面、天花等界面设计，精准选用墙面装饰材料，进行科学合理的构造设计，营造宜居环境，是本项目将深入研究和探讨的问题。

本项目将全面解析大户型居室墙面装饰材料与构造设计的专业知识，注重理论与实践的结合，融通课赛知识要点，通过翔实的学习内容和系统的案例分析，帮助学习者全面掌握大户型居室墙面装饰材料与构造设计的核心知识和技能，提升设计水平，从而满足现代居住空间多元化与实用性的需求。

本项目学习内容涵盖以下几点：一是墙面装饰材料的选择。系统介绍各种墙面装饰材料的特性、优缺点及适用场景，包括涂料、墙纸、各类装饰面板等，使学习者全面了解不同墙面材料的适用性和美学效果，从而增强在实际项目中适配装饰材料的能力。二是大户型居室墙面装饰材料与构造设计实例分析。通过具体的案例解析，帮助学习者掌握大户型居室墙面装饰材料与构造设计的实际应用方法，贯通理论知识，在实际操作中不断改进和完善设计方案。

思考：在大户型居室的各个功能区域中，如何选择最适宜的墙面装饰材料？请结合涂料、墙纸、装饰面板等材料的特性，详细说明选择的原因及应用场景。

✩思政小案例

绿色家园：实现可持续居住空间

一、项目描述

该项目位于一个高级住宅区，业主对整体装修的要求是美观、现代，同时需要考虑环保和节能。设计团队决定采用一种新型的再生材料——竹纤维墙板。这种墙板由天然竹子加工而成，不仅具有优良的环保属性，还具有良好的隔热和吸音效果。

二、实施流程

①材料选取：优先考虑竹纤维墙板作为装饰材料，因为它可回收利用，且在生产及废弃过程中对环境的影响较小。

②设计执行：设计团队与业主密切合作，确保设计方案既满足业主的审美需求，又体现绿色环保理念。

③施工监管：项目经理在施工过程中严格监督施工质量和材料使用，确保所有材料均符合环保标准。

三、成果与反响

项目完成后，不仅获得了业主的高度评价，还在社区中引起了广泛关注。这种环保材料的成功应用提高了社区居民对环保建材的认知与接受度，促进了整个区域环保理念的普及。

四、思政要点

此案例为学生展示了如何将环保理念融入实际项目之中，强调了设计师在推动社会可持续发展中的重要作用。通过这个项目，学生能够认识到，作为未来设计师，他们不仅要关注设计的美观性和功能性，更要承担起保护环境的社会责任。

任务一　大户型居室墙面施工图识图

任务目标

①掌握墙面装饰施工图的识读方法及技巧。

②能准确解读墙面施工图中不同的装饰材料、构件和施工细节。

③提升在实际施工过程中的图纸应用能力。

任务要求

①准确识读建筑装饰施工图中立面图、剖面图和节点详图的信息。

②综合图纸信息，识别并理解各类墙体、装饰细节和施工节点。

知识链接

一 墙体构造识读

墙体是建筑结构中非常重要的组成部分，不仅起到分隔空间、承重和支撑的作用，还直接影响建筑物的整体性能（表 3-1-1、表 3-1-2）。

（一）砖墙

砖墙是由砖块和砂浆砌筑而成的墙体，具有良好的结构性能，因隔音隔热、施工简单等特点被广泛使用。目前，居住空间多采用岩页砖作为隔墙。

（二）加气混凝土墙

加气混凝土墙是由加气混凝土砌块和砂浆砌筑而成的，是一种轻质且具有保温性能的墙体。其密度较低，可减轻建筑物的自重，便于施工，具有良好的防火、吸音性能，广泛应用于各类住宅的内外墙。

（三）石膏板隔墙

石膏板隔墙是由石膏板和轻钢龙骨或木龙骨组成的轻质隔墙，具有良好的隔音和防火性能，广泛应用于住宅和办公空间的内部隔断。

表 3-1-1　墙体构造分类

建筑块材	图例	备注
空心砖 空心砌块		包括空心砖、普通或轻骨料混凝土小型空心砌块等砌体
实心砖 多孔砖		包括普通砖、多孔砖、混凝土砖等砌体
加气混凝土砖	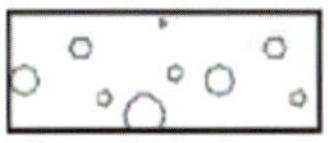	包括加气混凝土砌块砌体、加气混凝土墙板及加气混凝土材料制品等
石膏板	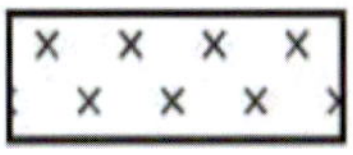	包括圆孔或方孔石膏板、防水石膏板、硅钙板、防火石膏板等

表 3-1-2　建筑材料分类

建筑材料	图例	备注
纤维材料	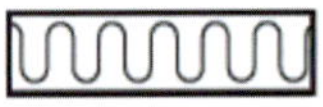	包括矿棉、岩棉、玻璃棉、麻丝、木丝板、纤维板等
泡沫塑料	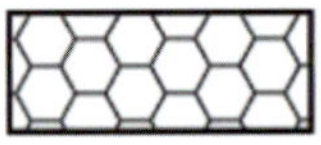	包括聚苯乙烯、聚乙烯、聚氨酯等多聚合物类材料
多孔材料		包括水泥珍珠岩、沥青珍珠岩、泡沫混凝土、软木、蛭石制品等
钢筋混凝土		包括各种强度等级、骨料、添加剂的混凝土；在剖面图上绘制表达钢筋时，不需绘制图例线；断面图形较小，不易绘制表达图例线时，可填黑或深灰（灰度宜 70%）
混凝土	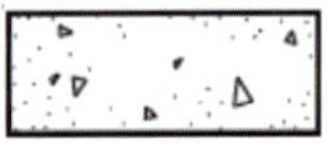	

二　墙体类型识读

（一）钢筋混凝土框架

承重墙是指承担上部结构荷载的墙体，是建筑物的重要承重构件，主要用于高层或多层建筑的外墙和部分内墙。在框架结构建筑中，承重墙常用于分隔空间并提供额外的支撑。非承重墙是指不承担上部结构荷载，仅起到分隔空间作用的墙体。

（二）隔音墙

隔音墙是指具有良好隔音性能的墙体，用于阻隔声音传播，提升室内环境的安静程度。其采用隔音材料和隔音结构设计，如双层石膏板、装饰材料内部填充隔音材料等，能有效降低噪声传播。隔音墙可用于不同类型的建筑，提升人们的居住和工作环境质量。

任务实施

步骤 1：进行图纸概读。结合图纸目录、平面图及材料表等基本信息，深入分析图纸。本案例为一户 360 m^2 的大平层居室，如图 3-1-1 所示，了解居室空间的平面布局及各类墙面的装饰分布图号。

步骤 2：进行立面图识读。根据索引找到相应图纸编号，识读墙面图纸。了解该居室立面整体布局及主要装饰材料应用部位（表 3-1-3、表 3-1-4）。

数字资源

查看图 3-1-2 图纸标注，识别图纸上主要的装饰元素，如通道、门、柜体、装饰面板等建筑内墙装饰细节（表 3-1-5）。查阅图纸的材料标注信息，了解每种装饰材料的类型，并翻阅其材料说明及工艺说明，了解装饰施工的具体要求和注意事项。

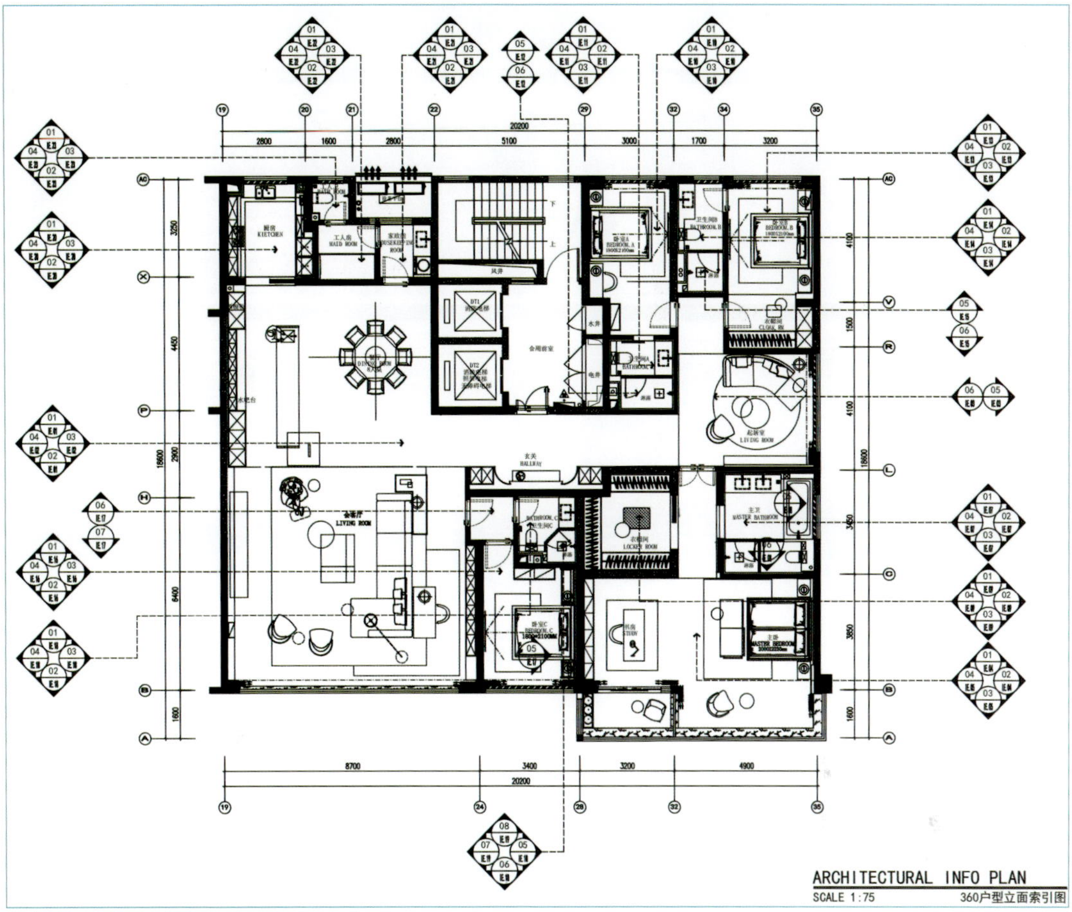

▶ 图 3-1-1　大平层立面索引图

表 3-1-3　立面图索引图例 1

图例名称	图例
立面图索引编号	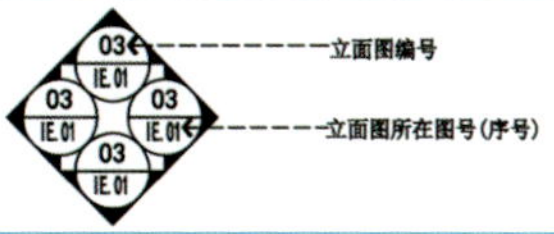

表 3-1-4　立面图索引图例 2

<table>
<tr><th>图例名称</th><th colspan="2">图例</th></tr>
<tr><td>立面图索引编号</td><td colspan="2"> </td></tr>
<tr><td>修改位置</td><td colspan="2"></td></tr>
<tr><td rowspan="2">立面图墙体较大转折示意</td><td>折断线</td><td>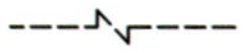</td></tr>
<tr><td>对中线</td><td>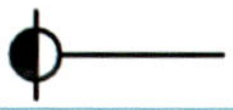</td></tr>
</table>

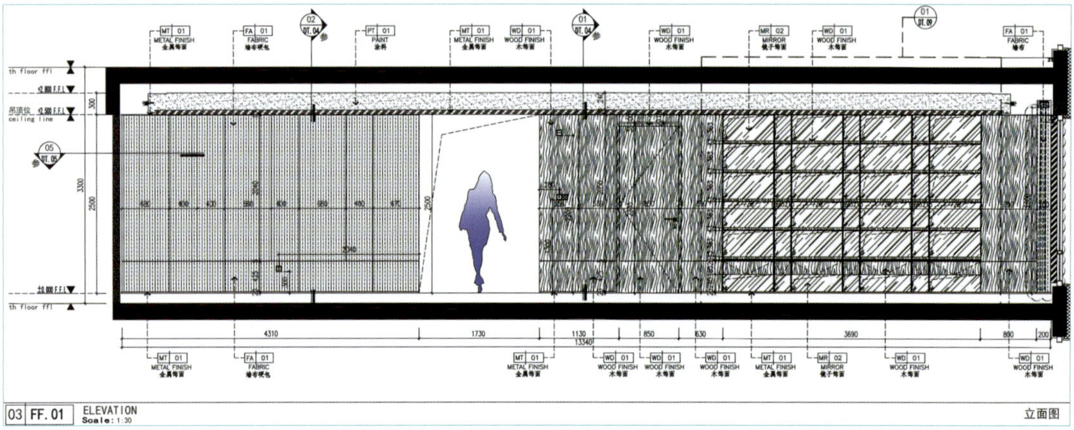

▶ 图 3-1-2　IE-02-03 立面图

表 3-1-5　节点大样图索引图例

图例名称	图例
节点大样图索引编号	

步骤 3：进行节点图识读。根据图 3-1-3、图 3-1-4 节点图剖断符号指引，识别剖面中的建筑构造和内部细节。

步骤 4：进行节点图深化识读。如节点图中施工细节还未表达详尽，需进一步深化节点图绘制，根据图中虚线部分指引，识读节点详图中的大样索引，进一步了解施工节点和接口处理（图 3-1-5）。

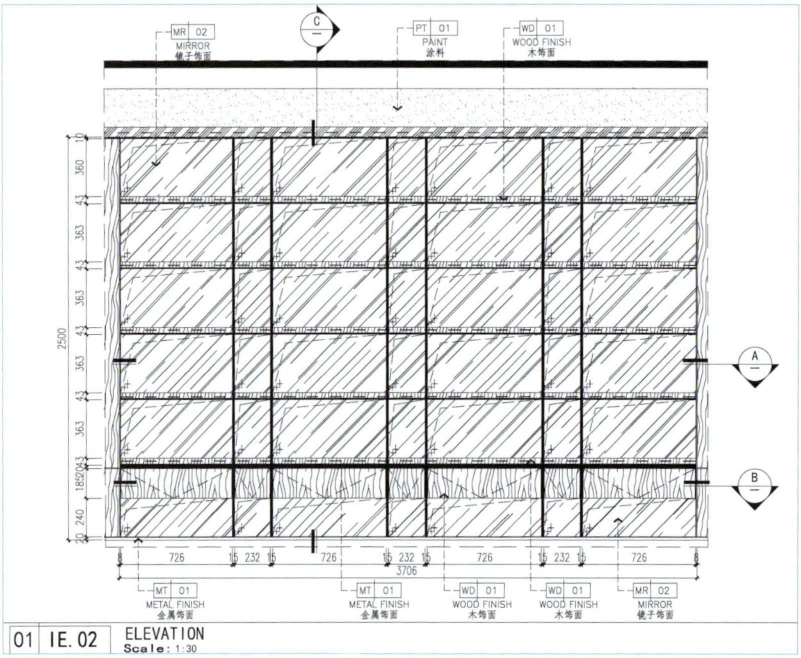

▶ 图 3-1-3　DT-09-01 节点图 1

步骤 5：综合识图。对完整的施工图纸进行综合分析，注意细节，如比例和尺度、材料标注、施工节点、尺寸标注、图纸编码准确性等。分组讨论并总结识读方法和经验，通过遵循这些步骤和注意细节，准确地识读装饰立面图。

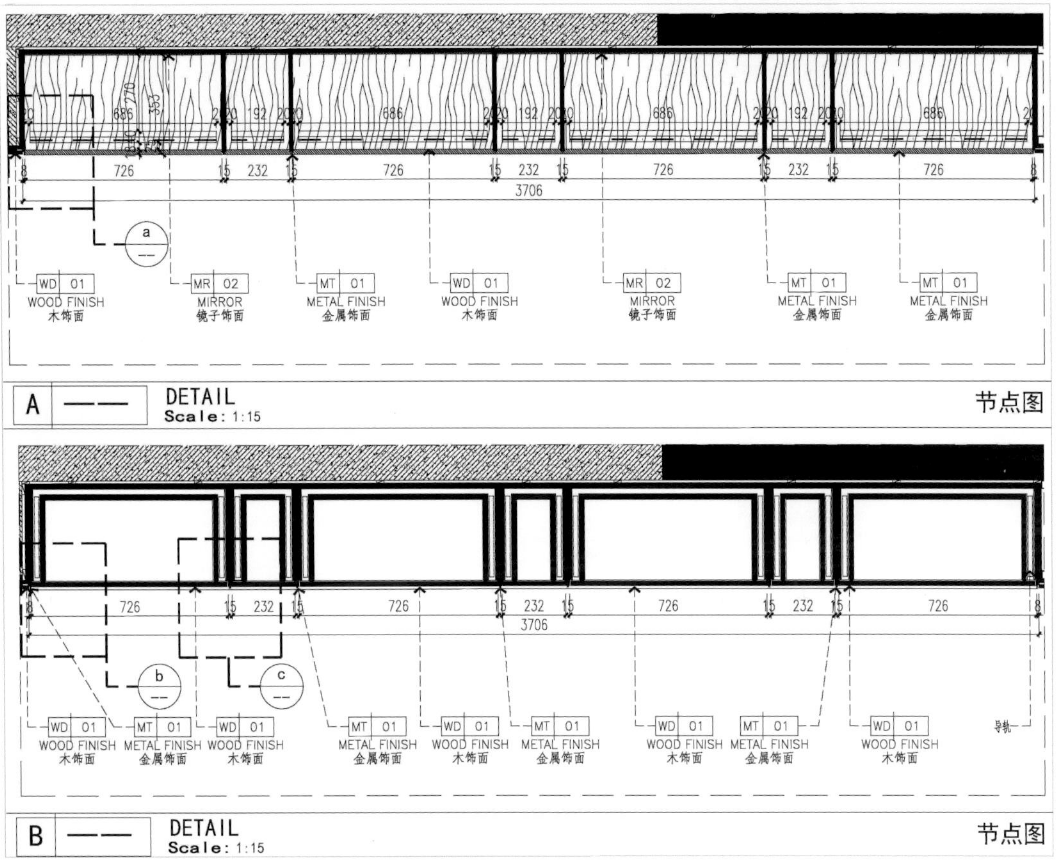

▶ 图 3-1-4　DT-09-01 节点图 2

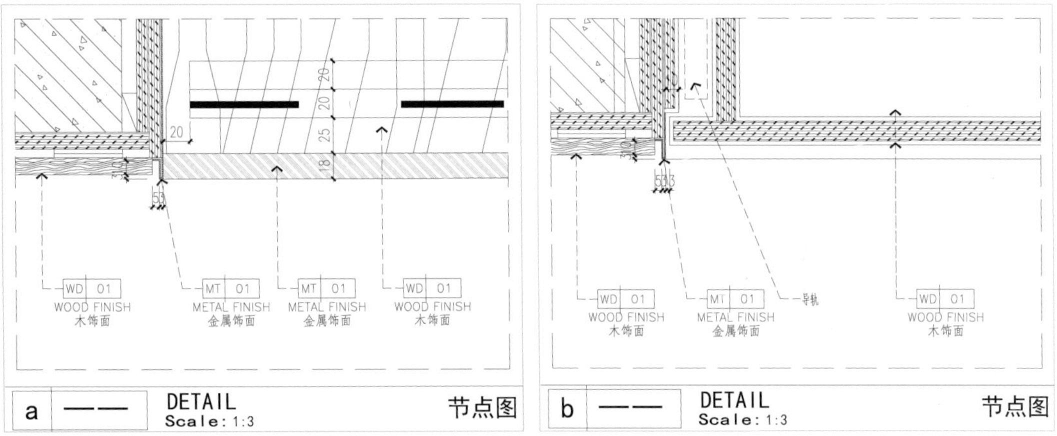

▶ 图 3-1-5　DT-09-01 节点图 3

任务二　大户型居室墙面材料表编制

任务目标

①列出图纸中墙面使用的材料，确保信息详尽。

②所有选用材料的防火等级需符合国家标准，确保居室安全。

任务要求

整合图纸信息，列出墙面材料表，材料表要详尽、准确，能够为实际装修提供科学合理的指导。

知识链接

一　涂饰类

（一）水性涂料涂饰

数字资源

1. 磁性乳胶漆

磁性乳胶漆是一种特殊的功能性涂料，具有环保、安全、易施工等特点（图 3-2-1）。它含有铁粉等磁性材料，使墙面能够吸附磁铁，兼具装饰性和功能性。在涂刷完成后，可在磁性涂层上涂刷一层透明保护漆，以增加耐久性和防护性。

▶ 图 3-2-1　磁性乳胶漆

2. 水性木器漆

水性木器漆以水为溶剂，因其环保、安全、耐用等优点，广泛用于木制家具、地板、门窗等木制品的表面涂装，是现代家居装饰和木制品保护的首选涂料（图 3-2-2）。

▶ 图 3-2-2　水性木器漆

（二）溶剂型涂饰

溶剂型涂饰有许多种类，其中快干硝基漆和聚氨酯木器漆是较常见的两种，均以溶剂为主要成膜物质，具有优异的物理性能和化学性能。

1. 快干硝基漆

快干硝基漆是一种以硝化纤维素为主要成膜物质，溶解于溶剂中制成的涂料（图3-2-3）。因其溶剂挥发快，涂层干燥速度快，适合多次快速施工。常用于家具、乐器等木制品的涂装，可实现高度光亮的装饰效果，也可用于金属制品改色。

2. 聚氨酯木器漆

聚氨酯木器漆是以聚氨酯树脂为主要成膜物质，通过化学反应固化成膜的一种涂料。其膜层能够提供持久的保护，并且具备良好的耐化学品性能和耐热性能。施工时需按照说明书要求准确混合主剂和固化剂，充分搅拌均匀，以保证涂层的质量和性能。常用于高档家具、地板等木制品的涂装，可提供耐磨和美观的表面。

（三）墙地一体涂料涂饰

1. 微水泥

微水泥是一种多功能的水泥基涂料，具有良好的耐磨性和防水性，可以应用于墙面、地面以及家具表面，创造出无缝、连续的表面效果（图3-2-4）。因其薄层施工、质感细腻、颜色多样等特点，广泛用于室内外装饰。

▶ 图3-2-3　快干硝基漆

▶ 图3-2-4　微水泥

2. 丙烯酸涂料

丙烯酸涂料是一种以丙烯酸树脂为主要成分的水性涂料，色彩丰富，附着力强，可作为墙绘涂料；同时兼具耐候性、耐水性，广泛应用于室外。

（四）艺术涂料涂饰

1. 仿石涂料

仿石涂料是一种模仿天然石材外观的装饰涂料（图 3-2-5）。它通过涂覆和特殊工艺处理，使墙面呈现出类似石材的质感和纹理。相较于真正的石材，该涂料大大减轻了墙面的负荷，且具有良好的耐候性和耐磨性，适于室内外使用。

2. 浮雕涂料

浮雕涂料是通过厚涂和特殊技法，使墙面形成立体感强烈的浮雕图案的装饰涂料（图 3-2-6）。根据需求，可以制作出各种图案和纹理，创造出高低起伏、层次分明的浮雕效果。常用于背景墙、廊道、柱子等部位，能够打造出独特的艺术效果。

3. 金属涂料

金属涂料能够模拟各种金属的光泽和质感，如金、银、铜和铝等，具有很强的视觉冲击力，可以创造出奢华、现代或工业风的装饰效果，能满足高档装饰需求（图 3-2-7）。通过不同的施工工艺，如拉丝、镀膜、喷砂等，它也可实现各种纹理和效果。

（五）自然矿物涂饰

数字资源

硅藻泥是一种以无机凝胶物质为主要黏结材料的干粉状内墙装饰涂覆材料（图 3-2-8），使用硅藻土作为主要功能性填料。硅藻土是一种天然矿物，多孔结构，具有优异的吸附能力。将硅藻泥应用于墙面，能有效吸附空气中的有害物质。此外，硅藻泥还能调节室内湿度，保持室内湿度平衡。这种特性使其尤其适合应用在儿童房、老人房等对空气质量要求较高的空间。同时，硅藻泥的多孔结构还能够赋予空间良好的隔音效果。由于其天然无机材料的特性，硅藻泥还具有防火、耐高温的特点。

图 3-2-5　仿石涂料

图 3-2-6　浮雕涂料

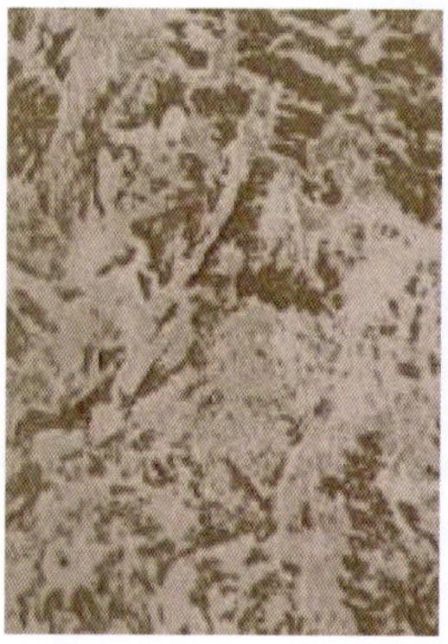

图 3-2-7　金属涂料

图 3-2-8　硅藻泥

二 石材及陶瓷类

（一）石材

数字资源

1. 砂岩

砂岩是由砂粒通过自然沉积和压实形成的沉积岩，主要成分是石英和长石。相较于其他石材，质地较软，易于加工和雕刻。它具有天然的纹理和色彩变化，装饰效果自然朴实，能为室内墙面增添自然气息。它还具有良好的透气性和吸水性，适用于湿度较大的环境，如壁炉、背景墙等。常用来作为大板墙砖的砂岩尺寸为750 mm × 1500 mm和600 mm × 1200 mm。

2. 板岩

板岩是一种变质岩，由泥质沉积岩在高温高压条件下变质形成，具有板状结构（图 3-2-9）。板岩颜色多样，如黑色、灰色、绿色和紫色等，装饰效果丰富。板岩硬度高，耐磨损，常用于地板、台阶、走廊等区域，因其防滑性和耐用性而备受青睐，适合人流量大的区域使用。同时，它因耐候性和防水性极佳而成为屋顶瓦片和外墙装饰的理想材料。

3. 石灰石

石灰石是一种主要由方解石构成的沉积岩，多为白色、灰白色或淡黄色，色调温和，适合各种装饰风格。其质地较为均匀，表面细腻，易于加工和打磨。具有较高的吸水性，使用时需做好防水处理。常用于地板、墙面和柱子等部位，其细腻质感能为室内增添雅致氛围。

（二）陶瓷

1. 釉面砖

釉面砖颜色多样，耐磨性好，不易褪色，具有良好的防水和防污性能，适合用于潮湿环境。除可用于地面之外，它还广泛用于厨房、浴室墙面装饰，既美观又易于清洁。

2. 护墙板瓷砖

护墙板瓷砖是专门用于墙面装饰的瓷砖，通常尺寸较大，具有保护和装饰的双重功能（图 3-2-10）。它质地坚硬，设计精美，多采用仿石材、仿木纹等高档装饰效果，能够有效防止墙面受到冲击和磨损。常用于客厅、卧室等家庭墙面，也常用于酒店大堂、办公楼走廊和会议室等高档公共场所的墙面装饰。

▶ 图 3-2-9　板岩

▶ 图 3-2-10　护墙板瓷砖

三 木材类

（一）原木类

数字资源

原木类材料指未经过多重加工的天然木材，仅经简单的切割、刨光和处理，保留了木材的自然纹理和质感。这类材料广泛用于地板、家具、楼梯和门窗等，能为室内增添温馨和高雅的氛围（图 3-2-11）。需定期给原木表面打蜡或涂油，以保持其光泽和防水性能。

图 3-2-11　实木护墙板

（二）木饰面板

木饰面板是指在基材（如胶合板、中密度纤维板）表面覆盖一层天然木皮或人造木纹层，经过处理后形成的装饰板材。常用于客厅、卧室和办公区域等墙面的装饰，可提升空间的质感和档次，广受欢迎。

四 金属类

数字资源

金属板、金属砖和金属线条作为金属装饰材料的代表，各自具有独特的装饰功能和实用价值。通过合理选材和精细施工，可以实现现代、美观、耐用的装饰效果，满足不同空间和风格的装饰需求。

（一）金属板

金属板是指用金属材料（如不锈钢、铝合金、铜等）制成的平板状材料，经过切割、成型、表面处理后用于装饰（图 3-2-12）。金属板材质坚固，具有较好的抗冲击性和耐用性，可通过不同的表面处理工艺（如拉丝、抛光、电镀等）实现多样化的视觉效果。金属板广泛用于建筑外墙和室内墙面的装饰，赋予装饰面现代感和科技感。

图 3-2-12　金属板

（二）金属砖

金属砖是用金属材料制成的小块砖状装饰材料，表面光滑，有独特的金属光泽和质感，常用于装饰墙面或地面。经特殊处理后，具有良好的耐磨性和防滑性。金属砖耐高温，不易燃烧，可用于对防火要求较高的场所。

（三）金属线条

金属线条是用金属材料制成的条状装饰材料，具有高强度和高耐久性，能有效保护边缘，常用于装饰收边和分隔（图 3-2-13）。金属线条可用于瓷砖、木地板等边缘的收边处理，发挥保护功能；也可用于墙面或地面分隔装饰，提升空间层次感；还可用于边角装饰，能起到画龙点睛的装饰效果。

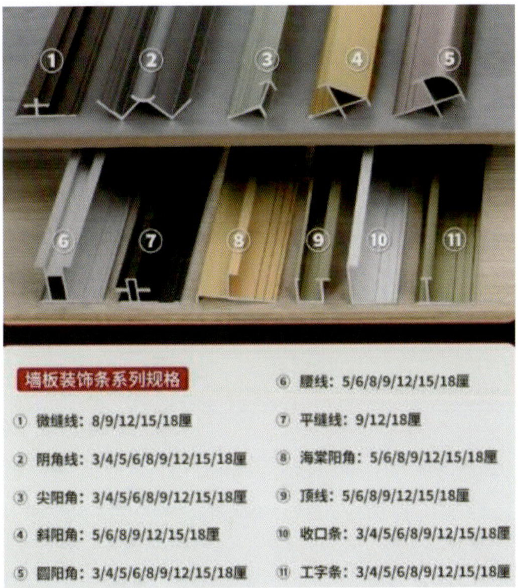

▶ 图 3-2-13　金属线条

五 玻璃类

墙面玻璃材料主要包括透明玻璃、磨砂玻璃、彩色玻璃等，每种材料各具特点，适用范围各不相同。

（一）透明玻璃

透明玻璃是指具有高透明度的平板玻璃，能形成开阔、明亮的空间。常用于办公室和居室空间等室内隔断，既实现空间分隔，又保持视线通透。此外，也广泛应用于现代建筑的外墙，实现良好的视觉效果和采光效果。

（二）磨砂玻璃

磨砂玻璃是指通过机械喷砂或化学蚀刻处理，使表面形成均匀的磨砂效果，呈现半透明状态的玻璃。其表面质感独特，具有良好的装饰效果，同时能有效遮挡视线，提供隐私保护。常用于卫生间和办公室的隔断，既提供私密性，又保持通透感。

（三）彩色玻璃

彩色玻璃是通过在玻璃熔融过程中添加金属氧化物或通过表面着色处理，使玻璃呈现不同颜色的装饰材料。常用于家庭和办公空间的墙面装饰。因其颜色多样，能增强视觉效果，也广泛用于酒店和商场等公共场所的艺术装饰。

六 复合材料

（一）铝塑复合板

铝塑复合板是由铝板和塑料芯材通过热压工艺复合而成的，具有金属质感。它有多种颜色和图案可选择，有较高的强度和刚性。常用于客厅、办公室等场所的墙面装饰，也广泛应用于商场、展厅等公共空间的装饰。

（二）木塑复合板（WPC）

木塑复合板是由木纤维和塑料复合而成的环保材料，兼具木材和塑料的优点，采用可再生资源和回收材料制成。它表面光滑，抗腐蚀和防虫蛀性能优越，易于清洁和维护。常用于酒店、商场等人流密集场所的墙面装饰，也适用于浴室、厨房等易潮湿的空间（图 3-2-14）。

▶ 图 3-2-14　木塑复合板

（三）复合吸音板

复合吸音板（图 3-2-15）通常由多层材料构成，分为表面层、核心吸音层、背板层等。每层材料具有不同的声学特性和功能，比如核心吸音层通常是吸音材料，如矿棉、玻璃棉、聚酯纤维棉或泡沫材料，主要负责吸收声音能量，降低噪声。常用于需要音效优化和噪声控制的环境，如练琴房、会议室、音乐厅、录音室、剧院和办公室等。

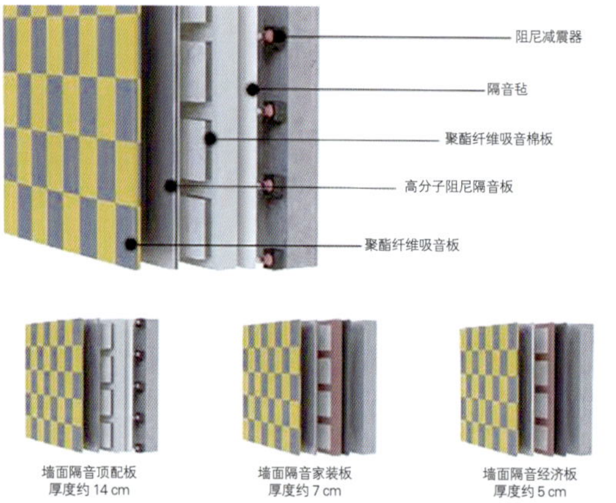

▶ 图 3-2-15　复合吸音板

任务实施

数字资源

步骤 1：进行市场调研。根据图纸内容，深入区域装饰材料市场，了解相关材料，记录其名称、特性、防火等级等信息。

步骤 2：编制详细材料表。根据图纸，完善材料表中的各项信息，确保材料名称准确、材料代码唯一、使用部位明确、防火等级符合标准（表 3-2-1）。对照图 3-2-16 所示立面图，填写材料表（表 3-2-2）。

步骤 3：美化并审核材料表。对材料表进行格式美化，确保其清晰易读。对最终编制的材料表进行内部审核，确保信息无误。

表 3-2-1 大户型居室墙面详细材料表

装饰材料英文全称	材料代码	装饰材料中文名称	装饰材料英文全称	材料代码	装饰材料中文名称
ceramic tile	CT	瓷砖	paint	PT	油漆
glass	GL	玻璃	stone finish	ST	石材
mirror	MR	镜子	wallpaper	WC	墙纸
metal finish	MT	金属	wood finish	WD	木材
fabric	FA	布饰面	acrylic	AC	亚克力
mosaic	MO	马赛克	leather	LE	皮饰面

表 3-2-2 主卧墙面材料表

物料	名称	编号	位置	防火等级	备注
石材	深色大理石	ST-01	主卧地面	A 级	品牌见物料手册
墙布	亚麻纹墙布	FA-02	主卧墙面	B 级	品牌见物料手册
金属	不锈钢	MT-01	墙面收口	A 级	品牌见物料手册
木饰面	成品木作板	WD-01	主卧墙面	B 级	品牌见物料手册
玻璃	长虹玻璃	GL-02	淋浴门	A 级	品牌见物料手册
涂料	白色乳胶漆	PT-01	主卧天花	A 级	品牌见物料手册

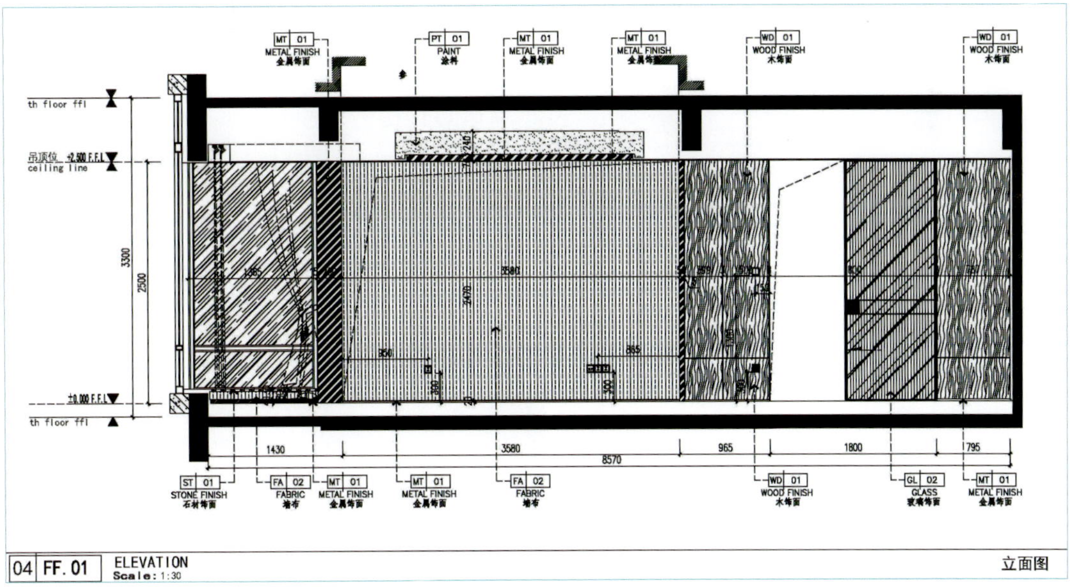

▶ 图 3-2-16 主卧立面图

任务三　大户型居室客厅硬包墙面结构深化图绘制

任务目标

①能绘制符合实际需求和设计规范的硬包墙面结构深化图，确保美观、实用和安全。

②能确保深化图纸的准确性和完整性，为后续施工提供详尽指导。

任务要求

①确定硬包墙面所需的材料种类、规格及数量，并确保材料符合设计要求和安全标准。

②使用 CAD 软件绘制结构深化图，确保图纸详细、准确且易于理解。

知识链接

数字资源

一　硬包构造材料

（一）隔墙龙骨

在建筑装饰工程中，隔墙龙骨是用于非承重隔墙的重要构件（图 3-3-1）。其类型多种多样，常用的是 U 形龙骨和 C 形龙骨，两者均为轻钢质材料。

1. U 形龙骨

U 形龙骨因其截面形状如同字母 U 而得名，底部平坦，两侧边缘竖直。常用于隔墙的地轨和顶轨部分，提供水平支撑，确保隔墙的稳固性和垂直度。

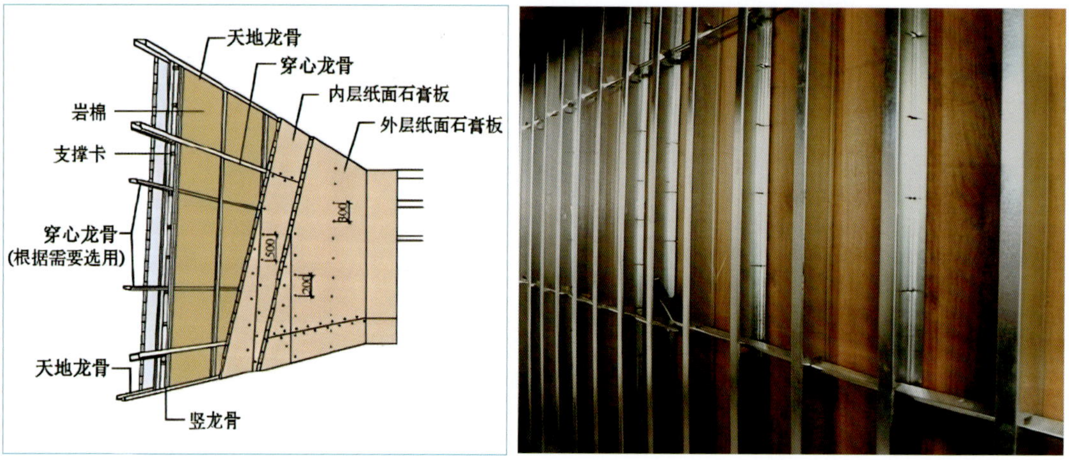

▶图 3-3-1　隔墙龙骨构成

2. C 形龙骨

C 形龙骨具有一个背部，两侧边缘通常向内弯曲，形成一个封闭的 C 形截面。主要用于隔墙系统的竖向支撑结构，常与 U 形龙骨配合安装，形成稳定的框架结构。

U 形龙骨主要用于水平支撑，而 C 形龙骨则用于竖向支撑。两者配合使用，能够形成稳定、可靠的隔墙结构。在实际施工过程中，为增强龙骨之间的连接强度，会在竖向龙骨中采用穿心龙骨，即中间带有贯通孔的 C 形龙骨。

（二）硬包基层

墙面构造不仅需要龙骨作为支撑结构，还需要适当的基层材料来提供表面支撑。

1. 细木工板（大芯板）

细木工板也叫大芯板，作为常用的基层材料，是一种由天然木材薄板和木条芯板胶合而成的人造板材（图 3-3-2）。适合作为墙面的基层材料，尤其适合需要承载重物的地方。

▶ 图 3-3-2　细木工板

2. 中纤密度板

中纤密度板是一种木质纤维板，由木纤维或其他植物纤维经高温高压处理而成（图 3-3-3）。需要注意的是，该板材在潮湿环境中容易吸湿膨胀，特别是在厨房、浴室等潮湿区域使用时需进行防潮处理。

▶ 图 3-3-3　中纤密度板

3. 胶合板

胶合板也叫多层板，是由多层薄木片粘贴而成的，可作为天花、墙壁、地板的基层材料。其优点是结构稳定，不易变形；缺点是环保性较差。

4. 颗粒板

颗粒板是用木屑碎料或实木的边角料加胶黏剂压制而成的人造板材（图 3-3-4）。它的板材横截面由三层组成，两侧的表层是细的颗粒，中间一层是比较大的颗粒。其优点是密度高，结构均匀，不易变形，稳定性好，握钉力强，加工性能好，吸音、隔音性能好；缺点是密度大，比较重，可塑性差。

图 3-3-4　颗粒板

（三）硬包面层

1. 覆布艺、皮革面层

装饰面层覆布艺、皮革等，可增加墙面的质感和柔软度。通常使用较硬的装饰材料，如皮革、人造革、硬质布料等，并且内部不一定有填充材料。如果有填充材料，通常是薄的海绵或泡沫，以增加表面的平整度和柔软度。

2. 成品硬包

成品硬包是一种预制的墙面装饰材料，装饰面层覆 PVC 膜、PET（聚酯）膜或喷涂各类油漆、涂料等，可提供多种颜色和纹理选择。一般在工厂内加工成型，再运输到施工现场进行安装，具有美观、耐用和便于施工的特点。成品硬包广泛应用于高档酒店、办公楼、别墅等场所，为室内装饰提供了一种高效且优质的选择（图 3-3-5）。

二　硬包构造施工

①施工准备和基层处理：现场准备工具和材料，清理现场，确保施工区域干净平整。检查墙面平整度，修补裂缝和空鼓，确保墙面干燥洁净。

②放线定位：根据设计图在墙面上放线，标记硬包位置和尺寸。

③安装背板：切割背板材料，使用膨胀螺栓将其固定在墙面上。

④填充材料安装：切割填充材料，使用黏合剂将其粘贴在背板上。

⑤面料安装：将面料铺在填充材料上，将其拉紧并用钉枪固定边缘，处理好边角。

⑥收口处理：安装收边条，处理边缘，使其整齐美观。

⑦质量检查：检查硬包是否牢固、平整、美观，最后进行清洁收尾工作。

图 3-3-5　硬包装饰效果

任务实施

数字资源

步骤 1：选择关键结构图。在立面图上标出需要详细绘制结构图的关键部位，如墙面构造、接缝处、边缘及特殊造型区域（图 3-3-6）。后面涉及的节点图索引编号为 DT-04-02 和 DT-05-12，注释时需注意剖切符号的方向表达。

步骤 2：绘制结构图。根据确认的关键部位，使用 CAD 软件详细绘制这些部位的结构图（图 3-3-7）。绘制前可先参考学习《国家建筑标准设计图集　内装修—细部构造》（16J502-4）中装饰吸音板构造的做法。

步骤 3：完成结构图深化绘制。绘制本任务结构图时需注意标注硬包墙面的结构层次，包括面料层、装饰线条、背板层及其固定方式（图 3-3-8）。结构图由于采用单一视角，难以全面展示各个细节，而立剖视图能展示高度和上下的内部关系，平剖视图能显示平面横向内部结构。所以，从多个视角展示节点，能够全面、准确地传达设计信息，提高施工的准确性。

步骤 4：校对图纸。对绘制完成的图纸进行校对，确保图纸内容齐全，每张图纸都应详细标注材料、连接方式等信息，避免模糊不清或遗漏。审核硬包与墙体的固定方式，确保连接牢固可靠；对于装饰材料连接的处理方式，包括收口、接缝、阴阳角等细节，应确保美观性和功能性。

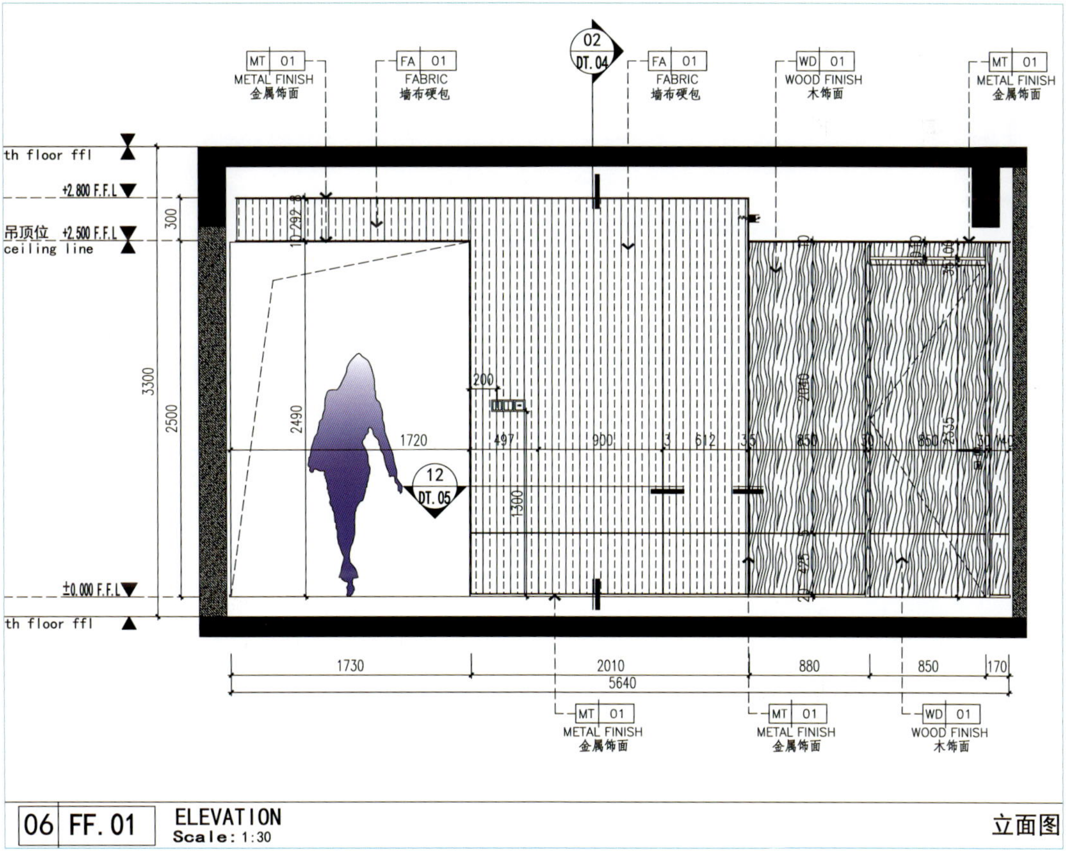

▶ 图 3-3-6　客厅立面图

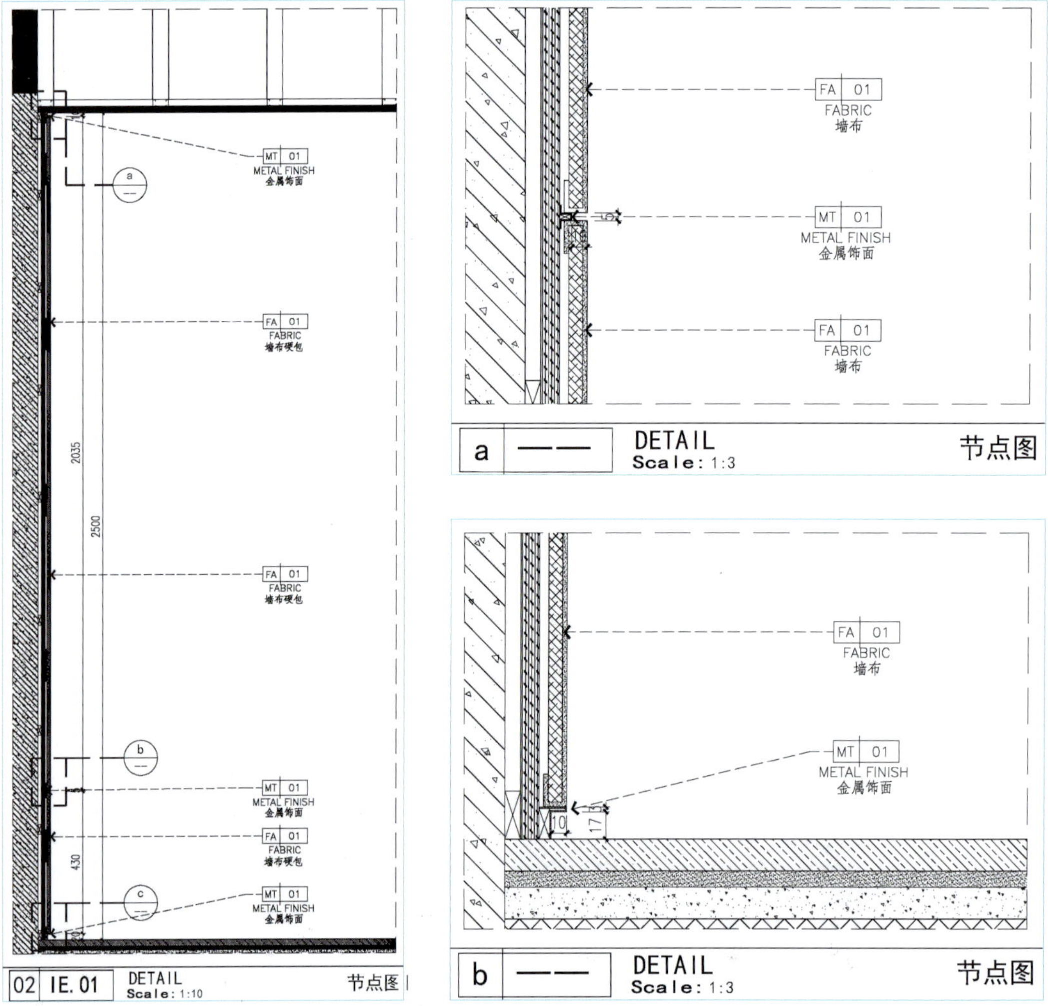

图 3-3-7　DT-04-02 节点图

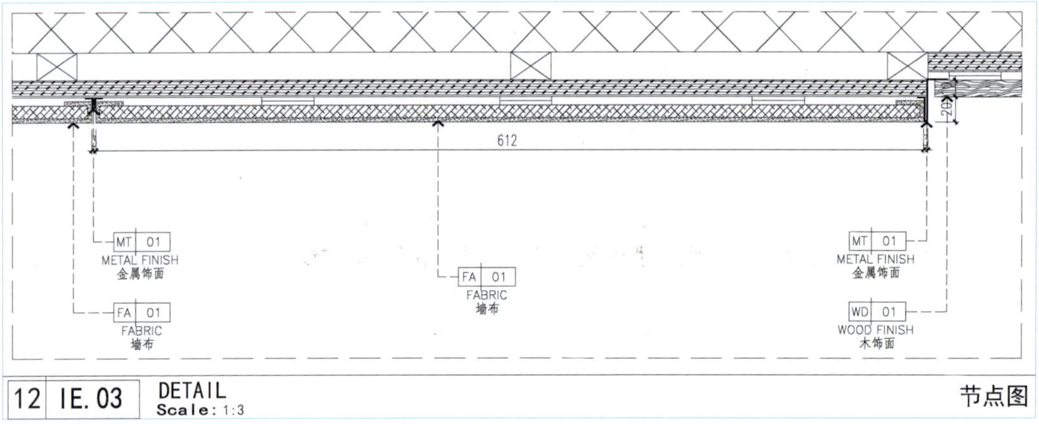

图 3-3-8　DT-05-12 节点图

任务四　大户型居室餐厅镜面墙面结构深化图绘制

任务目标

通过细致的设计和标注，确保最终施工效果与设计预期一致，减少施工中的错误和返工，以提升施工效率。

任务要求

根据镜面墙大小、形状及排布方式设计，利用 CAD 软件绘制详细的镜面墙面结构深化图，以满足施工需要。

知识链接

一　镜面构造材料

（一）镜面面层

1. 玻璃镜面

玻璃镜面是通过在玻璃表面进行镀银或镀铝处理形成的反光面层，具有高反射性和高光泽度。其反射效果显著，能够增强空间的亮度和宽敞感。常用于墙面、天花板、门窗等装饰，以提升空间的现代感和时尚感（图 3-4-1）。

▶ 图 3-4-1　玻璃镜面墙装饰

2. 金属镜面（不锈钢、铝合金）

金属镜面是通过对金属表面进行抛光处理，使其具有高光泽度和高反射性的面层。使用时可以选择不同种类的金属，如不锈钢、铝合金等，以满足不同的装饰需求。适用于墙面、柱子、门窗等的装饰，以增加现代感和科技感（图 3-4-2）。

▶ 图 3-4-2　金属镜面墙装饰

3. 亚克力镜面

亚克力镜面是由亚克力材料通过特殊工艺加工而成，具有镜面效果的装饰材料。相比玻璃和金属，亚克力材料更轻，便于搬运和安装。广泛应用于墙面装饰、天花板、展柜和灯饰等，以提升装饰效果。

（二）黏结辅材

1. 玻璃胶

玻璃胶是一种用于黏结和密封玻璃及其他材料的硅酮类或丙烯酸类胶黏剂。干燥后透明，具有一定的柔韧性，能够适应热胀冷缩的变化。对玻璃、陶瓷和金属等材料有良好的黏结效果，固化时间通常为 24 小时。

2. 结构胶

结构胶是一种高强度的胶黏剂，用于承受较大荷载和应力的结构性黏结。对多种基材有良好的黏结效果，如金属、混凝土和玻璃等，广泛用于建筑幕墙、钢结构和预制构件等的黏结和加固（图 3-4-3）。将黏结部位压合，并保持至胶体完全固化，固化时间通常为数小时至数天。

3. 泡棉胶

泡棉胶是以泡棉为基材、涂覆压敏胶制成的胶带。它弹性好，能贴合不同形状的表面；缓冲性佳，可减少震动冲击；黏结力强，能粘金属、塑料等多种材质；密封性好，可阻灰尘、水汽。泡棉胶轻便且耐候，使用时揭开离型纸粘贴施压即可。常用于室内镜子、装饰画安装，门窗密封等场景。

图 3-4-3 结构胶适用范围

二 镜面构造施工

①施工准备和基层处理：现场准备工具和材料，清理现场，确保施工区域干净平整。检查墙面平整度，修补裂缝和空鼓，确保墙面干燥洁净。

②安装基层板：在墙面上安装用于固定镜面板的木质或金属框架。

③固定镜面板：将成品镜面板或已加工好的镜面板材，按照预定位置安装在基层或者框架上，使用螺钉、胶水等方式固定。

④接缝处理和边缘修饰：对镜面板之间的接缝进行处理，确保平整、美观，也可安装踢脚线、压条等，对边缘进行修饰，提升整体效果。

⑤质量检查：检查镜面是否牢固、平整、美观，最后进行清洁收尾工作。

任务实施

数字资源

步骤 1：分析墙基结构。根据装饰平面图及现场照片分析墙面的结构情况，考虑是否需要对墙面进行加固处理。

步骤 2：进行构造设计。根据镜面板的材料特性，选择固定方式，并绘制该构造设计草图（图 3-4-4）。该方案内墙为钢筋混凝土，设计由耐火阻燃板为基层找平，双面泡棉胶黏结银镜面材。

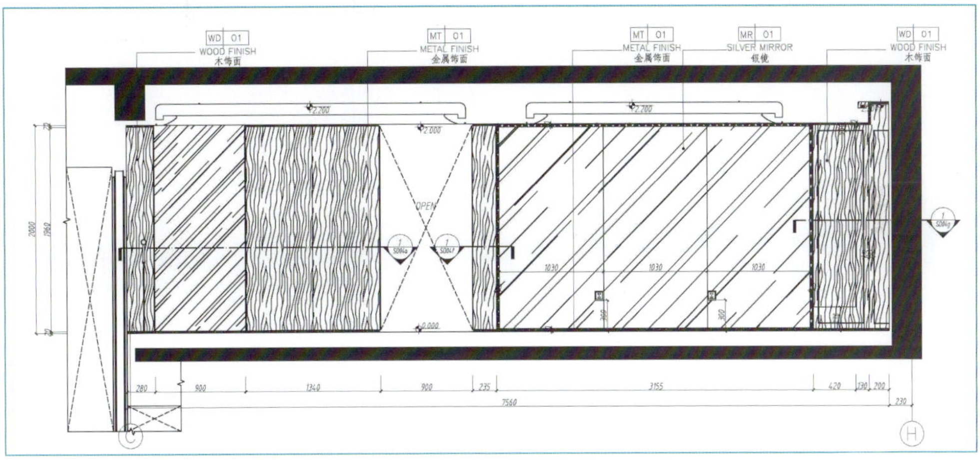

▶ 图 3-4-4　餐厅立面图

步骤 3：深化结构图。使用 CAD 软件详细绘制镜面墙结构深化图，包括框架结构、镜面板布置、固定方式、接缝处理和边缘修饰等。可参照学习《国家建筑标准设计图集　内装修—墙面装修》（13J502-1）中镜面玻璃墙面构造的做法（图 3-4-5）。

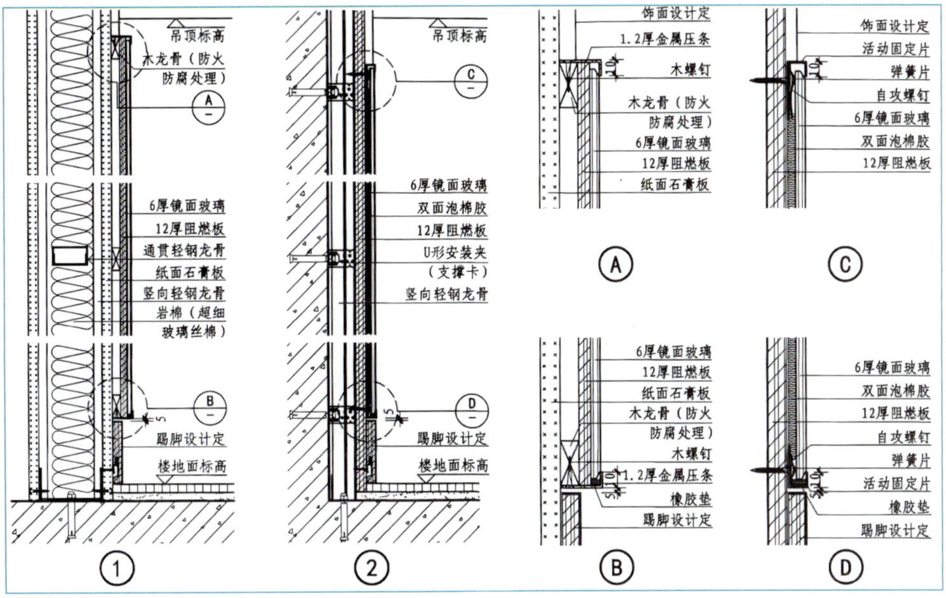

▶ 图 3-4-5　镜面玻璃墙面做法（图集号 13J502-1）

步骤 4：标注细节。标注所有关键尺寸以及材料的种类、厚度，说明连接方式和材料处理方法（图 3-4-6）。

步骤 5：审核图纸。确认图纸的准确性、可行性及美观性。

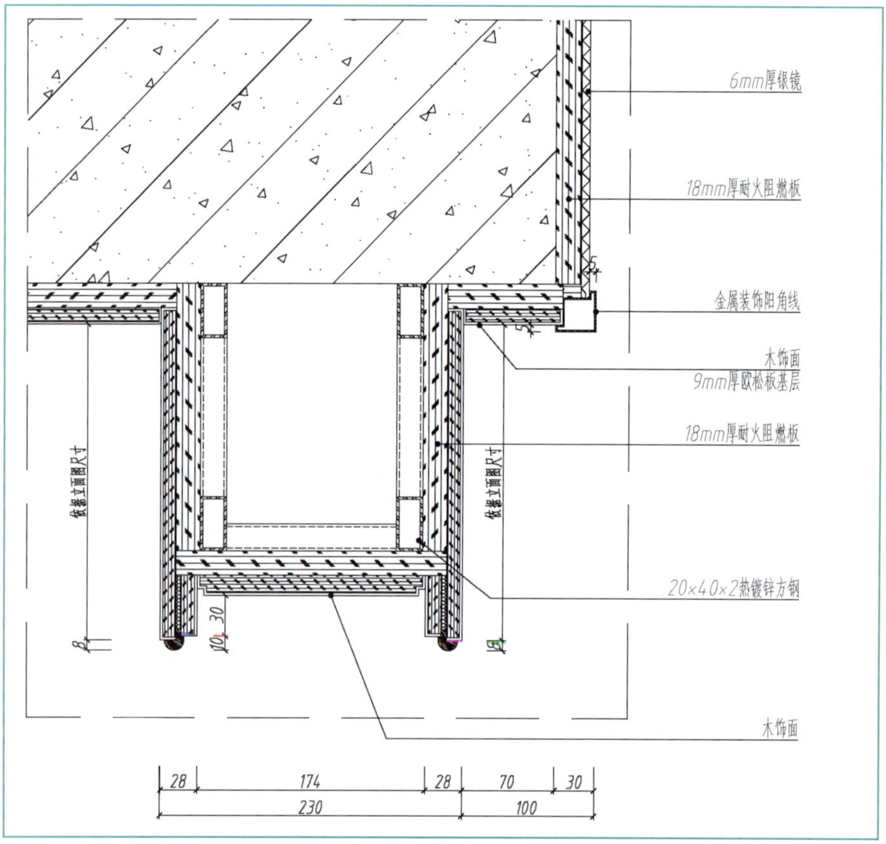

▶ 图 3-4-6　镜面玻璃墙面节点图

任务五　大户型居室卧室软包墙面结构深化图绘制

任务目标

根据设计要求，绘制符合设计规范的软包墙面结构深化图，确保图纸详细、准确，标注规范，符合施工要求。

任务要求

①理解软包墙面构造的施工工艺，确定软包墙面所需的材料及其型号、规格和数量，并确保该

材料符合设计要求和安全标准。

②根据软包墙面设计的大小、形状，使用CAD软件绘制详细的软包墙面结构深化图，图纸详细、准确且易于理解，符合施工要求。

知识链接

数字资源

一 软包定义

软包是指在室内墙表面用柔性材料加以包装的墙面装饰方法，可分为布艺软包和皮革软包。软包所使用的材料质地柔软，家居空间中主要用于床头背景墙、电视背景墙、沙发背景墙等。软包墙面除能够美化空间外，还具有吸声、隔音、防撞、防震、保温等功能。

二 软包构造材料

（一）构造方式

软包和硬包在构造上有一些相似之处，比如基材、面料和固定装置等，可互相通用（图3-5-1）。

图 3-5-1 软包内部构造及成品效果

（二）软包填充层

软包的特点是有填充材料，如海绵、泡沫等，以增加舒适度和柔软感。

1. 聚氨酯泡沫

聚氨酯材料制成的泡沫填充材料，分为高密度泡沫和低密度泡沫两种，用于不同的场合（图3-5-2）。它具有密度高、弹性好的特点。这种材料非常适合制作舒适的座椅垫、床垫、软包等。高密度泡沫通常具有优异的耐久性，可长时间保持形状，不易塌陷。

图 3-5-2 聚氨酯泡沫

2. 海绵

海绵是一种传统的填充材料，具有良好的弹性和柔软度（图3-5-3）。根据材质和加工工艺的不同，海绵可以分为天然海绵和合成海绵两种。合成海绵使用较为普遍，成本较低且易于加工。

▶ 图 3-5-3　海绵

三 软包构造施工

①施工准备和基层处理：现场准备工具和材料，清理现场，确保施工区域干净平整。检查墙面平整度，修补裂缝和空鼓，确保墙面干燥洁净。

②测量、弹线定位：按照龙骨的分档，依次在墙体上弹出龙骨位置线。

③安装基层龙骨：通常采用 50 轻钢龙骨，龙骨通过 U 形支撑件与墙体连接，支撑件间距不大于 600 mm。安装龙骨时应保证龙骨外边缘的整体平整度。

④安装基层夹板：基层板一般采用 12 mm 阻燃夹板，封钉前先根据龙骨双向间距在基层板表面弹墨线，用以确定钉子的固定位置。安装时从上往下固定，要求布钉均匀。

⑤制作软包板：按硬包板分块尺寸裁切九厘板（胶合板的一种，其厚度规格为 9 mm）和高密度海绵，并将四条边刨出斜面，刨平。以规格尺寸大于九厘板 50 ~ 80 mm 的织物或皮革面料置于九厘板上，将面料沿九厘板斜边卷到板背，在展平顺后依次用钉子将四边固定。

⑥安装软包板：按照设计图纸，将软包板用万能胶粘贴固定。对于大面积软包板或需要枪钉固定的特殊部位，在接缝隐蔽部位用钉子加固。

⑦收口处理：安装收边条，处理边缘，使其整齐美观。

⑧进行质量检查：检查软包是否牢固、平整、美观，并用塑料薄膜覆盖，做好成品保护（图 3-5-4）。

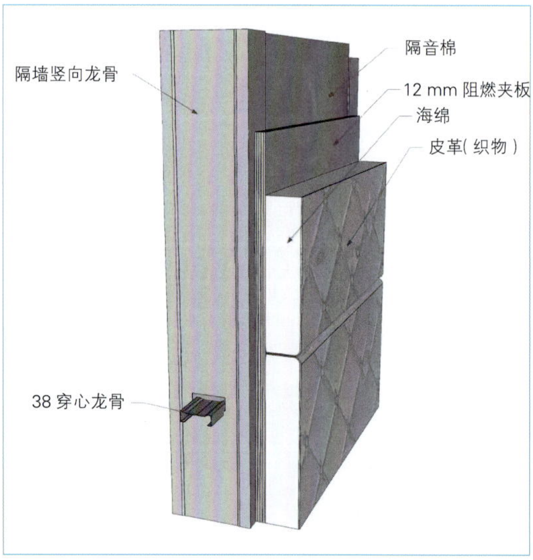

▶ 图 3-5-4　软包构造示意

任务实施

数字资源

步骤 1：根据设计图纸，选择需要重点表现结构图的关键部位。在立面图上相应的位置标注剖切符号，如不同材料的接缝处、边缘结构及特殊造型区域等（图 3-5-6）。后

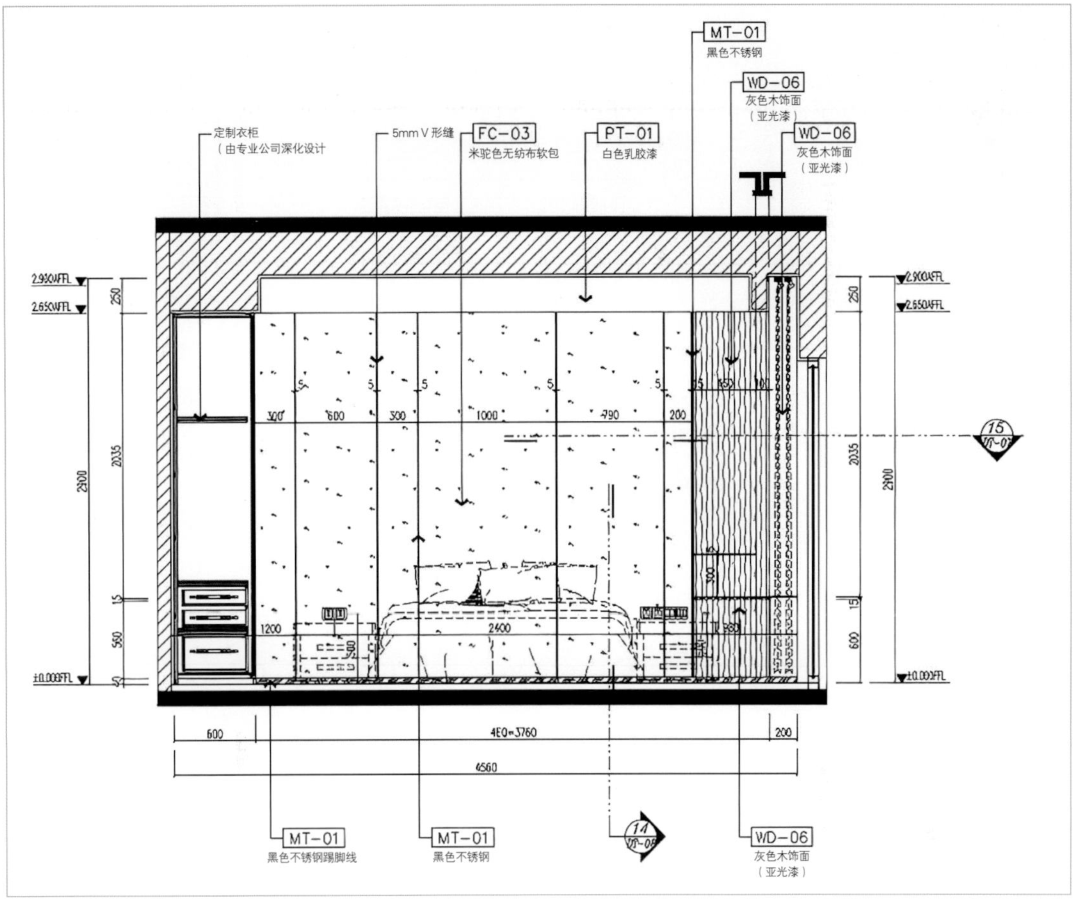

▶ 图 3-5-6　卧室立面图

面涉及的节点图是软包安装结构图，索引编号为DT-08-14，标注时需注意剖切符号的方向，同时剖切符号标注要准确。

步骤 2：绘制软包墙面内部结构图。根据立面图所标注的剖面位置，使用 CAD 软件绘制这些区域的内部结构图。绘制前可先参考学习《国家建筑标准设计图集　内装修—墙面装修》（13J502-1）中软包墙面构造的做法（图3-5-7）。

步骤 3：绘制结构图深化。绘制结构图时，需详细绘制软包墙面的结构层次，包括基层结构、背板层、面层结构及其固定方式等。绘制时可选取多个视角展示节点，这样能够全面、准确地展现内部设计构造，提高施工的准确性（图 3-5-8）。

步骤 4：校对图纸。对绘制完成的图纸进行检查，确保图纸内容齐全，每张图纸都应详细标注材料、尺寸、连接方式等信息，应清晰明了，避免模糊不清或遗漏。

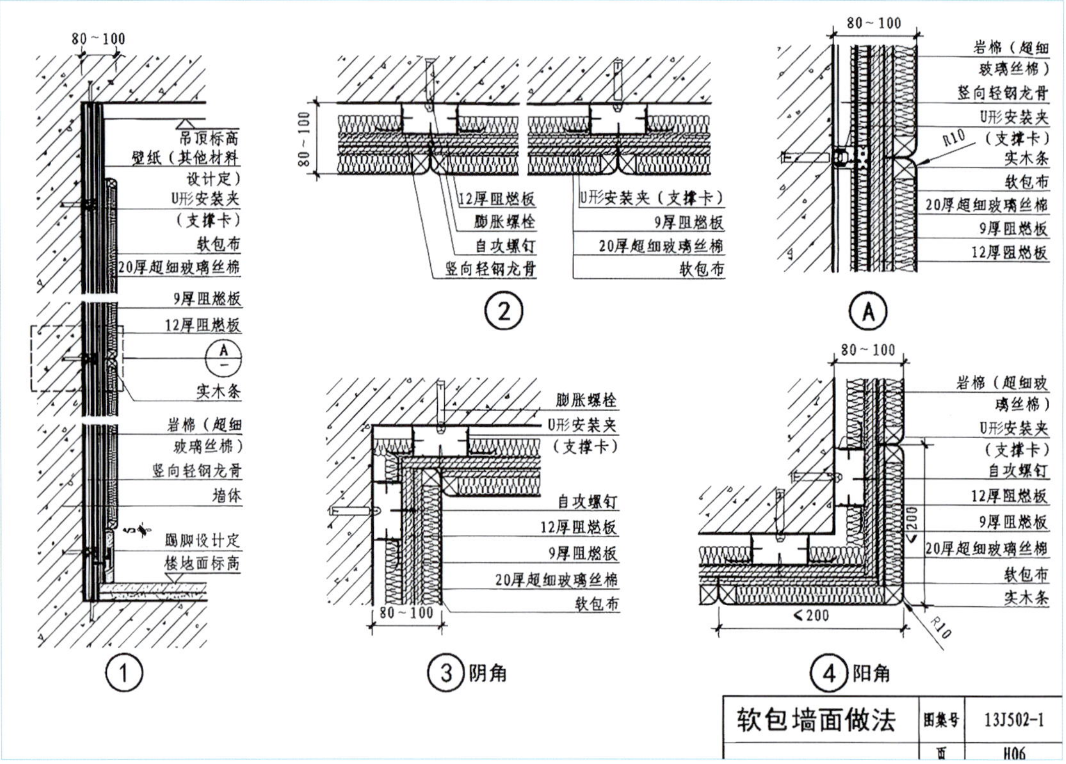

▶ 图 3-5-7　软包墙面做法（图集号 13J502-1）

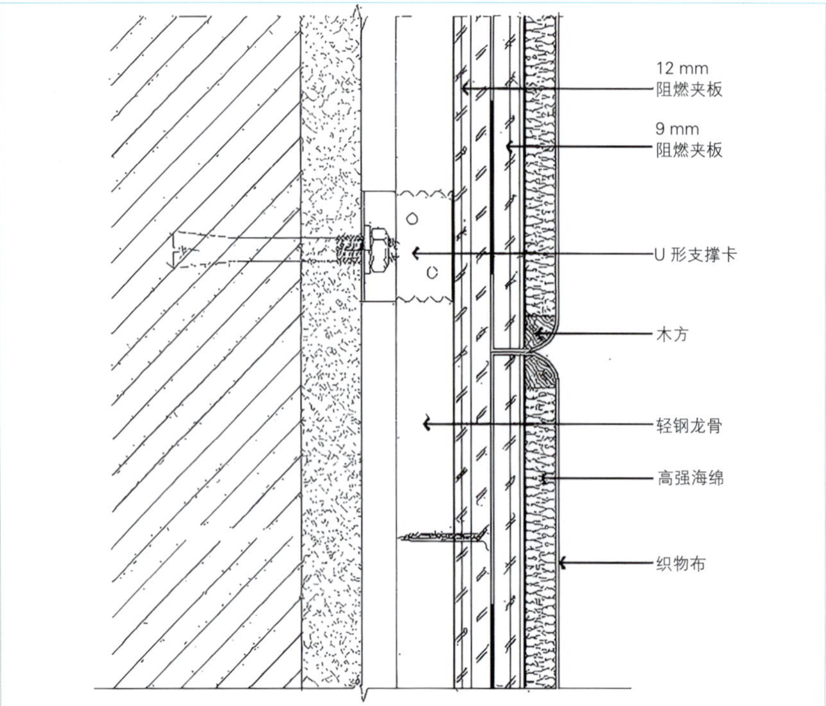

▶ 图 3-5-8　软包墙面节点图

任务六　大户型居室茶室木饰面墙面结构深化图绘制

任务目标

根据设计要求，绘制符合实际需求和设计规范的木饰面墙面结构深化图，确保深化图纸的准确性和完整性，为后续施工提供指导。

任务要求

确定木饰面墙面所需的材料种类、规格及数量，并确保该材料符合设计要求和安全标准。使用 CAD 软件绘制木饰面墙面结构深化图，确保图纸详细、准确。

知识链接

数字资源

一　木饰面构造材料

（一）木饰面基层

木饰面按基层安装材料可分为木龙骨基层、轻钢龙骨基层等。施工时，要根据环境、基层、尺寸等条件选择合适的安装方式。

1. 木龙骨基层

木龙骨基层一般采用 40 mm × 30 mm 木方搭成 400 mm × 400 mm 的“井”字形骨架，并用 20 mm × 20 mm 小木方或钢质角码固定在墙面上。木方的间距分隔要考虑木饰面面板的规格，要求每块木饰面四边的边线位置必须有一组平行边与基层木方重合。施工中要做好木方防火、防腐、防虫处理，对易锈蚀材料应做防锈处理（图 3-6-1、图 3-6-2）。

2. 轻钢龙骨基层

轻钢龙骨主要用于隔墙骨架或吊顶龙骨的制作。墙体龙骨主要由横龙骨、竖龙骨、通贯龙骨和支撑卡组成。轻钢龙骨基层龙骨要求安装牢固。它的耐用性好，适用范围广，在基层或环境湿度大、造型不复杂的情况下推荐使用。

（二）平板满铺基层

平板满铺基层主要是在木龙骨和轻钢龙骨骨架外再满铺人造板材（主要是细木工板、胶合板、欧松板等）。用自攻螺钉将 12 mm 多层板基层（刷防火涂料三遍）与龙骨架固定，完成后表面平整、无翘曲（图 3-6-3、图 3-6-4）。

前文已介绍过细木工板和胶合板，此处重点介绍欧松板。

欧松板全称为定向刨花板，是将小型木材原料加工成长 40 ~ 100 mm、宽 5 ~ 20 mm、厚 0.3 ~ 0.7 mm 的刨片，再通过多种工艺将刨片纵横交错排列，重新构成木质纹理结构的一种板材（图 3-6-5）。这样的板材内部结构整体布置均匀，无接头、无缝隙、强度好。

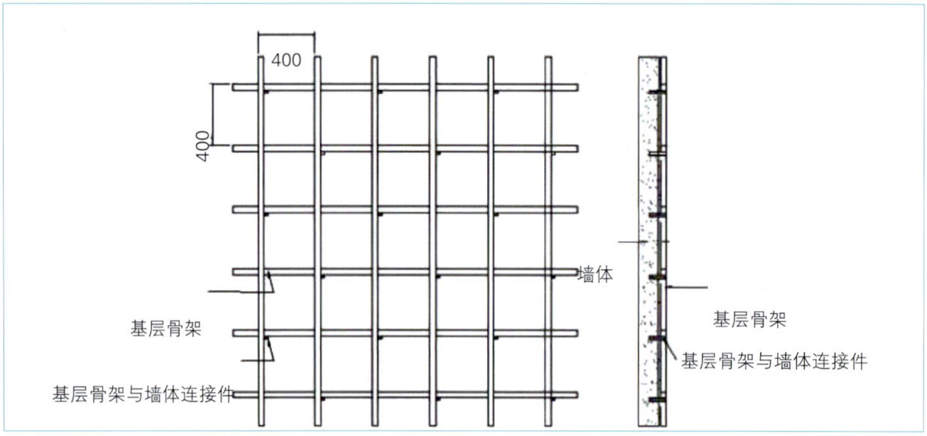

▶图 3-6-1　木龙骨基层骨架制作示意

▶图 3-6-2　木龙骨基层骨架实例

▶图 3-6-4　基层板安装实例

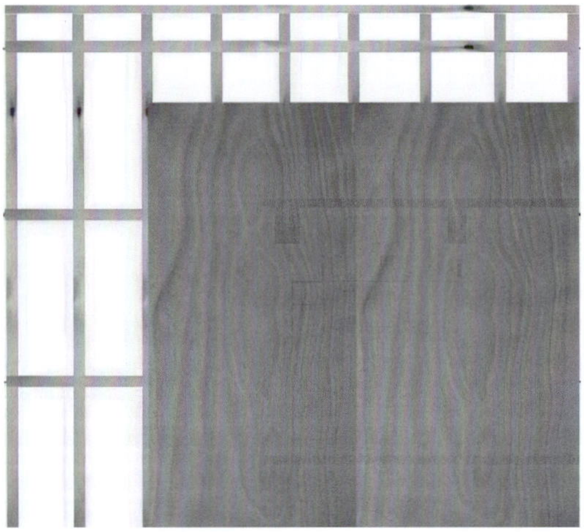

▶图 3-6-3　基层板安装示意

▶图 3-6-5　欧松板

（三）木饰面面层

1. 安装挂条

挂条主要用于木饰面板与基层的固定。安装时，将一个挂条用自攻螺钉固定在基层板上，另一个挂条用白色乳胶漆粘贴在木饰面上，再用自攻螺钉固定。基层挂件与饰面挂件要求挂合后吻合良好，安装后的木饰面不能松动和滑移。

2. 挂装木饰面板

木饰面板的饰面一般以天然木材刨切成的木片为基础，是一种用于室内装修或家具制造的表面材料。木饰面板具有木材的优美花纹，充分利用了木材资源，降低了成本。安装时，木饰面板与基层之间通过挂条进行固定（图 3-6-6、图 3-6-7）。

二 墙面木饰面构造施工

①施工准备和基层处理：现场准备工具和材料，对墙面进行检查，确认墙面的平整度、垂直度、牢固度以及基层含水率符合施工要求。检查施工材料，确认是否有缺陷或色差。若有基层问题或材料问题，要马上处理。

②放线定位：根据结构深化图纸和现场的水平基准线等，确定基层龙骨的分格尺寸，将施工作业面均匀分布在分龙骨的中心位置，然后用墨斗弹线，完成后进行定位复查。

③安装轻钢龙骨框架：用膨胀螺栓将卡式轻钢龙骨固定在墙面上，安装 U 形轻钢龙骨，与卡式轻钢龙骨卡槽连接固定，中距约 300 mm。

④安装基层板：用自攻螺钉将 12 mm 多层板基层（刷防火涂料三遍）与 U 形轻钢龙骨固定。

⑤安装挂条：用自攻螺钉固定经防腐、防火、防潮处理的挂条与多层板基层。

⑥安装木饰面板：在板材背面弹线，将挂条中的另一条临时固定在木饰面板的背面，进行试装。待将挂条调整至合适的位置后刷胶，并用自攻螺钉将其固定在木饰面板背面。

⑦进行质量检查：检查木饰面是否牢固、平整、美观。

⑧清洁养护：对容易被触碰的位置进行专门保护，或对施工区域实施封闭保护，直至验收。

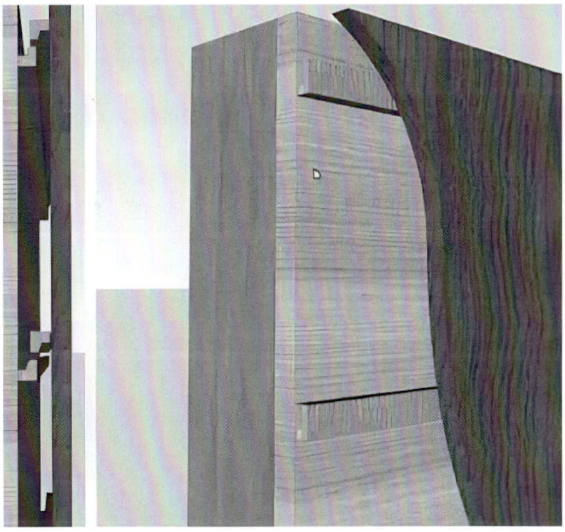

▶图 3-6-6 木饰面板安装示意

▶图 3-6-7 木饰面装饰效果

任务实施

数字资源

步骤 1：选择关键结构图。在立面图上标出需要详细绘制结构图的关键部位，如墙面构造、接缝处和特殊造型区域等（图 3-6-8）。后面涉及的节点图索引编号为 DT-08-17，注释时需注意剖切符号的方向表达。

步骤 2：绘制结构图。根据确认的关键部位，使用 CAD 软件详细绘制这些部位的结构深化图。绘制前可先参考学习《国家建筑标准设计图集　内装修—墙面装修》（13J502-1）中木质护壁墙裙墙面构造的做法（图 3-6-9）。

步骤 3：进行构造设计。根据木饰面的材料特性，选择合适的安装方式，并绘制该木饰面墙面构造设计草图。该方案内墙为轻质砖，采用轻钢龙骨进行找平，再安装 12 mm 多层板基层，最后用挂条将木饰面板与基层板固定好。

步骤 4：绘制结构深化图。绘制结构深化图时，需注意详细绘制木饰面墙面的结构层次，包括基层结构、固定方式、面层结构、接缝处理等。同时，清晰标注所有结构、材料种类、材料厚度，以及施工工艺、连接方式和材料处理等，全面、准确地传达设计信息，提高施工准确性（图 3-6-10）。

步骤 5：校对图纸。对绘制完成的图纸进行校对，确保图纸内容准确、齐全，每张图纸都应详细、清晰地标注材料、施工工艺、连接方式说明等。

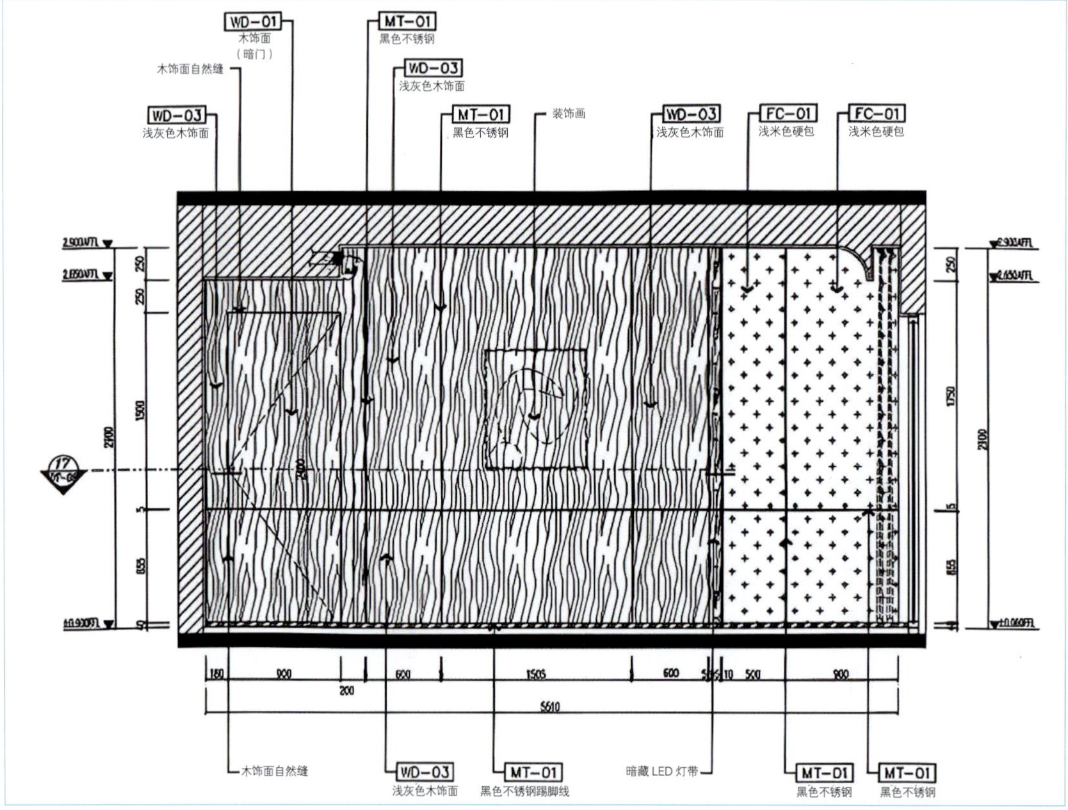

▶ 图 3-6-8　茶室立面

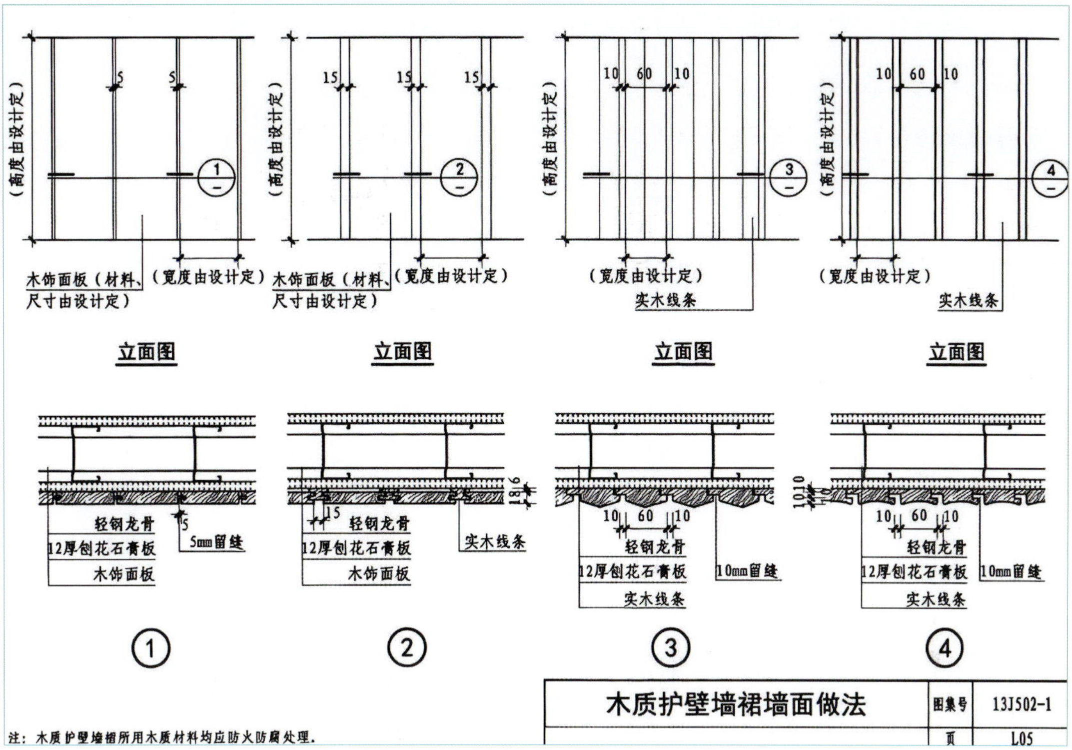

▶ 图 3-6-9　木质护壁墙裙墙面做法（图集号 13J502-1）

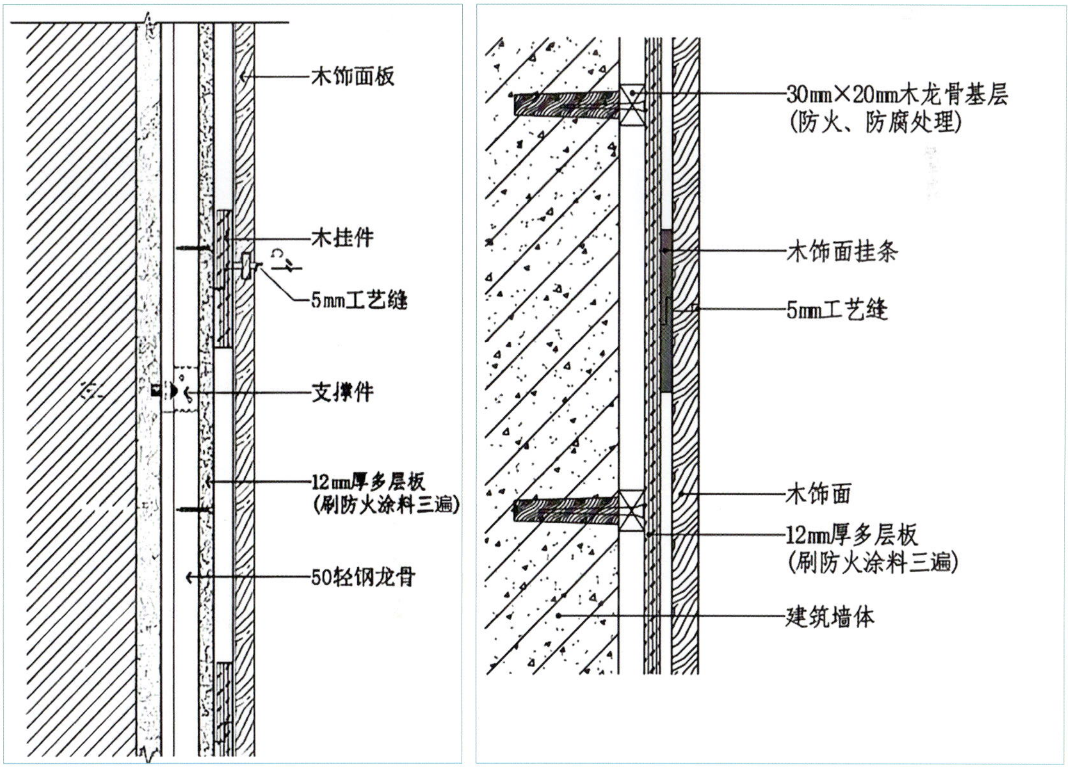

▶ 图 3-6-10　木饰面墙面节点图

任务七 大户型居室卫生间石材墙面结构深化图绘制

任务目标

根据设计要求，绘制符合设计规范的墙面石材墙面结构深化图，确保图纸详细、准确，标注规范，符合施工要求，减少施工中的错误和返工，提升施工效率。

任务要求

根据卫生间墙面石材的大小、形状及排布方式设计，利用 CAD 软件绘制详细的石材墙面深化结构图，满足施工需要。

知识链接

数字资源

一 石材构造材料

（一）石材面层

1. 大理石

大理石是石灰岩或白云岩经过地壳内高温、高压作用而形成的变质岩，常出现层状结构，主要矿物成分为方解石和白云石（图 3-7-1）。天然大理石组织细密、坚实，可磨光，颜色繁多，硬度比花岗岩小，一般用于室内。

2. 花岗岩

花岗岩属于岩浆岩，其主要矿物成分为长石、石英及少量云母和暗色矿物（图 3-7-2）。花岗岩质地坚硬，耐磨、耐压、耐火、耐酸、耐碱，多数有彩色斑点，可拼接性强，使用范围较广。

3. 人造石

人造石是一种以天然花岗岩和天然大理石的石渣为骨料，经过人工合成的新型装饰材料（图 3-7-3）。人造石在防油污、防潮、防酸碱、耐高温方面都强于天然石材。但人造石纹路不如天然石材自然。人造石硬度较高，能够无缝拼接，容易做造型，不易吸附脏物，因此常用于墙面、台面装饰。

此外，还有砂岩、板岩等可作为石材面层。

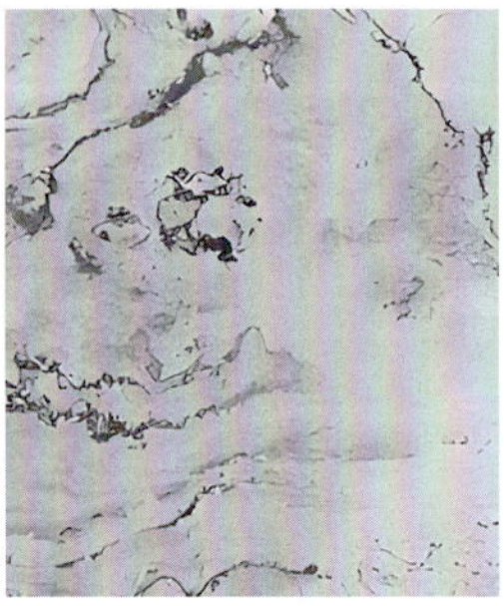

图 3-7-1 大理石

图 3-7-2 花岗岩

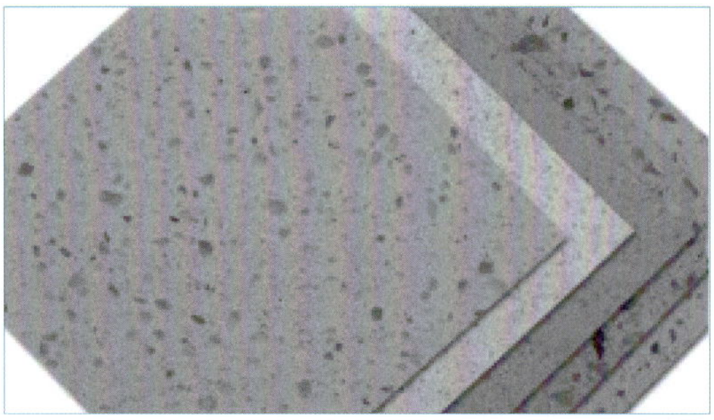

图 3-7-3 人造石

（二）基层辅材

1. 界面剂

界面剂对基层表面进行处理，目的是改善或完全改变材料表面的物理技术性能和化学特性，提高双向材料的粘贴性能（图 3-7-4）。界面剂在不同领域都有应用，对物体表面处理的工艺手段及目的也都不同。常见的界面剂对物体表面的处理与改性可分为四种工艺类型：润湿与浸渍、涂层处理、偶联剂处理以及表面改性。

▶ 图 3-7-4　界面剂

2. 石材黏结剂

石材黏结剂是由高分子聚合物和多种无机硅酸盐配制而成的粉状材料，具有良好的物理力学性能和耐久性，抗流挂性强，黏结力强，常用于墙地石材的粘贴（图 3-7-5）。在施工时，可将石材粘贴在各种材质的基面上，不需要挂件等辅料，也不需要打孔、固定等工序，操作简单。

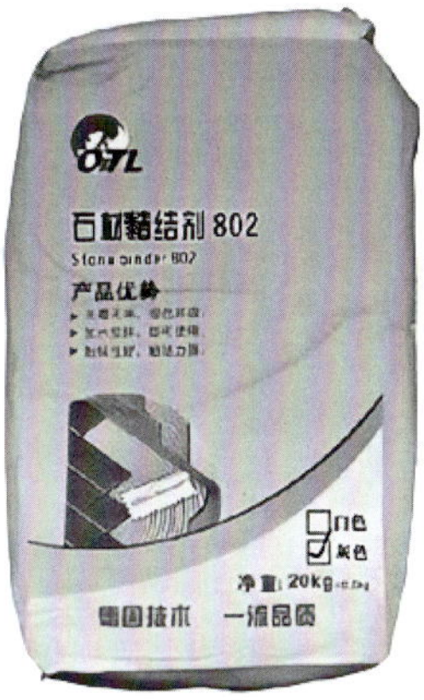

▶ 图 3-7-5　石材黏结剂

二 墙面石材湿贴施工

①施工准备和基层处理：现场准备工具和材料，做好基层检查及基层处理，对于空鼓、开裂的基面应铲除后重新修补并完成养护，确保墙面基层的含水率、平整度、洁净度等条件满足施工要求。

②滚涂界面剂：对于基层疏松且吸水性强或浮尘难清理的表面，可先滚涂界面剂，有助于砖材的黏结；对于铝模混凝土，可使用专用背胶进行拉毛处理。

③制备石材黏结剂：按胶黏粉产品说明书的配比备料，先将所需的水倒入干净的桶中，再将粉倒入水中，并使用电动搅拌机搅拌成均匀、无粉团的膏状胶浆；搅拌完毕后静置 3 ~ 5 分钟，再略微搅拌一下使用，可增加黏结力。

④铺贴石材：用齿形刮板将搅拌好的胶浆涂于工作面之上，然后用齿形刮板把胶浆层梳理成均匀条状。用齿形刮板的直边在清洁的砖背面压平涂抹一层胶浆。确保在已经用齿形刮板梳理好的胶浆还没过开放时间前将瓷砖铺贴好（图 3-7-6）。

⑤调整、清洁表面：施工过程中经常用水平尺或靠尺检查平整度，并及时做调整。用湿布将残留在表面的胶黏剂清理干净。

⑥填缝、成品保护：待石材系统结构稳定后统一填缝；根据缝宽、美化要求及时用彩色瓷砖填缝料填缝。对完成面做防护保护，避免损坏（图 3-7-7）。

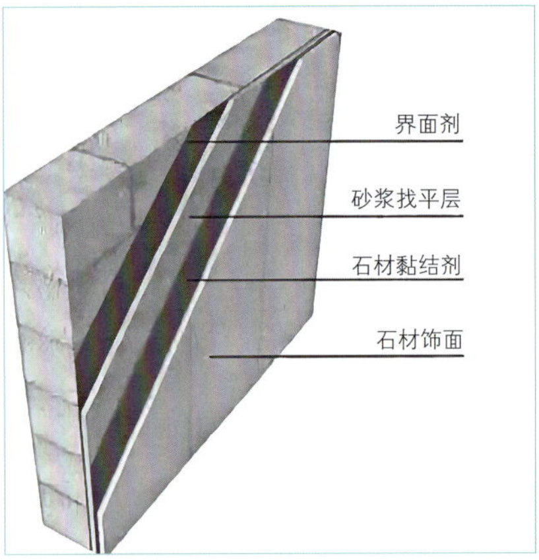

▶ 图 3-7-6　石材湿贴示意图

▶ 图 3-7-7　石材装饰效果

任务实施

数字资源

步骤 1：选择关键结构图。在立面图上标出需要详细绘制结构图的关键部位，如墙面构造、接缝处和边缘等（图 3-7-8）。后面涉及的节点图索引编号为 DT-09-18，注释时需注意剖切符号的方向表达。

步骤 2：进行构造设计。根据石材的材料特性选择铺贴方式，这里以石材湿贴法为例，并绘制该构造设计草图。该方案内墙为轻质砖，

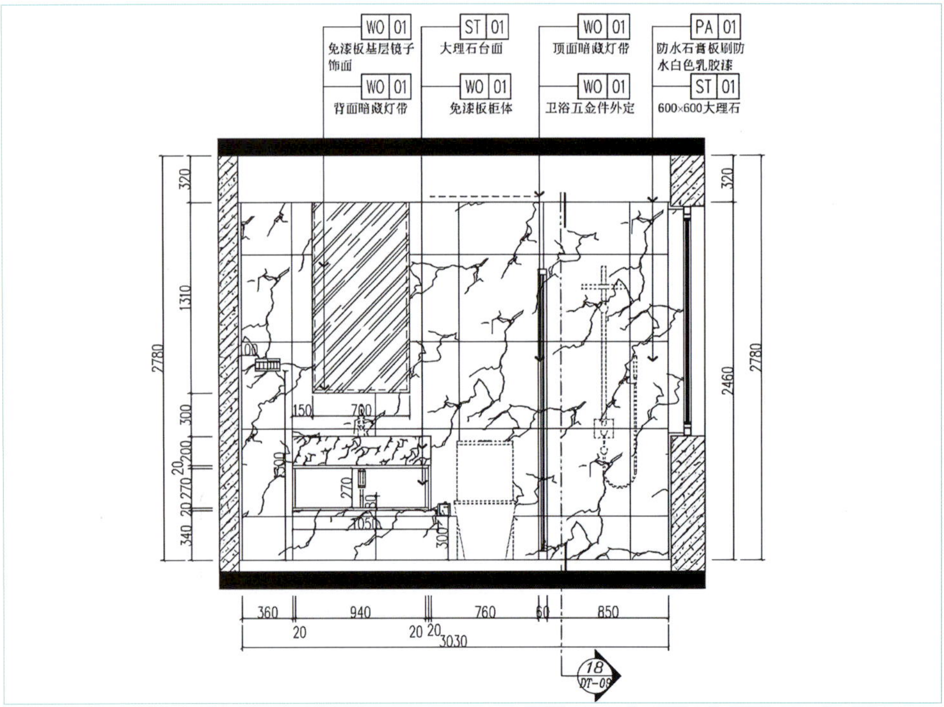

▶ 图 3-7-8　卫生间立面图

并由水泥砂浆抹灰层进行基层找平，再滚涂界面剂，最后用石材专用黏结剂粘贴石材面层。

步骤 3：深化结构图。使用 CAD 软件详细绘制石材墙面结构深化图。卫生间墙面石材以湿贴法为主，包括基层结构、固定方式、面层结构、接缝处理。可参照学习《国家建筑标准设计图集 内装修—墙面装修》（13J502-1）中陶瓷墙面铺贴的做法（图 3-7-9）。

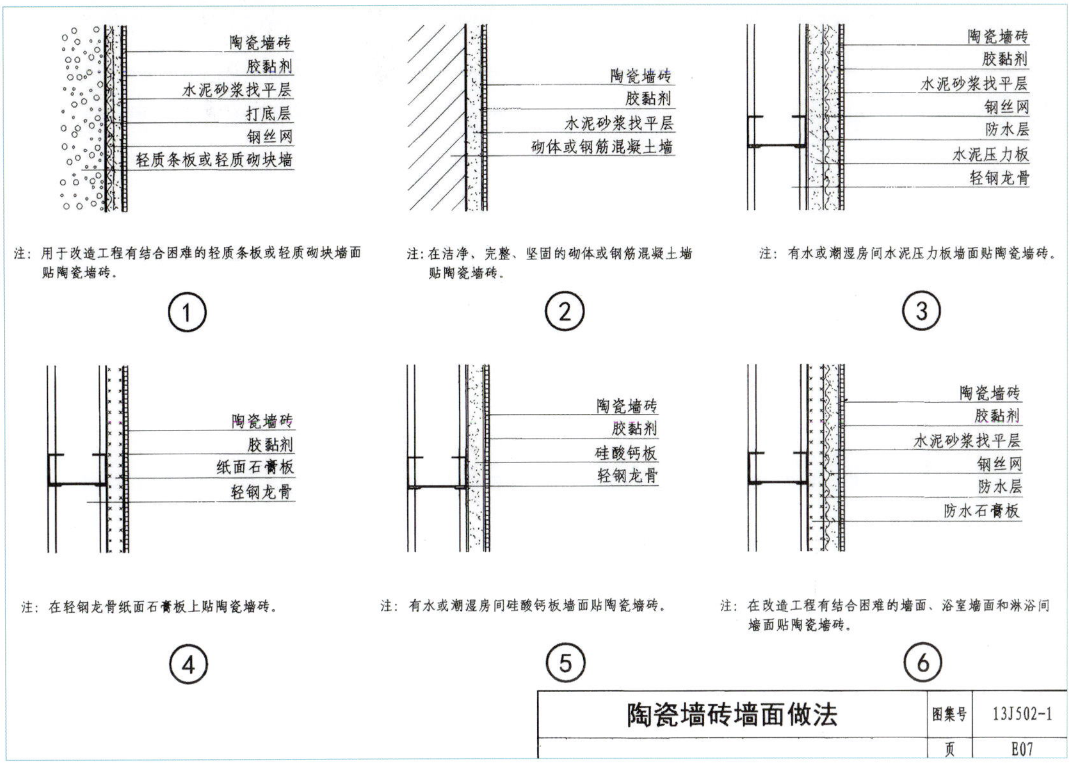

图 3-7-9 陶瓷墙砖墙面做法（图集号 13J502-1）

步骤 4：标注细节。标注所有结构材料种类、厚度，以及施工工艺、连接方式和材料处理等（图 3-7-10）。

步骤 5：审核图纸。对绘制完成的图纸进行检查，确保图纸内容齐全。每张图纸都应详细标注材料、连接方式等信息，避免模糊不清或遗漏。

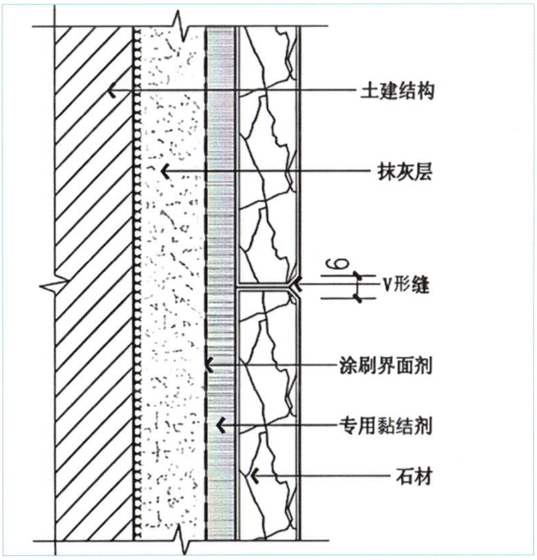

图 3-7-10 石材墙面节点

核心知识小结

1. 各类墙面装饰材料的特性及适用范围

在选择大户型居室各功能区域的墙面装饰材料时，应综合考虑其特性和适用场景。例如，涂料中的磁性乳胶漆因环保、安全且具有磁性，常适用于儿童房，以增强互动性和安全性；水性木器漆则适用于木制家具和地板，环保且耐用；装饰面板，如木饰面和石材，适用于需要高档装饰的区域，耐久性好，但成本较高且施工过程复杂。选择装饰材料时，需根据各功能区域的具体需求和材料的特性，确保美观性与实用性的统一。

2. 墙面施工图的识读方法及在实际施工中的应用能力

在识读墙面施工图并将其应用于实际施工中时，应遵循一套详细的识读方法，确保理解图纸的每个细节。首先，对图纸进行概读。通过查看图纸目录、平面图和材料表等基本信息，把握项目的整体布局和装饰分布。接下来，对立面图和节点图的识读尤为关键。根据索引编号找到相应的图纸，仔细识读墙面图纸，了解各种装饰材料的应用部位和细节，例如通道、门、柜体、装饰面板等建筑内墙装饰元素。同时，查阅材料标注和工艺说明，确保每种材料的类型和施工要求明确无误。通过这些步骤，学习者可以准确解读墙面施工图，提高在实际施工中的应用能力，从而确保施工方案的科学性和合理性。

3. 墙面构造设计的原则及其在实际项目中的应用

在大户型居室的墙面构造设计中，应考虑功能性与美观性。根据空间的具体需求，选择合适的材料和设计方案。在设计时需考虑龙骨支撑、基层材料以及面层材料的选用。隔墙龙骨通常选用 U 形和 C 形，以保证结构的稳定性；基层材料，如细木工板和中纤密度板，应根据承重要求和环境特性进行选择。面层材料，如覆布艺、皮革、木饰面板和石材等，用于满足高档装饰需求，提供优质的视觉和触感体验。例如，木饰面板可提升空间质感和档次，而石材如砂岩和板岩则提供自然的纹理和高耐用性。通过系统的设计与合理的材料选择，确保墙面结构的稳固性和装饰效果的提升，满足现代居住空间的多元化与实用性需求。墙面结构深化图纸应包括所有必要的细节。

4. 墙面结构深化图绘制的基本步骤

在绘制墙面结构深化图时，应遵循以下基本步骤：首先，分析墙基结构。根据装饰平面图及现场照片，评估是否需要对墙面进行加固处理。接着，进行构造设计。根据选用材料的特性，选择适当的固定方式，并绘制初步构造设计草图。必要时，可以参考相关图集。随后，使用 CAD 软件详细绘制墙面结构深化图，其中包括框架结构、材料布置、固定方式、接缝处理和边缘修饰等细节。最后，标注所有关键尺寸及材料种类、厚度，并说明连接方式和材料处理。完成绘制后，进行图纸审核，确保其准确性、可行性和美观性。通过这些步骤，可以确保墙面结构深化图详细、实用，为实际施工提供科学合理的指导。

延伸阅读

《住宅室内装饰装修工程质量验收规范》（JGJ/T304—2013）（节选）

3 基本规定

3.0.1 住宅室内装饰装修工程施工应符合现行国家标准《住宅装饰装修工程施工规范》GB 50327 的规定，质量验收应符合现行国家标准《建筑装饰装修工程质量验收规范》GB 50210 的规定。

3.0.2 住宅室内装饰装修工程所用材料进场时应进行验收，并应符合下列规定：

1 材料的品种、规格、包装、外观和尺寸等应验收合格，并应具备相应验收记录；

2 材料应具备质量证明文件，并应纳入工程技术档案；

3 同一厂家生产的同一类型的材料，应至少抽取一组样品进行复验；

4 检测的样品应进行见证取样，承担材料检测的机构应具备相应的资质。

课后实训

数字资源

主题一：客餐厅家居空间设计

某装饰公司承接了一个家居空间设计项目，户型特征见图 3-8-1。户主为未婚男青年，职业为室内设计总监。根据所提供的图纸和相关信息，完成家居空间项目中的客餐厅设计，并绘制相关图纸。设计成果提交内容：材料表、施工图设计说明、平面布局图、天花布局图、重点空间立面图、

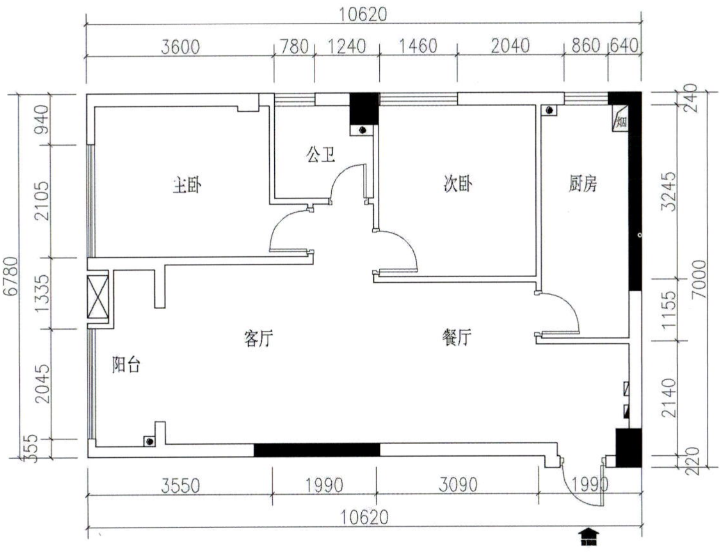

▶ 图 3-8-1 主题一户型图

墙面节点图。以上成果应全面详尽地展示设计意图和施工细节。

①通过分析所提供的图纸，了解相关信息与数据，对原始建筑结构有深刻的认识。

②使用正确的设计方法对客餐厅空间进行合理的平面布局、天花布局、立面图及节点图表达，体现室内设计风格特征，满足业主的使用需求。

③在设计方案选材方面，应综合考虑装饰材料的环保性和可持续性。在施工图设计说明中，应清晰阐述设计依据，并对各个分部分项工程进行科学且全面的描述。

④图纸绘制应符合《房屋建筑制图统一标准》（GB/T 50001—2017）以及《房屋建筑室内装饰装修制图标准》（JGJ/T 244—2011）。

主题二：柜体墙面构造图绘制

根据下列立面图（图 3-8-2），设计柜体墙面构造方式，并绘制该墙面的构造图。

数字资源

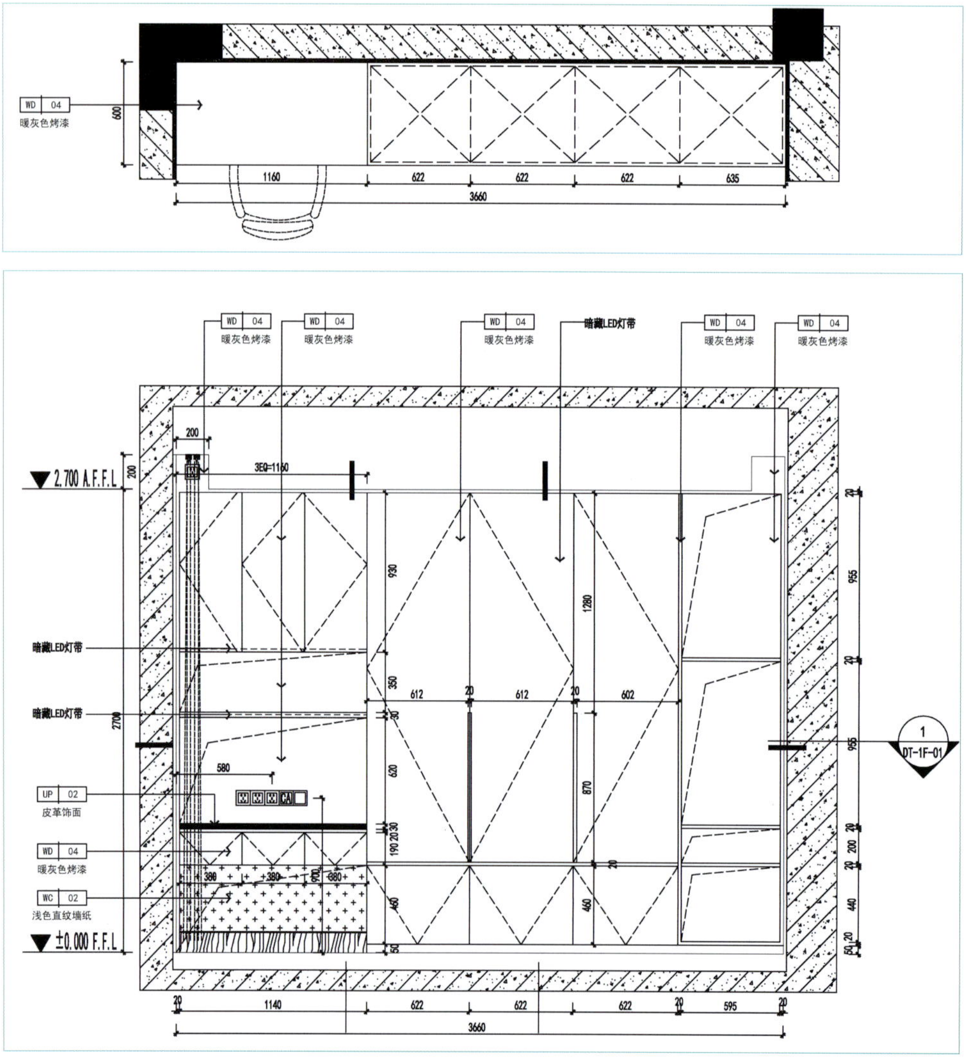

▶ 图 3-8-2　主题二立面图

其中 DT-1F-01 为必画图，其他视角可视情况绘制。

①通过分析所提供的附图纸，了解相关信息与数据，对原始建筑结构有深刻的认识。

②所用材料的种类、型号和规格必须标注准确，并符合设计要求。所有标注的尺寸必须精确无误，包括材料厚度、接缝宽度、边缘处理等。

③图纸的排版和布局必须整齐有序，便于阅读和使用。

④图纸绘制应符合《房屋建筑制图统一标准》（GB/T 50001—2017）以及《房屋建筑室内装饰装修制图标准》（JGJ/T 244—2011）。

学习评价

序号	维度	分值	内容	评分	学生自评	学生互评	教师 / 师傅评价
1	学习态度	10	学习过程中的主动性、积极性	出勤率（4 分） 参与讨论（3 分） 持续学习（3 分）			
2	识图任务	10	识别、理解工程图纸信息	识图准确率（7 分） 识读熟练度（3 分）			
3	项目设计任务	20	根据实际需求和空间特性制订合理的墙面设计方案	设计方案的完整度（5 分） 方案的适用性和可操作性（5 分） 方案的创新性（5 分） 方案的艺术价值（5 分）			
4	装饰材料应用	15	新材料、新技术、新工艺	环保节能材料选择（5 分） 新技术、新工艺应用（5 分）			
			节能减排	污染控制（3 分） 环保措施（2 分）			
5	墙面构造设计	15	根据实际需求和立面图信息制订合理的墙面设计方案	设计方案的完整度（5 分） 方案的适用性和可操作性（5 分） 方案的创新性（2 分） 方案的艺术价值（3 分）			
6	装饰材料结构深化图绘制	20	立面图	图纸表达完整（5 分） 新技术、新工艺应用（5 分）			
			节点图	关键部位表达（5 分） 固定方式合理（5 分）			
7	职业责任	5	法律法规和行业规范	法规遵守（2 分） 操作规范（2 分） 质量安全关注（1 分）			
8	劳动素养	5	劳动态度和团队合作精神	劳动态度（3 分） 团队合作（2 分）			
合计		100	评价学生签名： 教师签名：	权重	0.2	0.2	0.6
				实际得分			

练习思考

数字资源

①在墙面装饰材料选择的过程中，如何兼顾环保和健康因素？请列举至少两种环保型墙面材料，并说明其主要优点。

②在客厅和餐厅的墙面装饰设计中，如何通过材料和构造设计，达到简约而不失格调的效果？

③选取一个成功的大户型居室墙面装饰案例，分析该案例在材料选择、构造设计及环保方面的亮点和创新之处。

④在大居室空间的墙面施工中，常用的墙面材料有哪些？请分别列出其优缺点。

⑤选择一种墙面装饰材料（如护墙板、石材等），详细说明其施工步骤和注意事项。

模块二

公共空间装饰材料与构造设计

模块导读

本模块聚焦多样化公共空间的装饰材料与构造设计，将带你探索适老化康养中心、装配式办公空间以及助农展示空间这三个极具特色的领域。

项目四将帮助你深入了解适老化设计的特殊需求，研究如何选择安全、环保、舒适且利于老年人使用的装饰材料，学会特殊的构造设计方法，以打造温馨、便捷、安全的康养环境；项目五则会引领你走进高效、灵活的装配式建筑领域，你将学习装配式建筑的特点，研究其独特的构造；项目六充满创意与挑战，你将探索如何根据助农展示主题和展品特点，选择具有视觉冲击力的装饰材料，学习展示空间构造，以营造独特的展示氛围，高效传达展示信息。

通过这三个项目的学习，你不仅能掌握各空间专属的施工图识图、材料表编制技能，还能深入理解不同空间的界面细部构造。因此，无论你是想投身养老产业设计、办公空间创新，还是助农展示设计领域，本模块都将为你提供坚实的知识与技能支撑，帮助你在这些专业空间设计领域大放异彩。

04 项目四

适老化康养中心装饰材料与构造设计

岗位要求

具备适老化空间整体设计、材料选用及施工技术等方面的专业技能。能够根据客户需求科学、合理地进行整套施工图纸的设计和绘制。

学习目标

知识目标

掌握适老化室内设计中各类装饰材料的特性，牢记适老化室内设计对装饰材料的特殊要求及选用原则，理解各个界面构造设计的基本原理，熟悉当前的流行趋势。

能力目标

能够准确剖析各类适老化室内空间的需求，进而合理选取适用的材料；能够熟练掌握适老化室内空间各界面的构造设计方法与技巧，精心设计出安全、便利且舒适的构造方案，同时具备指导实际施工的能力。借助案例分析与实践活动，不断提升设计方案的创新性与可行性，并拥有与客户以及施工团队进行高效沟通的能力。

素质目标

深刻理解老年人需求，强化关爱老年人的意识和素养；提升职业道德素养，保证在材料选择以及界面构造设计的过程中，始终秉持诚信、负责的态度以及精益求精的工作作风；树立环保意识和可持续发展理念，在设计和施工环节充分考虑环境因素。

思维导图

- 适老化康养中心装饰材料与构造设计
  - 康养中心养老房施工图识图
  - 康养中心养老房材料表编制
  - 康养中心养老房地面结构深化图绘制
  - 康养中心养老房天花结构深化图绘制
  - 康养中心养老房墙面结构深化图绘制

情境导入

本项目以某康养中心养老房为设计对象，聚焦地面、天花及墙面装饰材料的选择与应用。通过对施工图的准确识读、装饰材料表的正确编制、各界面结构深化图的规范绘制，完成项目实践，不断提升设计技能，为未来职业发展奠定坚实的基础。

该康养中心位于城市郊区，周围交通便利、环境优美、空气质量好，而且较为安静。目标客户为老年人群，整体设计充分体现对老年人群的关爱，在细节上突出无障碍设计的安全性、易识别性、易通达性和开放性。

思考：在装饰材料的选择和构造设计上，如何遵循无障碍设计原则呢？

思政小案例

大学生创业团队餐饮项目推广陶瓷大板地面装饰

一、项目描述

一所高等职业院校的学生创业团队策划启动了一个餐饮初创项目，他们追求的不仅是潮流，更是可持续性。在材料选择上，他们经过深思熟虑和市场调查，选定陶瓷大板作为餐厅地面的核心材料，旨在塑造一个既生态友好又时尚前卫的用餐环境。

二、实施流程

在确定材料的过程中，团队进行了广泛的市场分析，并请教了建材专家，发现陶瓷大板具备环保、耐用且美观的特性，完美契合他们的绿色可持续理念。团队内部举行了一系列环保研讨会，深入探讨环保材料的益处，凝聚共识，坚定了选择陶瓷大板的决心。同时，他们邀请业界专家开展工作坊，从而理解环保材料对地球生态环境健康的贡献，增强环保责任感。

①在采购阶段，团队与可靠的供应商合作，确保选购的陶瓷大板严格符合环保标准。

②在设计阶段，聘请专业设计团队，巧妙组合陶瓷大板，打造出既实用又具艺术感的餐厅空间。

③施工期间，团队成员积极参与监督，保证施工质量，避免资源浪费。

④在运营阶段，团队在餐厅内部设立环保展示区，展示陶瓷大板的环保属性，向就餐者宣传绿色生活的重要性；利用社交媒体平台，实时分享餐厅的绿色装修故事，吸引公众的关注；定期评估陶瓷大板的性能，保持其美观性与耐用性；收集顾客的反馈意见，根据评价不断优化餐厅的环境，提升顾客体验。

三、成果与反响

这家餐厅开业后，不仅因美食受到赞誉，更因独特的环保装饰赢得了口碑。陶瓷大板的应用不仅提升了餐厅的整体品质，也体现了团队对可持续发展的承诺，成功地将教育理念转化为实际行动，影响了更广泛的社区。

四、思政要点

这一项目加深了团队成员对环保材料的实质理解，增强了他们的环保意识。他们在实践中承担起环保责任，将理论知识与实际行动相结合，使思政教育更加鲜活。通过餐厅的成功运营，环保理念得以广泛传播。

任务一　康养中心养老房施工图识图

任务目标

①掌握整套康养中心养老房施工图纸的识读顺序和识图方法。

②正确描述康养中心养老房各个界面所用的装饰材料及装饰构造细节，构想出空间装饰效果。

任务要求

①正确识读康养中心养老房室内装饰施工图，了解其设计要点。

②规范绘制康养中心养老房室内装饰施工图，确保图纸准确。

知识链接

一 适老化设计中的无障碍设计

适老化设计提倡的不仅是一种设计理念，更是一种敬老情怀。科学研究表明，老年人在生理方面产生了一些变化（表4-1-1），因此对居住的房屋、设施及环境等产生了许多特定的需求。在进行适老化室内设计时，要根据老年人的生理特点及需求进行无障碍设计。

表4-1-1 老年人生理变化引起的居住环境障碍分析

障碍类型	障碍特征	生活中常见障碍	具体表现
视觉特征与居住环境障碍	视觉能力低	形象分辨能力降低	难以分辨小的物体，如文字、按键、按钮等
	色彩分辨能力降低	难以分辨深色和有微弱色差的环境	难以分辨色差较小的标志标牌
	光亮突变适应能力减弱	视觉明暗适应能力降低	—
触觉、痛感、嗅觉特征与居住环境障碍	触觉退化	温度变化感知能力下降	对烫物瞬间感知弱，端送食物和热水时容易被烫伤
	疼痛感知能力减弱	容易磕碰受伤	受伤后不能及时察觉，耽误医治
	嗅觉退化	气味感知能力减弱	难以察觉有害气体的味道，如煤气泄漏等
运动系统与居住环境障碍	肢体灵活性降低	抬腿、弯腰、下蹲等困难	上下楼梯费力，易在存在高低差处绊倒，完成如厕、穿鞋等动作困难
	肌肉力量下降	握力、旋转力、拉力减弱	使用沉重的推拉门窗时较为困难，难于抓握球形把手

（一）走廊空间

走廊空间的设计要考虑人流大小、轮椅类型、拐杖类型及疏散要求等因素（图4-1-1）。走廊的无障碍设计包括通行空间、扶手、护墙板等。走廊的通道空间净宽度不应小于1800 mm，而且地面要平整、防滑，避免有凸起或凹陷部分。在走廊墙面两侧均应设高850 mm的扶手；如设两层扶手，下层扶手高应为650 mm；扶手末端应向内拐到墙面，或向下延伸100 mm；栏杆式扶手应向下呈弧形或延伸到地面上固定；扶手应安装坚固，形状易于抓握。为了避免轮椅的脚踏板在行进中损坏墙面和门，在走廊两侧墙面和门的下方宜设高350 mm的护墙板；护墙板可选用木材、塑料、金属等材料制作。

（二）无障碍楼梯与电梯

楼梯应设置双侧扶手，梯段的净宽度和休息平台的深度不应小于1500 mm。踏面的宽度宜达到300 mm，踢面的高度不应超过160 mm。在距踏步起点和终点300 mm处，应设置宽300 ~ 600 mm的提示道。踏面应选用防滑材料，并在前缘设置防滑条。如配备电梯，电梯内部空间应足够容纳轮椅和担架，应设有扶手、盲文按钮和语音提示系统等。

（三）出入口

出入口应平坦、无高差，如有必要，可设置缓坡。门的宽度应满足轮椅进出，不设门槛，外门净宽度不小于 1100 mm，入户门应设高低两个观察孔，低位观察孔便于轮椅老人使用。应设置自动感应门或便于开启的把手。

（四）室内家具

家具的设计要考虑安全性、舒适性和人体工程学的合理结构（图 4-1-2）。家具的边角应做圆角处理，避免老人意外碰撞受伤；家具的结构要稳定，不易倾斜；椅子、沙发、床等应配有扶手；抽屉和柜门的拉手应易于抓握和

▶图 4-1-1　走廊空间无障碍设计

▶图 4-1-2　家具无障碍设计

操作。座椅面的高度一般在 400 ~ 450 mm，床面的高度以 450 ~ 500 mm 为宜。衣柜和橱柜的设计应方便老年人拿取物品，可采用下拉式或平移式的柜门；衣架宜选用升降挂衣架，方便取物。

（五）卫浴设施

卫浴设施均以圆滑的线条为主，不应出现尖锐的角（图 4-1-3）。在坐便器旁、淋浴间、浴缸边和洗手台旁均应设置安全扶手，扶手材质应防滑，安装高度符合人体工学。淋浴间应安装可折叠或固定的座椅，应配置恒温淋浴龙头和恒温热水器等。坐便器高度宜为 400 ~ 450 mm，两侧安装牢固的扶手，水箱冲水应易于操作，可采用大按钮或感应式冲水。洗手台高度宜为 750 ~ 850 mm，下方应留出足够空间，方便轮椅靠近。浴缸高度宜为 450 mm 左右，浴缸内应设置防滑座椅和扶手。卫生间内应设置紧急呼叫按钮。

二 | 适老化设计中装饰材料的选取原则

①安全性原则：材料要具有良好的防滑、防火等性能，避免老人滑倒或发生火灾等危险。

②舒适性原则：注重材料的质感和触感，营造温暖、舒适的居住环境，减轻老人的心理压力。

③耐久性原则：能够经受长期使用和频繁清洁。

④易维护性原则：方便日常打扫和卫生维护，减少维护成本。

⑤环保性原则：选择符合国家标准的环保材料，减轻材料污染对老人健康的潜在影响。

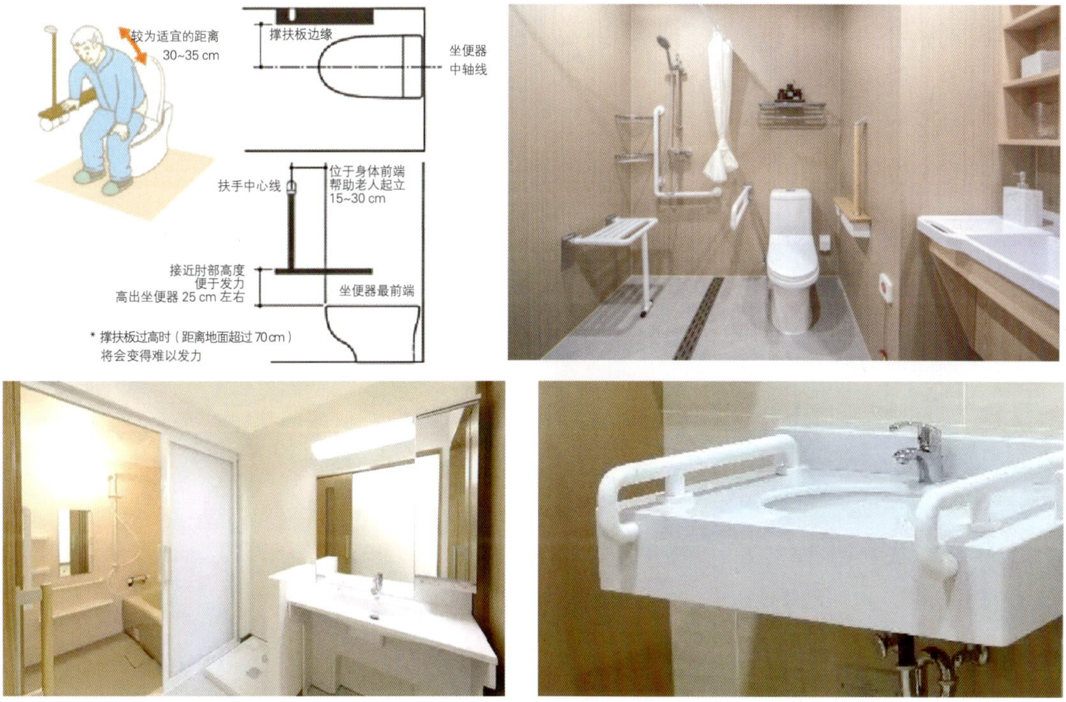

▶图 4-1-3 卫浴设施无障碍设计

☆ 思政之窗

适老化设计，“以老人为本”

根据第七次全国人口普查数据，我国总人口达到了 14.1178 亿人，60 岁以上人口为 2.6402 亿人，约占全国总人口的 18.7 %，人口老龄化程度进一步加深。目前我国主要的养老方式有以下三种：居家养老、社区养老和机构养老。

早在“十二五”期间，我国就提出要支持居家养老的家庭进行无障碍设施改造，由此可见适老化室内设计对居家养老的老年人的重要性和必要性。在“十三五”规划中，我国进一步提出要建立以居家为基础、社区为依托、机构为补充的多层次养老服务体系。“十四五”规划则提出推动养老事业和养老产业协同发展，健全基本养老服务体系，大力发展普惠型养老服务，支持家庭承担养老功能，构建居家社区机构相协调、医养康养相结合的养老服务体系；发展银发经济，开发适老化技术和产品，培育智慧养老等新业态。

适老化设计即坚持“以老人为本”的设计理念，从老年人的视角出发，充分考虑老年人不同层次的需求，坚持安全性、适应性、方便性、舒适性等原则，从而设计出能够满足老年人生理、心理需求的室内环境。

任务实施

数字资源

一套完整的施工图包含了某一项目大量的详细信息，这些信息对于设计师、项目经理、施工技术人员等来说都是至关重要的。如室内空间的整体布局、各功能分区的位置和大小、墙体和门窗的位置、各功能分区所用装饰材料的种类及规格、家具及设施的布局、开关灯位的布置、各界面的构造做法等。这些信息通过平面布置图、天花布置图、灯具定位图、地坪布置图（地面铺装图）、立面图、节点图等图纸显示。本任务以康养中心养老房二居室图纸为例，对施工图进行识读。

步骤 1：查阅图纸说明。在正式开始识图之前，应首先查阅图纸的设计说明和施工要求说明（图 4-1-4 ~ 图 4-1-6）。设计说明通常包含工程概况、设计依据、符号解释等关键信息。施工要求说明通常包含参照标准、各类工程对所用装饰材料及其施工工艺的详细说明。通过仔细阅读图纸说明，可以对该工程的整体情况有一个初步的了解，为后续详细识图打下基础。

步骤 2：按顺序识读施工图纸。识读完设计说明和施工要求说明后，按照平面图、立面图、剖面图的顺序逐一查看图纸。平面图包含平面布置图、地坪布置图和天花布置图等，平面布置图主要展示室内空间布局、家具布置等情况，地面铺装图主要展示各个功能分区的地面装饰材料种类、规格及铺装样式等，天花布置图主要展示各个功能分区顶面的装饰造型及灯具的布置情况等。立面图展示室内各个墙面的装饰造型和式样，门、窗、隔墙等设施的高度和位置等。剖面图则表现空间垂直方向的结构关系和装饰装修的竖向构造等。通过逐一识读这些图纸，可以逐步构建出该空间的三维形象（图 4-1-7 ~ 图 4-1-14）。

设计说明（一）

一. 工程概况:

1.1 项目名称: 国寿嘉园雅境（二期）项目 精装修设计工程
项目地点: 苏州市阳澄湖环路西、通溪路北。
建设单位: 国寿（苏州）养老养生投资有限公司

1.2 项目概况:
本工程（子项）名称: B6#楼

1.2.1 建筑工程等级: 二级
1.2.2 建筑基底面积: 1169.62平方米
1.2.3 建筑面积: 5388.25平方米
1.2.4 建筑层数: 地上5层。
1.2.5 建筑高度: 建筑(结构屋脊)高度20.311米，建筑(结构檐口)高度17.290米。
1.2.6 建筑结构形式: 框架
1.2.7 建筑抗震设防类别: 重点设防 建筑抗震设防烈度: 七度
1.2.8 装修设计范围及功能: 设计范围: 地上所有区域。(强电间、弱电间、新风机房、加压进风房、换热机房、管井间除外)
主要功能: 老年人照料设施。
1.2.9 装修设计面积: 约5019.75平方米。
1.2.10 本项目的设计合理使用年限为50年。
1.2.11 本子项（B6#养老楼）属于多层公共建筑，室内环境应满足《民用建筑室内装修工程环境质量验收规程》DGJ32/JI40—2012表5.1.2中Ⅰ类建筑室内污染物限值要求。

表5.1.2 民用建筑室内环境污染物浓度限量

污染物	Ⅰ类民用建筑室内装修工程		Ⅱ类民用建筑室内装修工程
氡（Bq/m³）	≤200		≤400
氨（mg/m³）	≤0.20		≤0.20
甲醛（mg/m³）	室内温度≤20℃	≤0.06	≤0.10
	室内温度>20℃	≤0.08	
苯（mg/m³）	室内温度≤20℃	≤0.06	≤0.09
	室内温度>20℃	≤0.09	
苯系物（mg/m³）	室内温度≤20℃	≤0.20	≤0.40
	室内温度>20℃	≤0.30	
TVOC（mg/m³）	室内温度≤20℃	≤0.40	≤0.60
	室内温度>20℃	≤0.50	

注：1 表中污染物浓度限量，除氡外均应以同步测定的室外空气相应值为空白值。
2 表中污染物浓度测量值的极限值判定，采用全数值比较法。

1.3 建筑耐火等级和消防设施等:
1.3.1 耐火等级: 地上二级，地下一级。
1.3.2 原建筑设计单位: 启迪设计集团股份有限公司
1.3.3 防火分区: 原建筑防火分区(本次内装设计未做调整)
1.3.4 原建筑消防设施: 消火栓、火灾自动报警系统、自动喷淋灭火系统、防排烟系统。(本次内装设计未做调整)
具体耐火极限要求,应满足《建筑设计防火规范》(GB 50016—2014)(2018年版)表5.1.2要求

2. 尺寸及标高：一般无专门说明时，尺寸单位为毫米；标高单位为米。
本装饰工程各层室内地坪、顶面标高均为饰面层标高。

3. 施工图的编号说明
图名，D 为大样
S 为剖面
E 为立面
D1
1A-01
节点在图纸上的顺序号
索引指向的图纸编号

4. 图纸编号一层采用1F00X;二层采用2F00X;三层采用3F00X;其中一层分区放大图采用1Axx、1Bxx；
二层分区放大图采用2Axx、2Bxx；三层分区放大图采用3Axx、3Bxx；

5. 对于专业设备设计部分，应由建设单位委托原建筑设计院或专业公司进行二次设计，在二次设计中，必须遵循本次室内设计整体构思方案，并经室内设计人员同意后方可施工。

二. 设计依据

1. 建设单位提供的土建各专业蓝图以及该工程所涉及的建筑工程消防设计审核意见书。
2. 业主与设计单位签定的设计任务合同及业主确认的室内平面图和效果图。
3. 本施工图所参照的有关标准及规范：
(1)《建筑装饰装修工程质量验收规范》GB50210—2018
(2)《建筑设计防火规范》GB50016—2014（2018年版）
(3)《建筑内部装修设计防火规范》GB 50222—2017
(4)《民用建筑设计统一标准》GB50352—2019
(5)《建筑玻璃应用技术规程》JGJ113—2015
(6)《民用建筑隔声设计规范》GB50118—2010
(7)《无障碍设计规范》GB50763—2012
(8)《建筑地面设计规范》（GB 50037—2013）
(9)《公共建筑节能设计标准》（GB50189—2015）
(10)《江苏省公共建筑节能设计标准》（DGJ32/J96—2010）
(11)《建筑节能工程施工质量验收规程》DGJ32/J 19—2007
(12)《民用建筑工程室内环境控制规范》GB50325—2010（2013版）
(13)《建筑防烟排烟系统技术标准》GB51251—2017
(14)《老年人照料设施建筑设计标准》JGJ 450—2018
(15)《地下工程防水技术规范》JB50108—2008
(16)《饮食建筑设计标准》JGJ64—2017
工程建设标准强制性条文及有关设计规范及标准,相关质量控制及验收标准、专项顾问设计指导意见及研究报告等。

装饰材料有害物质排放限量的参照标准
为了预防和控制建筑装饰材料产生的室内环境污染，使本设计的建设装饰工程符合新颁布的国家标准
《民用建筑工程室内环境控制规范》【GB50325—2010（2013版）】的要求，下列物资，必须符合相应的国家强制性标准。
1）建筑主体材料、装饰材料：
花岗岩、大理石、建筑（卫生）陶瓷、石膏制品、砖、瓦、混凝土、混凝土预制构件、砌块、墙体保温材料、工业废渣、掺工业废渣的建筑材料及各种新型墙体材料等
必须符合《建筑材料放射性核素限量》GB6566—2010
2）人造板（胶合板、纤维板、刨花板）及其制品
必须符合《人造板及其制品中甲醛释放限量》GB18580—2017
3）室内装修用水性墙面涂料
必须符合《内墙涂料中有害物质限量》18582—2008
4）室内装修用溶剂型木器(以有机物作为溶剂)的涂料
必须符合《溶剂型木器涂料中有害物质限量》18581—2009
5）室内装修的胶黏剂产品
必须符合《胶黏剂中有害物质限量》18583—2008
6）纸为基材的墙布
必须符合《墙布中有害物质的限量》GB18585—2001
7）聚氯乙烯卷材地板
必须符合《聚氯乙烯卷材地板中有害物质限量》GB18586—2001
8）地毯、地毯衬垫及地毯粘黏剂
必须符合《地毯、地毯衬垫及地毯胶黏剂有害物质释放限量》GB18587—2001
9）室内用水性阻燃剂、防水剂、防腐剂等水性处理剂
必须符合《水性处理剂有害物质的限量》GB50325—2010(2013版)
10）各类木家具产品
必须符合《木家具中有害物质的限量》GB18584—2001

3.1. 国家或行业有关的设计规范、标准及工程建设标准强制性条文。
3.2. 除本设计有特殊要求规定外，其他各种工艺、材料均按国家规定的最高标准。
4. 国家或行业有关的设计规范、标准及工程建设标准强制性条文。

▶图 4-1-4 康养中心养老房设计说明

施工要求说明（一）

一、参照标准

本工程所有的参照标准均按最新的相关施工及验收规范或最新的国家标准。承建商在进行工程中应采用最佳及最合适的标准，同时，业主方总监也有权要求承建商在工程实施中采用他认为最好的标准。但必须满足中华人民共和国行业标准之建筑装饰工程施工及验收规范。

二、石料工程

1. 材料：
(1)石料本身不得有硬伤、风化等缺陷，清洗石料不得使用钢丝刷或其他工具，而破坏其外露表面或在上面留下痕迹。
2. 安装：
(1)检查底层或垫层安施妥当,并修饰好。
(2)确定线条，水平图案，并加以保护，防止石料混乱存放。
(3)在底、垫层达到其初凝状态前施放石料。
(4)地面用浮飘法安装石料并将之压入均匀平面固定。
(5)令灰浆至少养护24小时可施加填缝料。
(6)用勾缝灰浆填缝，填孔隙，用工具将表面加工成平头接合。
(7)石材放样应得到设计师审批、认可。
3. 清洁：
(1)在完成勾缝和填缝以后及在这些材料施放和硬化之后,应清洁有尘土的表面，所用的溶液不得有损干石料、接缝材料或相邻表面。
(2)在清洁过程中应使用非金属工具。
4. 石料加工：
(1)将石料加工成所需要的样板尺寸、厚度和形状、准确切割，保证尺寸符合设计要求。
(2)准确塑造特殊型、镶边和外露边缘，并且进行修饰以与相邻表面相配。
(3)提供的砂应是干净、坚硬的硅质材料。
(4)所用胶结材料的品种，掺合比例应符合设计要求，并有产品合格证及复检报告。

三、木工

1. 材料：
材料应用最好之类型，必须经过烘干或自然干燥后才能使用，自然生长的木料，没有虫蛀，松散或腐节或其他缺点，锯成方条形，并且不会翘曲，爆裂及其他因为处理不当而引起的缺点。
胶合板按不同等级选用进口或国产，但必须达到AAA要求。承建商应在开工前据供材料和终饰样板经筹建处和设计师认可批准。
2. 防火处理：
(1)所有基层木材均应满足防火要求，采用阻燃胶合板，非阻燃木基层需涂上三遍本地消防大队同意使用的防火漆涂料。
(2)承建商要在实际施工前呈送防火涂料给筹建处批准后方可开始涂刷。
3. 制作工艺及安装：
(1)尺寸
1)所有装饰用的木材均严格按图纸施工，凡原设计节点不明之处需补充设计图，经设计师同意后实施。
2)所有尺寸必须在工地核实，若图样或规格与实际工地有任何偏差，应立即通知设计师。
(2) 装饰：
所有完工时在外之木作工艺表面，除特别注明外，都应该按设计做饰面。
(3) 终饰：
当采用自然终饰或者采用指定为染色、打白漆，或油漆被指定为终饰时，相连木板在形式，颜色或纹理上要相互协调。
4. 收缩度：
所有木工制品所用之木材，均应经过干燥处理并保证制品的收缩度不会损害其强度和装饰品之外观，也不应引起相邻材料和结构的破坏。
5. 装配：
承建商应完成所有必要的开榫眼、接榫、开槽、配合做舌榫嵌入，榫舌接合，和其他的正确接合之必要工作。
提供所有金属板，螺丝，铁钉和其他室内设计要求的或者顺利进行规定的木工工作所需的装配件。
6. 接合：
(1)木工制品须严格按照图样的说明制作，在没有特别标明的地方接合，应按该处接合之公认的形式完成。
胶接法适用于需要紧密接合的地方。所有胶接处应用交叉舌榫或其他加固法。
(2)所有铁钉头打进去并加上油灰，胶合表面接触地方用胶水接合，接触表面必须用锯或刨进行终饰。实板的表面需要用胶水接合的地方，必须用砂纸轻打磨光。
(3)有待接合之表面必须保持清洁，不肮脏，没有灰尘，锯灰，油渍和其他污染。
(4)胶合地方必须给于足够压力以保持粘牢，并且在胶水凝固条件均按照胶水制造商之说明而进行。
7. 划线：
所有踢脚板、框缘、平板和其他木工制品必须准确划线以配合实际现场达成应有的紧密配合。
镶嵌细木工工作：
在细木工制品规定要嵌镶的地方，应跟随其周边的工作完成之后嵌入加工。
8. 清洁：
除特别指出的终饰之外，承建商应将有关木工制品清洁使其保持完好状态。所有柜子内部装饰，包括活动层板应涂上二度清漆使其光滑,且根据设计要求进行必要的补色等工艺。

▶图 4-1-5 康养中心养老房施工要求说明 1

施工要求说明（二）

9.木材、夹板成型架框：

(1)一般用木材成架安装于天花板上时,应确保所有部件牢固及拉紧，且不得影响其他管线（风管、喷淋管等）走向，依照设计图纸固定于天花。

全部木作天花均要涂上三遍当地消防大队批准使用的防火漆。

四、装饰五金

所有五金器具必须防止生锈和沾染，使用前应提供样品征得筹建处及设计师同意。

在完成工作所有五金器具都应擦油、清洗、磨光和可以操作，所有钥匙必须清楚地贴上标签。

五、金属覆盖板工程

1.材料：

承建商应根据图纸所标品种、颜色供应商提供样板，征得筹建处同意。

2.安装：

金属板必须可以承受本身的荷载，而不会产生任何损害性或永久性的变形。所有金属表面覆盖板及配件需符合国家《建筑装饰装修工程质量验收规范》GB50210—2018要求及有关标准或规范。

(1)金属饰面板的品种、质量、颜色、花型、线条应符合设计要求，并应有产品合格证。

(2)墙体骨架如采用轻钢龙骨时，其规格、形状应符合设计要求，易潮湿的部分进行防锈处理。

(3)墙体材料为纸面石膏板时，安装时纵、横接缝应拉开5~8mm。

(4)金属饰面板安装，宜采用抽芯铝铆钉，中间必须垫橡胶垫圈。抽芯铝铆钉间距以控制在100~150mm为宜。

(5)安装突出墙面的窗台、窗套凸线等部位的金属饰面时，裁板尺寸应准确，边角整齐光滑，搭接尺寸及方向应正确。

(6)板材安装时严禁采用对接。搭接长度应符合设计要求，不得有透缝现象。

(7)外饰面板安装时应挂线施工，做到表面平整、垂直、线条通顺清晰。

(8)阴阳角宜采用预制角装饰板安装，角板与大面搭接方向应与主导风向一致，严禁逆向安装。

(9)保温材料的品种、填充密度应符合设计要求。并应填塞饱满，不留空隙。

六、玻璃工程

1.材料：

玻璃及镜子均要选用质量好的。

提供样板并在安装切割之前送交筹建处及设计师同意。所有镜子的边要光滑，在安装前用砂纸擦过。室内安装玻璃要用毡制条子，颜色要与周围材质相配，厚度按图纸所示。

2.制作工艺及安装：

准确地把所有玻璃切割成为适当的尺寸，安装槽要清洁，没有任何灰尘。所有螺丝或其他固定部件都不能在槽中突出。所有框架的调整将在安装玻璃之前进行。所有封密剂在完工时要清洁、平滑，与其他相邻材料无交叉污染。

玻璃工程应在框、扇校正和五金件安装完毕后，以及框、扇最后一遍涂料前进行。

中庭的围护结构安装钢化玻璃时，应用卡紧螺丝或压条镶嵌固定。玻璃与围护结构的金属框格相接处，应衬橡胶垫。

安装玻璃隔断时，磨砂玻璃的磨砂面应向室内。

3.玻璃的基本要求：

(1)落地玻璃屏风的厚度最小为12mm，它们必须能够抵受预定2.5Kpa风压力或吸力。

(2)玻璃必须顾及温差应力和视觉歪曲的效果。

(3)用作玻璃门和栏杆之透明强化玻璃必须符合GB4871规定的产品质量。

(4)玻璃必须结构完整，无破坏性的伤痕，针孔、尖角或不平直的边缘。

(5)玻璃的选用必须符合《建筑玻璃应用技术规程》JGJ113—2015标准。

七、油漆工程

1.材料和品质：

本施工图所有未标明之油漆均用硝基漆，终饰半亚光。

本施工图所有未标明之墙、平、顶面涂料均采用材料表所注明之涂料三度。

油漆工程的等级和品质应符合设计要求和现行有关产品国家标准的规定。

(1)没有完全干透，或环境有尘埃时，不能进行操作。

(2)对所有表面之洞，裂缝和其他不足之处应预先修整好，才进行油漆。

(3)要保证每道油漆工序的质量，要求涂刷均匀，防止漏刷、过厚、流淌等疵病。

(4)在原先之油漆涂层结硬并打磨后，才可再进行下一道工序。

(5)在油漆之前应拆开所有五金器具，并且在油漆后安回原处，保持一切清洁和完全没有油漆斑点等等。

2.上油漆：

应先进行油漆小色板的封样，在征得筹建处和设计师同意后方可大面积施工。

八、天花吊顶工程工作范围

(1)天花板悬挂部份，包括支撑照明和音响设备所需要的支撑物，框架或其他装置。

(2)悬挂该系统所需要的吊钩和其他附件。

▶图 4-1-6 康养中心养老房施工要求说明 2

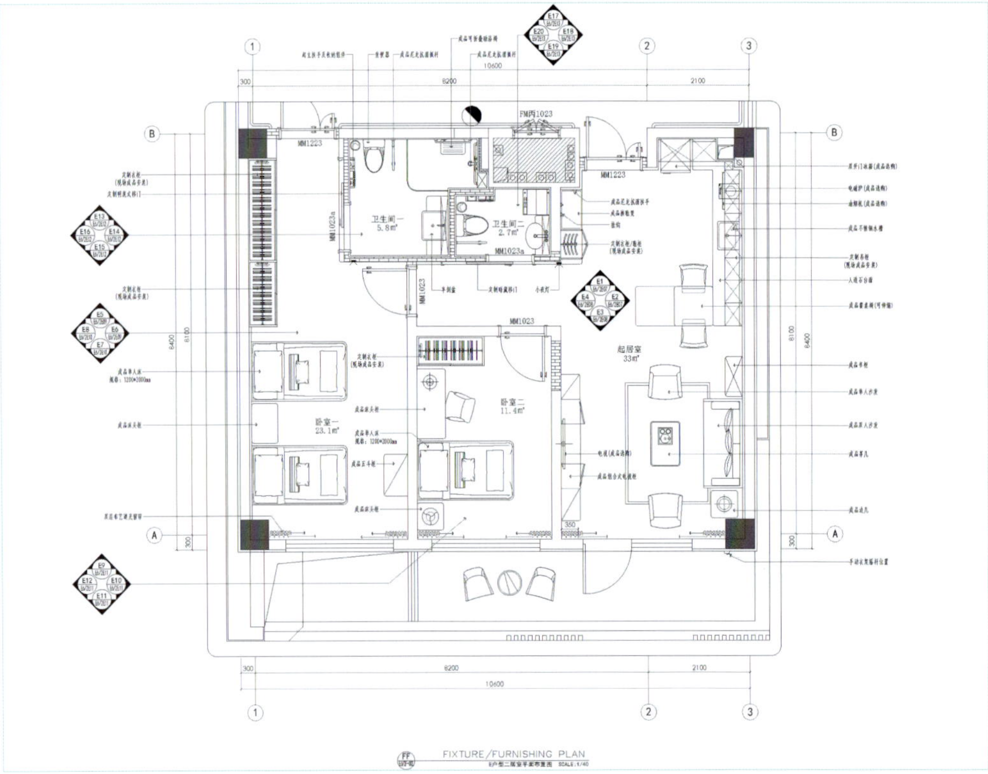

▶图 4-1-7 康养中心养老房平面布置图

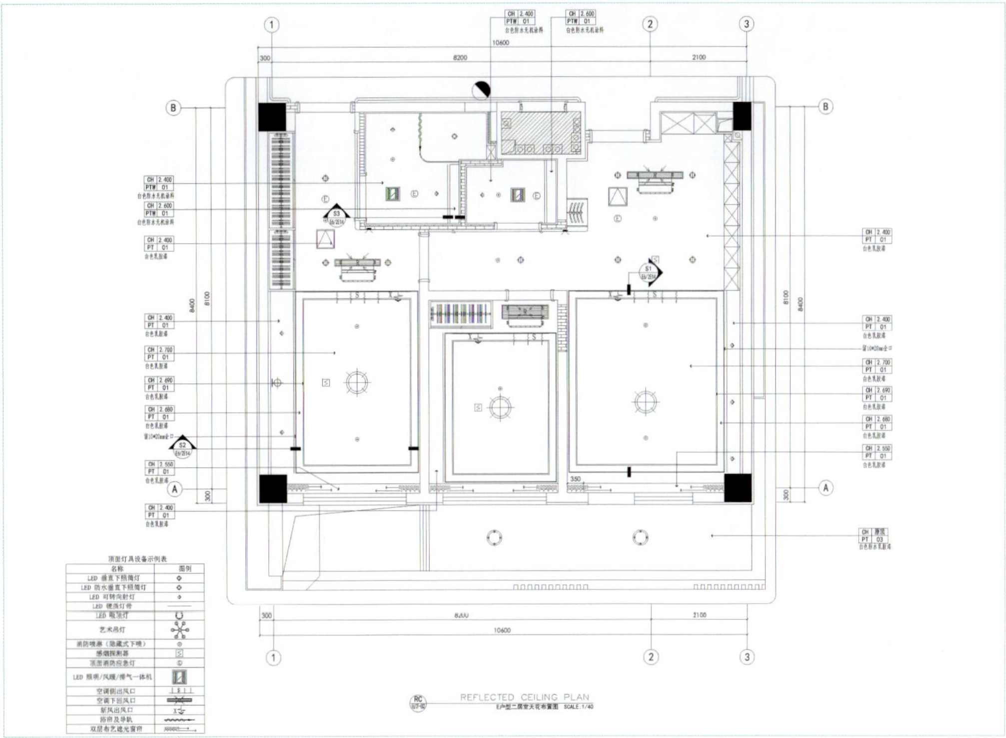

▶ 图 4-1-8　康养中心养老房天花布置图

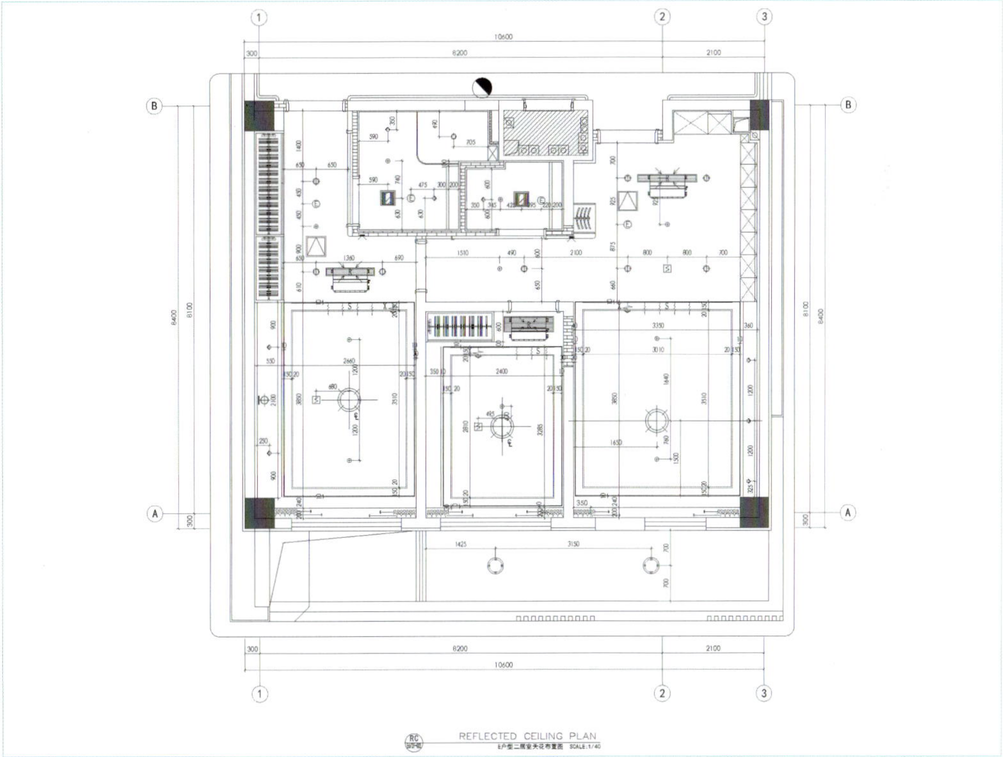

▶ 图 4-1-9　康养中心养老房天花布置尺寸图

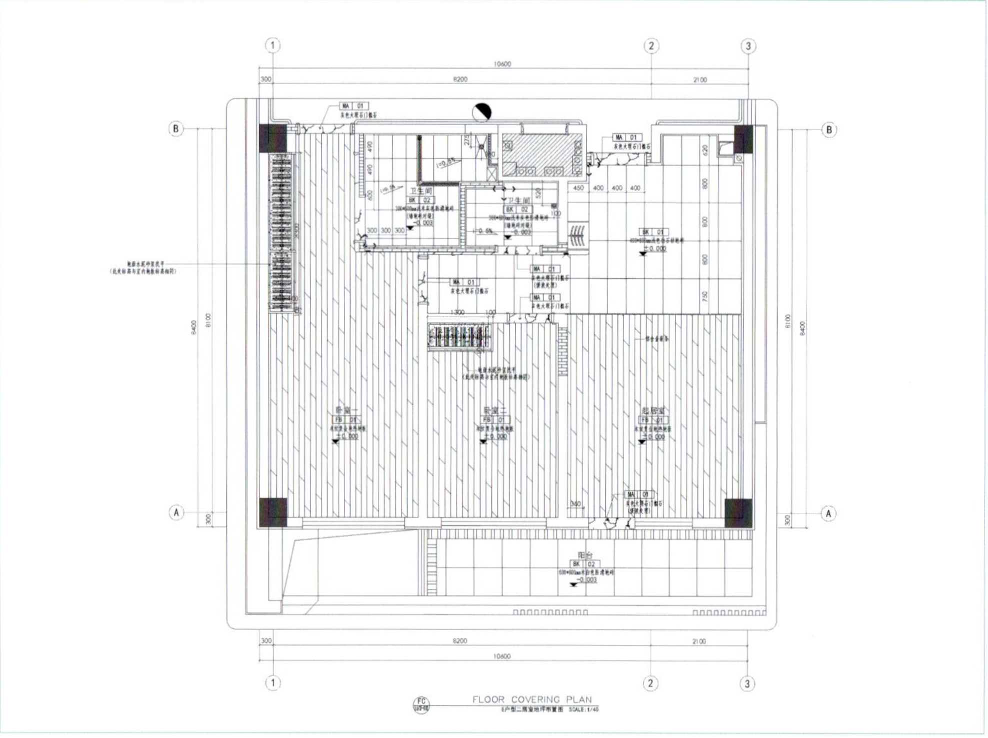

▶ 图 4-1-10　康养中心养老房地坪布置图

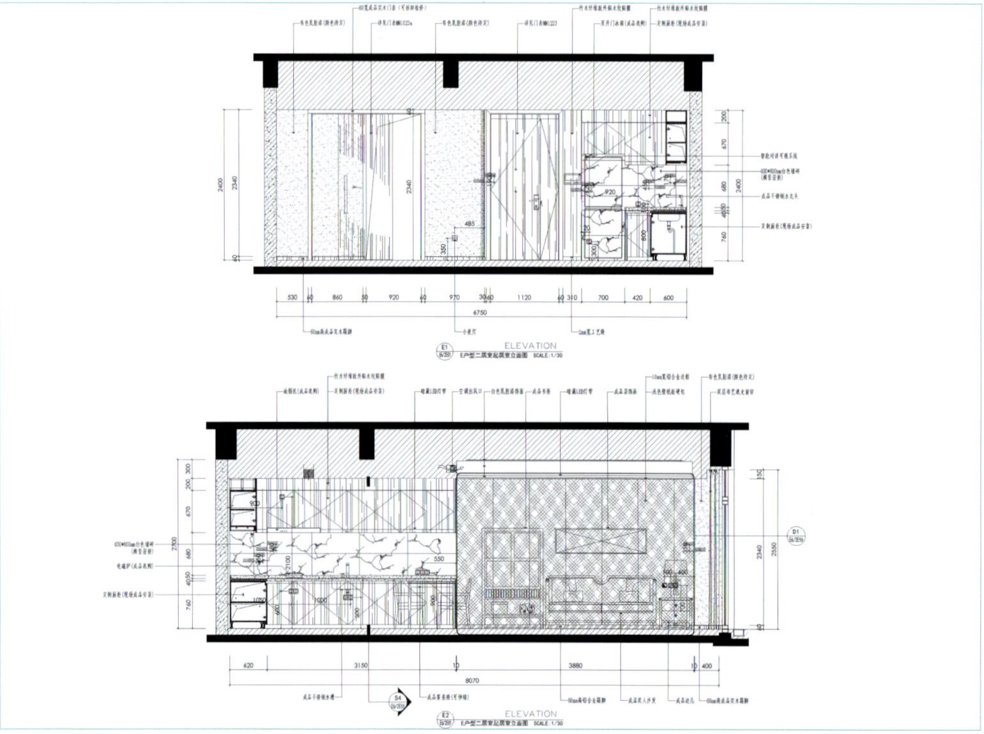

▶ 图 4-1-11　康养中心养老房立面图

▶ 图 4-1-12　养老房起居室效果图

▶ 图 4-1-13　养老房卧室效果图

▶ 图 4-1-14　养老房卫生间效果图

步骤 3：核对节点图与大样图。在查看平面图、立面图、剖面图的基础上，需要进一步核对节点图与大样图。节点图详细展示建筑构件之间的连接方式、装饰材料的收口和交接处理、特殊造型和装饰构造等，是施工的重要依据；大样图则对局部细节进行了放大处理，为施工提供直观、准确的指导。通过核对这些图纸，可以确保对设计意图的准确理解，避免施工中出现错误。

延伸阅读

室内设计中对老年人需求的考虑

在上述养老房的设计中，设计师很重视老年人的实际需求，整个空间的设计非常人性化，也十分便捷和安全。主要体现在下图展示的各个方面（图 4-1-15）。

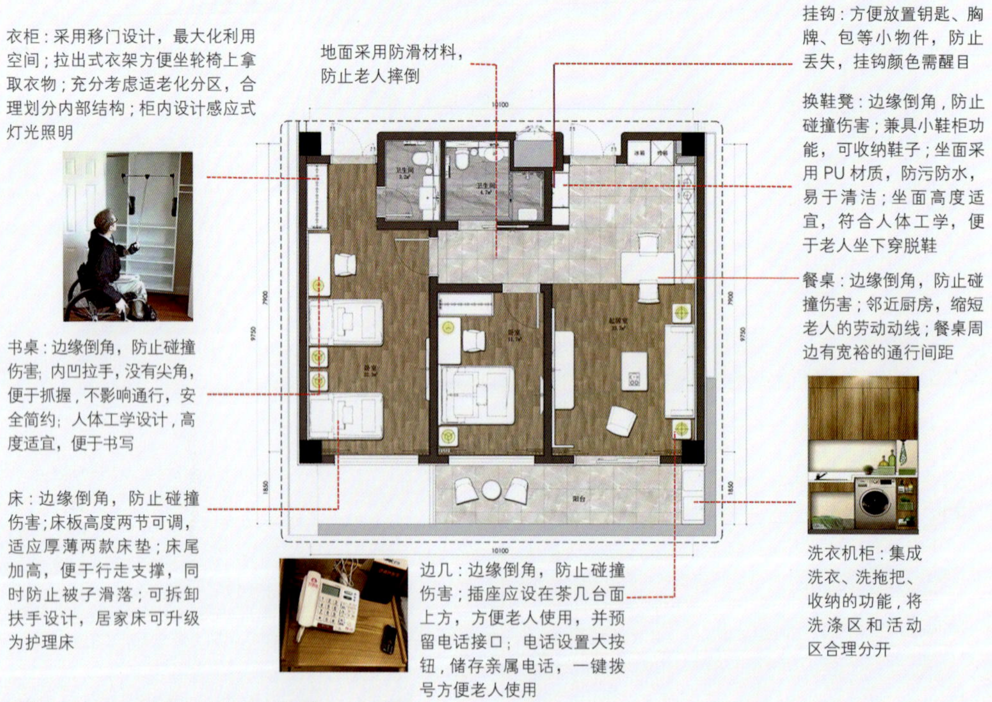

▶ 图 4-1-15　对老年人的需求考虑

任务二　康养中心养老房材料表编制

任务目标

①掌握康养中心养老房装饰材料表编制的要求和方法。

②能够独立编制康养中心养老房装饰材料表。

任务要求

①对康养中心养老房中所用到的装饰材料种类、特性及适用范围进行详细记录。

②对康养中心养老房的装饰材料进行正确归类。

知识链接

一 适老化室内设计常用地面装饰材料

适老化室内地面装饰材料的选择需以安全性为核心，兼顾舒适性、耐用性与环保性。例如，防滑地砖通过表面凹凸纹理提升防滑系数，适用于高频活动区域，其釉面、通体等类型可适配不同装饰需求。对于各类材料，需结合空间功能、老年人行动特点及环境条件综合选用，形成系统化的防滑解决方案。

（一）防滑地砖

防滑地砖是一种陶瓷地板砖，正面有褶皱条纹或凹凸点，以增加地板砖面与人体脚底或鞋底的摩擦力，防止打滑摔倒。在选择防滑地砖时，应关注其防滑系数，确保达到安全标准。一般防滑系数在 0.5 以上才符合安全要求，防滑等级系数在 0.6 以上是非常安全的。市面上常见的种类有防滑釉面砖、防滑通体砖、防滑抛光砖、防滑玻化砖等（图 4-2-1）。

（二）适老化木地板

在适老化室内设计中，常见的木地板主要有以下五种（表 4-2-1）。

▶ 图 4-2-1　防滑地砖

表 4-2-1　适老化木地板特点及适用场景

地板类型	主要特点	适用场景	其他特性
软木地板	柔软、舒适、防滑、隔音	老年人活动区域	提供良好脚感，安全性高
防滑实木地板	天然木材，保留自然纹理；特殊表面处理，增强防滑性	注重自然质感且需防滑的空间	需定期维护保养
环保强化木地板	耐磨性、稳定性好；经济实惠；环保等级高，减少有害物质释放	预算有限且注重环保健康的场景	选择 E0 或 ENF 级环保产品
地热专用木地板	适应地热温度变化，性能稳定；具备防滑功能；厚度建议 6 ~ 10 mm（宜薄不宜厚）	有地暖供暖的适老化空间	需确保导热性与耐热性达标

续表

地板类型	主要特点	适用场景	其他特性
SPC 锁扣地板（图 4-2-2）	生态环保（B1 级防火）；防滑（表面有凹凸纹、手抓纹等），遇水更涩；防潮不变形；脚感舒适，有弹性，摔倒不易受伤	厨房、卫生间等潮湿区域	耐磨、防水、免维护

（三）防滑地胶（PVC 地胶）

防滑地胶是一种具有抗冲击、防滑、防水、抗菌等优秀性能的地面材料。其主要成分为聚氯乙烯材料，添加了抗老化剂、抗氧化剂等原料，能在户外使用，同时具备抗氯的效能。采用多层结构，利用合理的摩擦系数及减震性能，巧妙地分散行走压力，保证老人行走安全。此外，防滑地胶安装便捷，不需要破坏原有地面材料，可直接铺设，因此在适老化改造中具有较高的性价比。防滑地胶分为卷材式和片材式，卷材式地胶规格一般为 2 m×12 m，可以平铺在地面上；片材式地胶和地砖一样，是成块的，可以粘在地面上。这两种材质防滑性相同，所以防滑效果是一样的（图 4-2-3）。

▶ 图 4-2-2　SPC 锁扣地板

▶ 图 4-2-3　防滑地胶

（四）防滑地面涂料

防滑地面涂料是一类具有较好防滑性能的涂料，通过涂布于基材表面，使其摩擦系数增加，从而达到防滑的效果。适老化设计中可选用的防滑涂料需具备防滑、环保、易清洁和易维护等特点。常见类型见表 4-2-2。

二 适老化室内设计常用天花装饰材料

适老化天花装饰材料的选择应以安全性、轻质化和易维护为核心。优先选用重量轻、防火等级达 A 级的材料（如轻钢龙骨硅酸钙板），避免坠落风险；推荐防潮防霉性能优异的集成吊顶（铝扣板、PVC 材质），便于检修管线；考虑声学需求的场所可采用矿棉板等吸音材料。所有材料需满足环保标准，表面宜采用亚光防眩处理，并确保边角圆滑。安装方式应简便牢固，预留检修口，兼顾实用性与适老安全性（表 4-2-3）。

三 适老化室内设计常用墙面装饰材料

在适老化墙面装饰材料的选择中，需重点考虑四大核心要素，即安全性、健康性、便利性、维护性。在安全性方面，所有材料必须通过严格的甲醛和防火检测（如 GB 8624—2012 A 级标准），并优先选用具有防滑纹理表面的产品；在健康性方面，要严格控制 VOC（挥发性有机化合物）含量（乳胶漆≤ 50 g / L），确保材料具备优异的防霉抗菌性能且不含重金属；在便利性方面，推荐采用拼接式安装或易于局部修补的材料，以简化施工流程；在维护性方面，优先选用耐久性好的产品，确保长期使用性能稳定。这些要素共同构成了适老化墙面装饰材料的综合选型标准（表 4-2-4）。

表 4-2-2　常见防滑地面涂料类型

名称	优点	缺点	适用区域
环氧树脂防滑涂料	具有良好的附着力和耐磨性等	耐候性欠佳	室内外地面
聚氨酯防滑涂料	具备一定的弹性和柔韧性等	耐候性略差	用于室内需要缓冲的场所，如卧室等
陶瓷玻璃耐磨防滑涂料	耐磨、防滑、耐老化和防紫外线等	价格高，施工要求高	室内外地面

表 4-2-3　适老化天花装饰材料特点及适用场景

材料类型	核心特性	适用场景	安全 / 环保标准	优势
轻钢龙骨硅酸钙板	A1 级防火，防潮防霉；质轻（8 ~ 12 kg/m²）；强度高	全屋通用	GB 8624—2012 A 级	无坠落风险，可隐藏管线
铝扣板集成吊顶	零甲醛，防水防锈，易清洁；模块化快装（0.6 mm 厚）；可开检修口	厨卫、阳台	EN 13501-1 防火认证	抗老化，永久免维护
矿棉吸音板	降噪系数 NRC ≥ 0.6；防潮（吸水率≤ 5%）；抗菌处理；亚光表面	卧室、活动室	GB 18580—2017E0 级	防回声，提升睡眠质量
医用级 PVC 吊顶	抑菌率≥ 99%；耐擦洗；接缝密封处理；质轻（3 kg/m²）	适老病房、康复空间	ISO 22196 抗菌标准	防磕碰，易消毒

表 4–2–4　适老化墙面装饰材料特点及适用场景

材料类型	核心特性	适用场景	认证标准 / 等级	优势
环保乳胶漆	低 VOC（≤ 50 g/L）；抗菌防霉；耐擦洗；净化空气	卧室、客厅等干燥区域	“十环”认证、“蓝天使”认证	色彩丰富，易翻新维护
无机防水涂料	零甲醛；A1 级防火；0 级防霉（抑菌率 99.98%）；遇水结晶；透气耐水	卫生间、厨房等潮湿空间	GB 50207 防水标准	永久性防水，不褪色
竹木纤维板（图 4–2–4）	防水防潮；防虫蛀；抗冲击；保温隔热；有木纹、石纹等多种饰面可选	全屋墙面、顶棚	ISO 14024 环保认证	模块化快装，不用进行基层处理

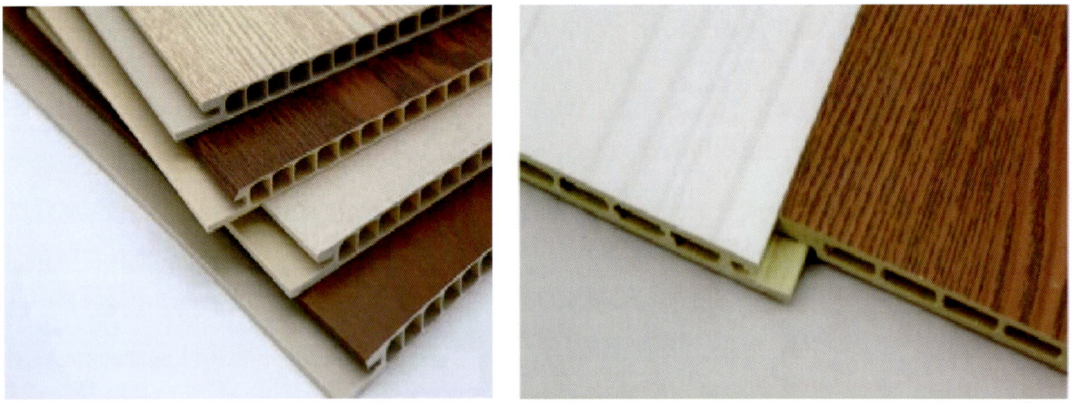

图 4–2–4　竹木纤维板样例

任务实施

装饰材料表是施工图中不可或缺的重要组成部分，规范的装饰材料表能为施工前期材料的采购提供准确依据，保证施工质量，控制成本预算，提高施工效率，为后期的建筑维护和修缮提供重要参考。下面以康养中心养老房为例，编制该项目的装饰材料表。

步骤 1：收集材料信息。查阅施工图纸，收集项目中所涉及的材料信息，包括材料的种类、名称、规格、防火等级、应用区域等。依次从地坪布置图中查找地面装饰材料信息，从天花布置图中查找顶棚装饰材料信息，从立面布置图中查找墙面装饰材料信息（图 4–2–5 ~ 图 4–2–7）。

步骤 2：分类整理材料。收集到材料信息后，需要进行分类整理。根据材料大类进行归类，整理成有序的清单。分类整理有助于更好地了解材料的种类和数量，方便后续材料表格的填写。

步骤 3：制作材料表格。根据分类整理形成的材料清单，制作材料表格。表格的设计应简洁明了，包含必要的字段，如材料编号、材料名称、规格、防火要求、使用部位、备注等。

步骤 4：填写材料信息。在制作好的材料表格中，根据收集到的材料信息，逐项填写表格内容（表 4–2–5）。填写时要确保信息的准确性和完整性，避免遗漏或错误。对于材料的编号、规格等细节信息，要仔细核对，确保与图纸保持一致。如材料编号在图纸中未标注，需要查阅资料按照规范标出。

步骤 5：审核与修改。填写完材料表格后，需要进行审核。审核的主要目的是检查表格中的信息是否准确、完整，是否有遗漏或错误。要注意相同材料不要重复罗列，但是同种材料规格不同时要分别列出。对于发现的问题和错误，要及时更正。

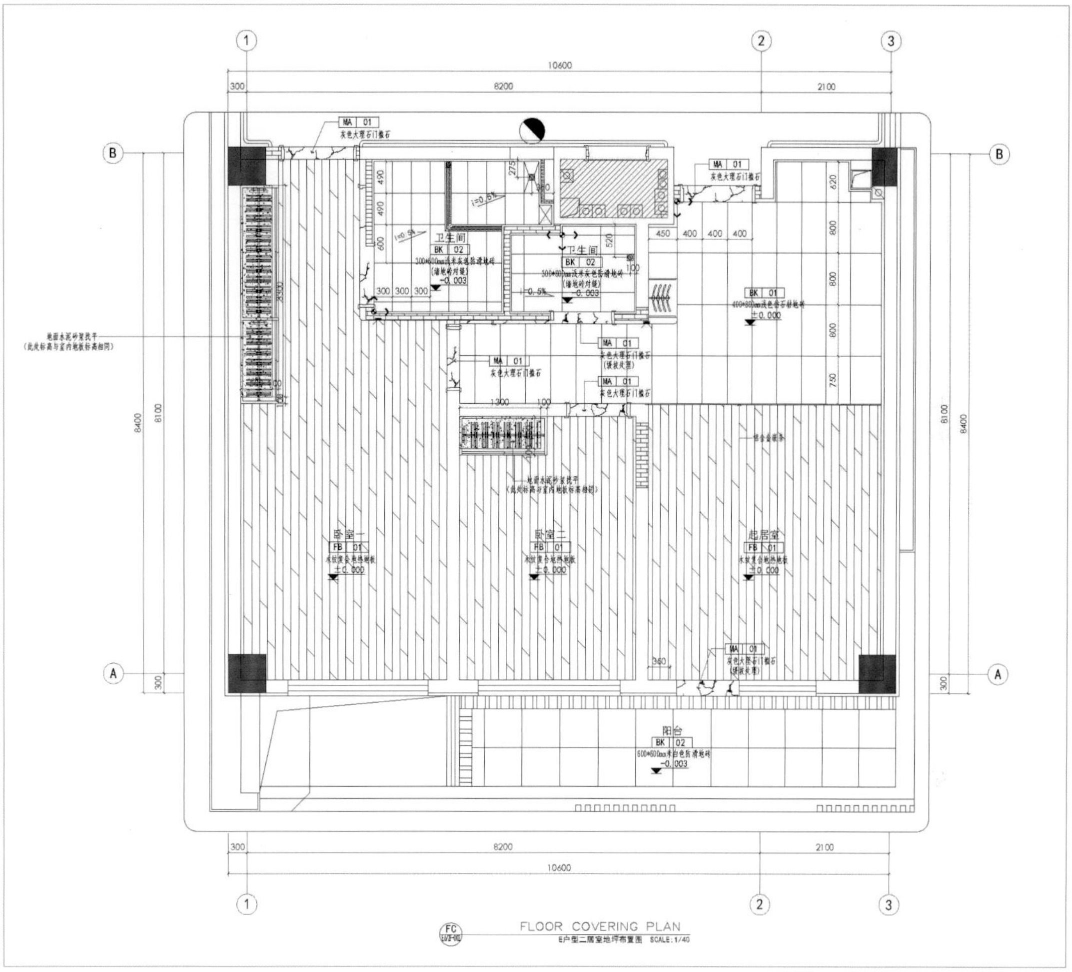

▶图 4-2-5　地坪布置图材料标注

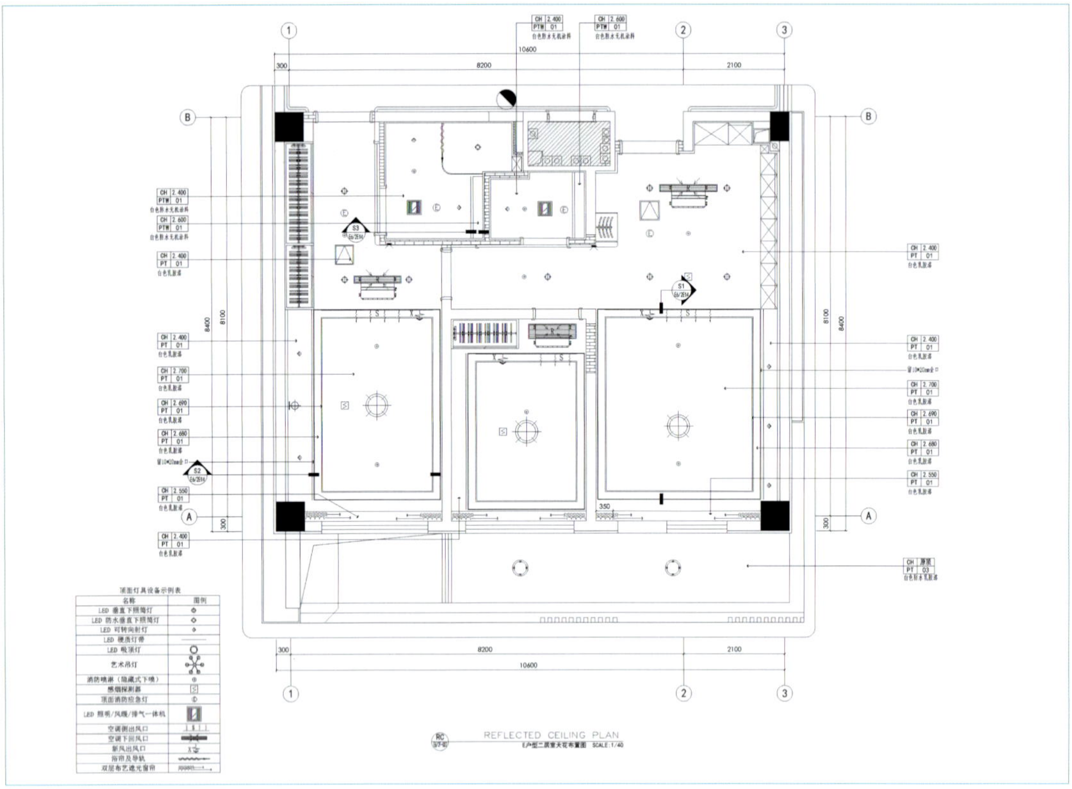

▶图 4-2-6　天花布置图材料标注

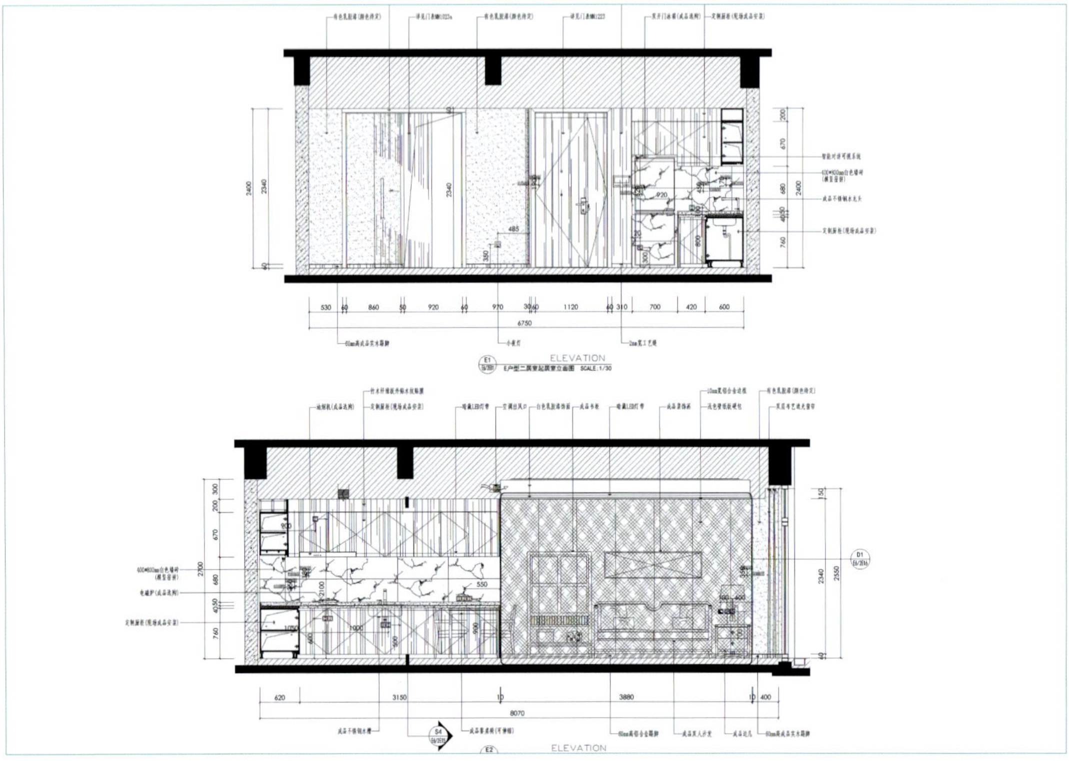

▶图 4-2-7　立面布置图材料标注

表 4-2-5 康养中心养老房二居室装饰材料表

序号	材料编号	材料名称	规格	防火要求	使用部位	备注
	BK	瓷砖				
1	BK-01	浅色仿石材地砖	400 × 800	A	玄关、厨房、走廊区地面	
2	BK-02	浅米灰色防滑地砖	300 × 600	A	主卫、次卫地面	
3	BK-03	米白色防滑地砖	600 × 600	A	阳台地面	
4	BK-04	米白色墙砖	300 × 600	A	主卫、次卫墙面	
5	BK-05	白色墙砖	400 × 800	A	厨房墙面	
	MA	石材				
6	MA-01	灰色大理石门槛石	18 mm 厚	A	所有门口区域	
7	MA-02	人造石窗台板	12 mm 厚	A	所有窗台区域	
8	MA-03	灰色人造石台面	15 mm 厚		卫生间台盆	
	WD	木饰面 / 成品木饰面板				
9	WD-01	竹木纤维板外贴木纹贴膜	15mm 厚	B1	玄关区墙面、厨房橱柜顶部	
	FB	木地板				
10	FB-01	木纹复合地热地板	15 mm 厚	B1	起居室、卧室地面	
	PT	乳胶漆				
11	PT-01	白色乳胶漆		B1	顶棚饰面	
12	PT-02	有色乳胶漆		B1	客厅电视背景墙面、玄关墙面、卧室墙面	颜色待定
13	PT-03	白色防水乳胶漆		B1	阳台顶面	
	PTW	无机涂料				
14	PTW-01	白色防水无机涂料		A	卫生间顶面	
	WC	墙纸				
15	WC-01	浅色壁纸板硬包		B1	起居室沙发背景墙、主卧室床头背景墙	
	PB	石膏板				
16	PB-01	纸面石膏板	9.5 mm 厚	A	顶棚吊顶	金属龙骨基层
17	PB-02	防水纸面石膏板	9.5 mm 厚	A	卫生间吊顶	金属龙骨基层
	CU	窗帘 / 卷帘				
18	CU-01	布艺遮光窗帘		B1	起居室、卧室	

任务三　康养中心养老房地面结构深化图绘制

任务目标

①掌握适老化室内空间常见的地面结构深化图类型以及未来发展趋势。

②准确、规范绘制出适老化室内空间地面结构深化图。

任务要求

①熟识康养中心养老房地面结构深化图。

②准确、规范绘制康养中心养老房地面结构深化图。

知识链接

一　适老化设计中地面构造设计的考量因素

①防滑性：这是最关键的因素。应选用具有良好防滑性能的材料和构造，如表面有凹凸纹理或有防滑涂层的地砖、地板、地毯等，以降低老人滑倒的风险，特别是在厨房、浴室等容易湿滑的区域。

②平整度：确保地面平整光滑，避免高低差和门槛，方便老人行走和轮椅通过。避免使用拼接不紧密或容易变形的材料，以免老人行走时被绊倒。

③弹性与缓冲性：选择具有一定弹性和缓冲性能的地面结构，如橡胶地板、软木地板等。这样可以减轻老人行走时对关节的冲击，降低疲劳和受伤的可能性。

④稳定性：地面结构要牢固稳定，避免出现松动、摇晃的情况，尤其是在经常走动的区域，如走廊、卧室等。

⑤无障碍设计：不同房间或区域之间的地面高度应尽量保持一致，如有必要，可采用平缓的斜坡进行过渡，避免设置门槛。

⑥便于清洁和维护：选择容易清洁、不易积尘和滋生细菌的地面材料，方便日常维护，保持居住环境的卫生。

⑦噪声控制：采用具有一定吸音效果的地面结构，减少行走时产生的噪声，营造安静舒适的居住环境。

⑧热性能：考虑地面的保温和散热性能，使室内温度保持适宜，特别是在寒冷的冬季，能让老人感到温暖舒适。

二　适老化设计常见地面结构类型

①防滑地砖地面：具有良好的防滑性能和耐磨性能，适合在厨房、卫生间等容易溅水的区域使用。

②防滑木地板地面：脚感舒适，稳定性较好，同时具备一定的防滑性能，适合在卧室、客厅等主要活动区域铺设。

③橡胶地板地面：柔软且富有弹性，防滑、

减震效果显著，能有效减轻老人行走时的疲劳感，降低老人摔倒受伤的风险，常用于活动频繁的区域。

④地毯地面：能增加行走的舒适度和缓冲性，但需要选择防滑、易清洁的款式，并定期进行清洁和维护，以防滋生细菌。

⑤环氧地坪地面：平整无缝隙，易于清洁和维护，且具有一定的防滑性，常用于养老机构的走廊、活动室等场所。

任务实施

数字资源

地面结构深化图是展示室内地面详细构造与相关信息的图纸。它涵盖地面结构层次（包括各层材料、厚度、连接方式等）、装饰样式、设备设施（位置、关系）以及伸缩缝与分隔（伸缩缝设置、区域分隔）等方面的内容。在绘制适老化空间的地面结构深化图时，必须确保设计方案符合相关的适老化建筑法规和标准，保障空间的合规性和安全性。还应该特别考虑地面的平整度、弹性和坡度等。以康养中心养老房为例，分析绘制地面结构深化图的主要步骤。

步骤 1：分析楼地面基层情况。首先对原始地面条件进行深入了解和分析，包括地面的平整度、承重能力、防潮性能以及水电管线布局情况等。通过了解这些信息，可以确定是否需要进行地面预处理，如找平、加固或防潮处理等。

步骤 2：选择合适的地面材料。根据设计要求和使用需求，选择合适的地面材料和构造方式。在选择材料时，需要着重考虑防滑性、平整度、耐磨性等。同时，还需要确定地面的构造方式，如木地板是否需要采用架空结构，防滑地砖是否需要找平，是否需要设置地暖，等等。根据以上信息绘制地坪布置图，在图中重点标注各功能分区的材料尺寸、材质和布置样式。

步骤 3：绘制地面结构深化图。绘制地面结构深化图时，需要详细展示地面的构造层次、材料分布以及节点处理方式等。如在该项目中，需要对卫生间地面的构造进行详细的绘制，清晰地展示地面从基层到面层的所有构造层次，包括找平层、防水层、反射层、保温层、地暖管层、保护层、结合层以及饰面层等，并详细标注每个层次的材质和施工做法（图 4-3-1）。

步骤 4：绘制节点详图。对于地面与墙面交接处、地面管线穿越处等关键节点，需要绘制详细的节点详图；对于不同材料地面的衔接处、过门石与地面材料的交界处等，还需要绘制出各层结构及厚度的详图，保证饰面高度一致，确保老人行走顺畅。

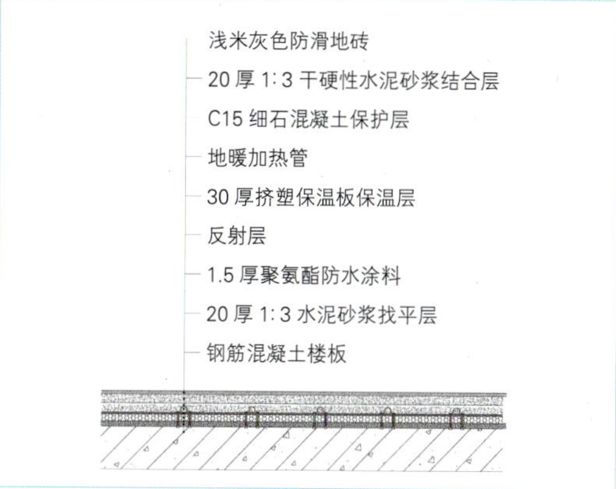

▶图 4-3-1 养老房卫生间地面构造图

任务四　康养中心养老房天花结构深化图绘制

任务目标

①掌握适老化室内空间常见的天花结构深化图的类型以及未来发展趋势。

②准确、规范绘制出适老化室内空间天花结构深化图。

任务要求

①熟识康养中心养老房天花结构深化图。

②识读图纸符号，弄清楚符号所代表的含义。

③准确、规范绘制康养中心养老房天花结构深化图。

知识链接

一　适老化设计中天花构造设计的考量因素

①平整度和无障碍：天花表面应平整，避免出现凹凸不平或突出的结构，防止老年人碰撞受伤。同时，要确保天花上没有低垂的吊灯或其他障碍物，避免影响老年人的行动。

②照明设计：充足而均匀的照明对老年人来说是非常重要的。做顶棚造型设计时要选择明亮而柔和的灯光，避免产生眩光。

③吸音处理：老年人对声音可能更加敏感，因此在进行天花设计时尽量选用吸音材料，减少噪声反射，提供一个安静舒适的环境。

④防火和安全：天花材料应具有良好的防火性能，以确保老年人安全。要选择符合防火标准的材料，并确保施工时安装规范。

⑤易于清洁和维护：考虑到老年人的身体状况，天花应选择易于清洁和维护的饰面材料，避免积尘和污垢。

二　适老化设计常见天花结构类型

①整体式平顶天花：是最常见的天花形式，表面平整光滑、简洁大方，给人以整洁的视觉感受，且易于安装和维护，如石膏板天花、硅酸钙板天花等。

②格栅天花：格栅天花可以增加空间的层次感，同时也便于通风和照明，可以选择木质或金属的格栅。

③集成天花：可以将照明、通风等设备集成一体，具有美观、实用的特点，可以根据需要选择不同的板材和款式。

④铝扣板天花：防火、防潮性能较好，且容易清洁和维护。

此外，还可以根据老年人的特殊需求和居住环境进行个性化的设计。例如，在养老院或护理机构中，可以设置可调节高度的天花，以方便护理人员进行照顾；在老年人居住的房间中，可以采用温馨舒适的天花色彩和图案，营造家的氛围。

适老化设计中的天花结构形式，应该综合考虑老年人的身体特点、生活习惯和安全需求，努力为他们提供一个舒适、安全、便利的居住环境。

任务实施

数字资源

天花结构深化图是精确呈现天花各构造层、材料、设备与设施等布局与连接方式的图纸。它是指导施工的重要依据。以康养中心养老房为例，天花结构深化图的绘制步骤如下。

步骤 1：收集资料。在着手绘制养老房的天花结构深化图之前，需先进行资料收集工作。一方面，要收集建筑平面图、天花图等基本建筑图纸，以了解建筑空间的整体布局以及天花的设计意图。另一方面，获取天花上设施设备的规格、型号、数量以及位置要求等信息。同时，还需要了解常用的天花结构类型、构件种类及连接方式等信息，以便为后续的绘制工作提供基础数据。

步骤 2：选择关键深化图。根据收集到的资料和设计要求，确定天花的构造方案，确定绘制天花结构深化图的关键部位，然后在图中正确且规范标注出剖面大样索引符号，要注意剖切符号的方向表达。如图 4-4-1 所示，此项目的天花布置图中节点图索引编号为 E6/2E14-S2。

步骤 3：绘制节点图。根据所学材料及构造知识，进行科学规范设计，并绘制天花各层结构，包括基层与骨架之间的连接方式、面层材料与骨架的连接方式等（图 4-4-2）。此步骤的重点是吊杆、吊件与主龙骨、次龙骨、边龙骨之间的连接方式，饰面造型与骨架的固定方式，跌级造型、虚光灯带布置方式，天花与墙面交接处的收口方式，等等。在细化连接方式时，应充分考虑施工的可操作性和连接的可靠性。

步骤 4：标注信息。在节点图绘制完成的基础上，需进一步标注出各个构件的类型、规格、间距等参数，标注材料的名称、尺寸、规格等信息（图 4-4-3）。这有助于施工人员准确理解设计意图，确保施工过程中的准确性和一致性。同时，标注信息也有助于后续的材料采购和成本核算工作。

步骤 5：审核图纸。完成深化图的绘制后，需进行审图工作。审图的目的在于检查深化图是否满足设计要求、结构是否合理、连接是否可靠等。在审图过程中，如发现问题或不足之处，应及时进行修改和完善，确保深化图的质量和准确性。

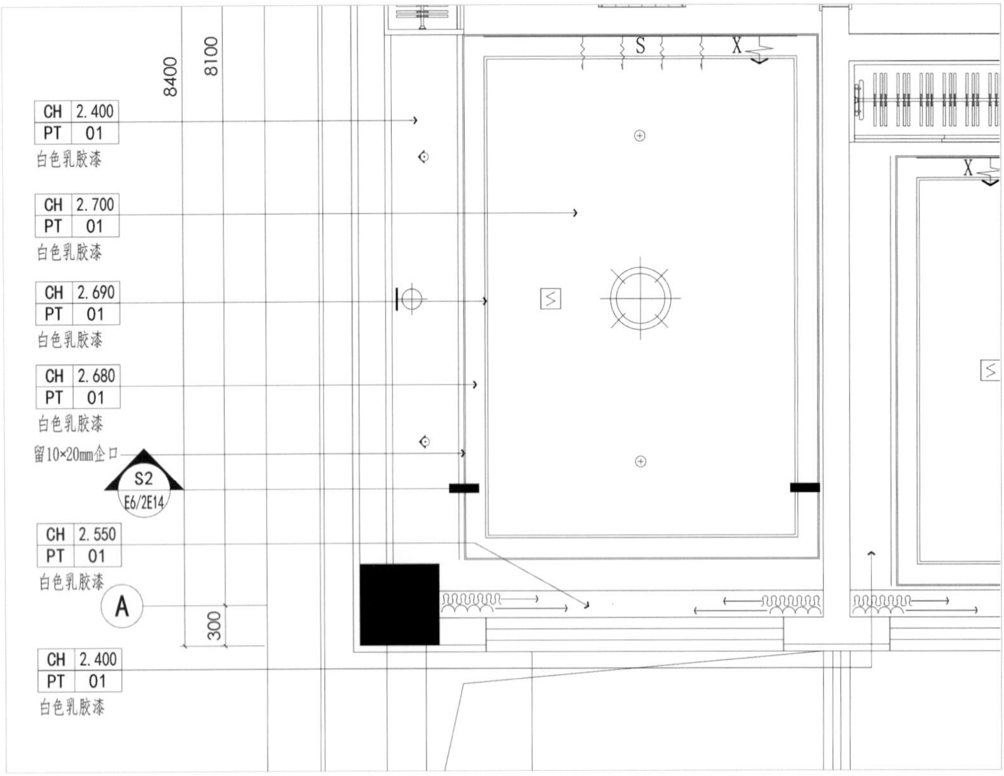

▶图 4-4-1　天花布置图中卧室部分的顶棚图

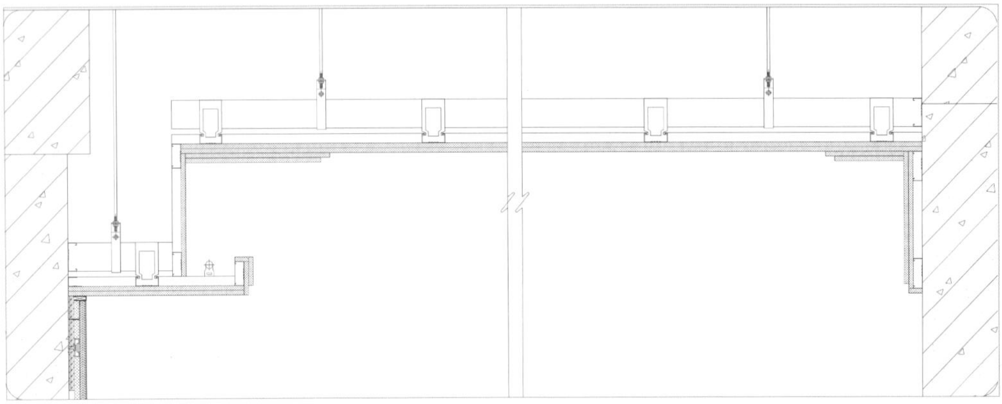

▶图 4-4-2　卧室天花节点图（未标注）

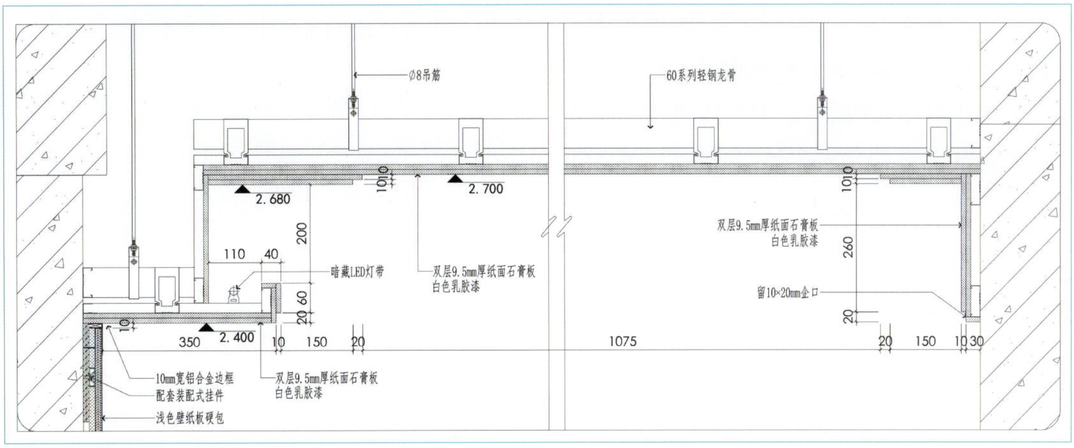

▶ 图 4-4-3　卧室天花节点图

任务五　康养中心养老房墙面结构深化图绘制

任务目标

①掌握适老化室内空间常见的墙面结构深化图类型以及未来发展趋势。

②准确、规范绘制适老化室内空间墙面结构深化图。

任务要求

①熟识康养中心养老房墙面结构深化图。

②准确、规范绘制康养中心养老房墙面结构深化图。

知识链接

一　适老化设计中墙面构造设计的考量因素

适老化墙面构造设计要以老年人的安全、舒适和便利为核心，综合考虑各种因素。打造温馨、宜居的空间，应考虑以下七个因素。

①墙面材料选择：应选择环保、无污染、无刺激性气味的墙面材料，如硅藻泥、环保涂料等。表面应平整光滑，避免使用过于粗糙或有凹凸纹理的材料，防止刮伤老年人。

②墙面的颜色和对比度：要选择明亮、柔

和的颜色，如米白色、淡黄色等，营造舒适、宁静的氛围，以提高室内的亮度和清晰度。避免使用过于鲜艳或刺眼的颜色，以免造成老年人视觉不适。但可以使用对比色来突出重要的元素，如扶手、开关等。

③墙面的坚固性：墙面结构应足够坚固，能够承受老年人可能的倚靠或碰撞。如果需要挂画或安装其他物品，应确保使用合适的固定装置，避免掉落伤人。

④墙面隔音效果：对于需要安静环境的老年人，墙面的隔音设计也很重要。可以选择使用隔音材料或采取其他隔音措施，减少外界噪声的干扰。

⑤扶手和支撑物：在卫生间、走廊和楼梯等区域，要考虑在墙面合适的位置设计安装扶手，以帮助老年人保持平衡和稳定。

⑥防撞保护：在墙角、家具边缘、门边缘等易碰撞的部位，可以安装防撞条或进行圆角处理，降低老年人受伤的风险。

⑦清洁和维护：选择易于清洁和维护的墙面材料，以保持室内的卫生和整洁。避免使用过于复杂或难以清洁的装饰。

二 适老化设计常见墙面构造类型

①轻钢龙骨加防火石膏板墙面：以轻钢龙骨作为骨架，两侧安装防火石膏板，内部可填充隔音棉增强隔音效果。这类墙面重量轻，具有较好的防火和隔音性能，适用于卧室、客厅等空间的分隔。

②加气混凝土砌块墙：由加气混凝土砌块砌筑而成。质轻，保温、隔音性能好，适用于卧室、客厅等主要生活空间的分隔。

③轻质墙板：由工厂预制生产，现场拼装。常见的有硅酸钙板夹芯墙板、水泥发泡轻质隔墙板等，安装便捷，防火、防水，减少现场湿作业，墙面平整度高，表面可直接进行装饰处理。适用于卫生间、厨房等空间的分隔。

④木龙骨加木工板墙面：以木龙骨为框架，外层覆盖木工板。质地相对柔软，能降低老年人碰撞受伤的风险。适用于卧室、走廊等需要营造温馨氛围的区域。

⑤实心砖墙：用实心砖和水泥砂浆砌筑。坚固耐用，隔音效果良好。在对隔音要求较高的房间，如卧室与外界的分隔中较为适用。

任务实施

数字资源

室内墙面结构深化图是准确展示墙面各构造层（如基层、保温层、防水层、面层）之间的连接方式，各结构层的材料、厚度等相关信息的图纸。它在适老化室内空间装饰装修项目中起着至关重要的作用，一方面可以指导施工，为施工人员提供详细、精确的墙面施工信息，确保施工过程的准确性和一致性；另一方面也有助于不同施工工种之间的协调，如水电工、瓦工、木工等，使其明白各自的工作范围和衔接方式，避免施工冲突和误解。

以康养中心养老房为例，绘制墙面结构深化图的步骤如下。

步骤 1：分析室内墙体类型。绘制墙面结构深化图的第一步是对户型图进行详尽的分析。明确哪些墙是承重墙、哪些墙是非承重墙，明确承重墙、非承重墙的墙体材质，为后续的深化设计奠定基础。

步骤 2：绘制立面索引图。绘制墙面结构深化图前，需要绘制立面索引图（图 4-5-1）。图中需要用立面索引符号标注出每个功能区域，以及每面墙立面图的方向和编号，方便准确定位每张立面图的位置、各立面之间的位置关系，为墙面结构深化设计提供依据。

步骤 3：绘制立面图及大样图。根据编制的立面索引图对应绘制墙面立面图，根据设计要求及实际情况，选择合适的墙面材料和布置样式。要考虑材料的质感、颜色、耐用性、安全性等因素，确保达到预期的效果。如图 4-5-2 所示，沙发背景墙采用了浅色壁纸板硬包装饰，图中详细绘制出了壁纸板装饰样式，明确了板与板间的连接方式、外框材质及装饰样式等。当样式复杂时，还需要绘制大样图加以详细表示，如图 4-5-3 所示。

步骤 4：绘制墙面节点构造图。墙面节点构造设计是墙面结构深化图中的关键部分。它涉及墙面与天花、与地面等部位的连接处理，以及墙面与饰面装饰构件的连接细节等。在节点构造设计中，我们应充分考虑施工的可行性和材料的性能，确保节点的稳定性和美观性（图 4-5-4）。

步骤 5：绘制节点详图。根据节点图中标注的重要节点位置，需要放大比例详细绘制出成品木饰面与天花及其他部件之间的连接样式，并标注尺寸、材质等信息（图 4-5-5）。

综上所述，要准确绘制各个墙面结构深化图，应充分考虑多个方面的因素。需要通过平面布置图分析、墙体结构分析、墙面材料性能分析、施工规范性分析、节点深化设计分析等各方面的综合考量，才能绘制出既符合设计要求又科学规范、便于施工的深化图，为适老化室内空间的高质量施工提供有力保障。

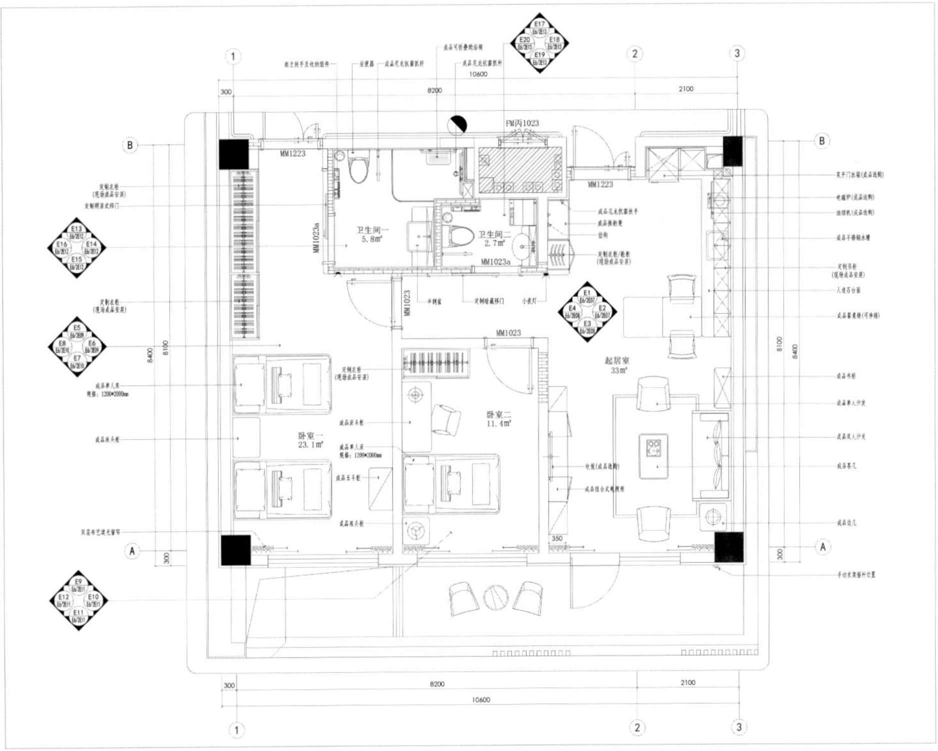

▶图 4-5-1　立面索引图

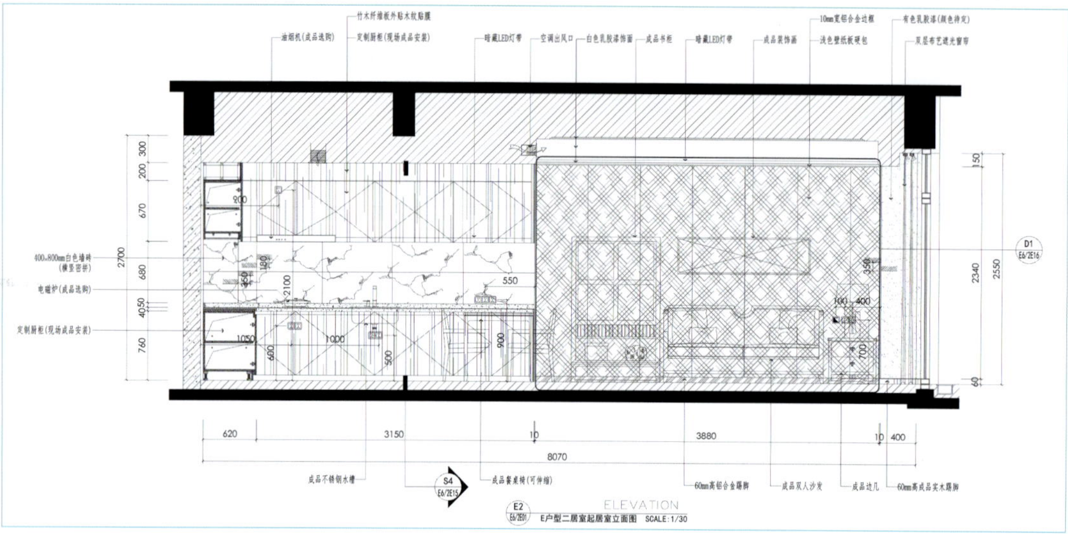

▶ 图 4-5-2　养老房起居室 E2 立面图

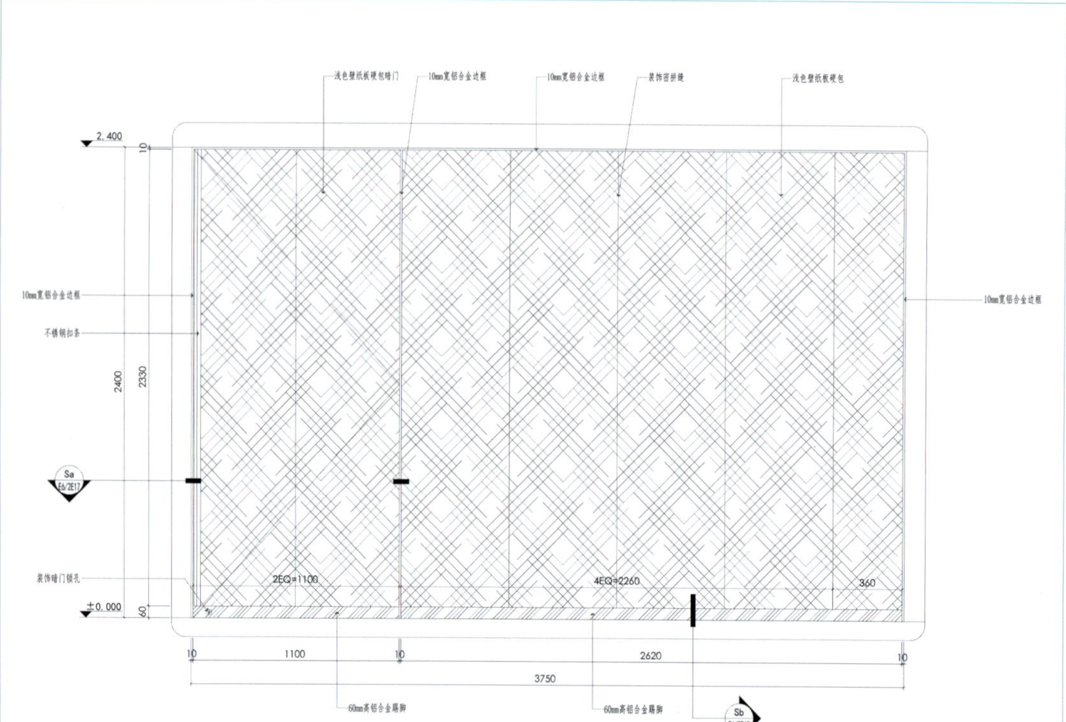

▶ 图 4-5-3　养老房起居室沙发背景墙 D1 大样图

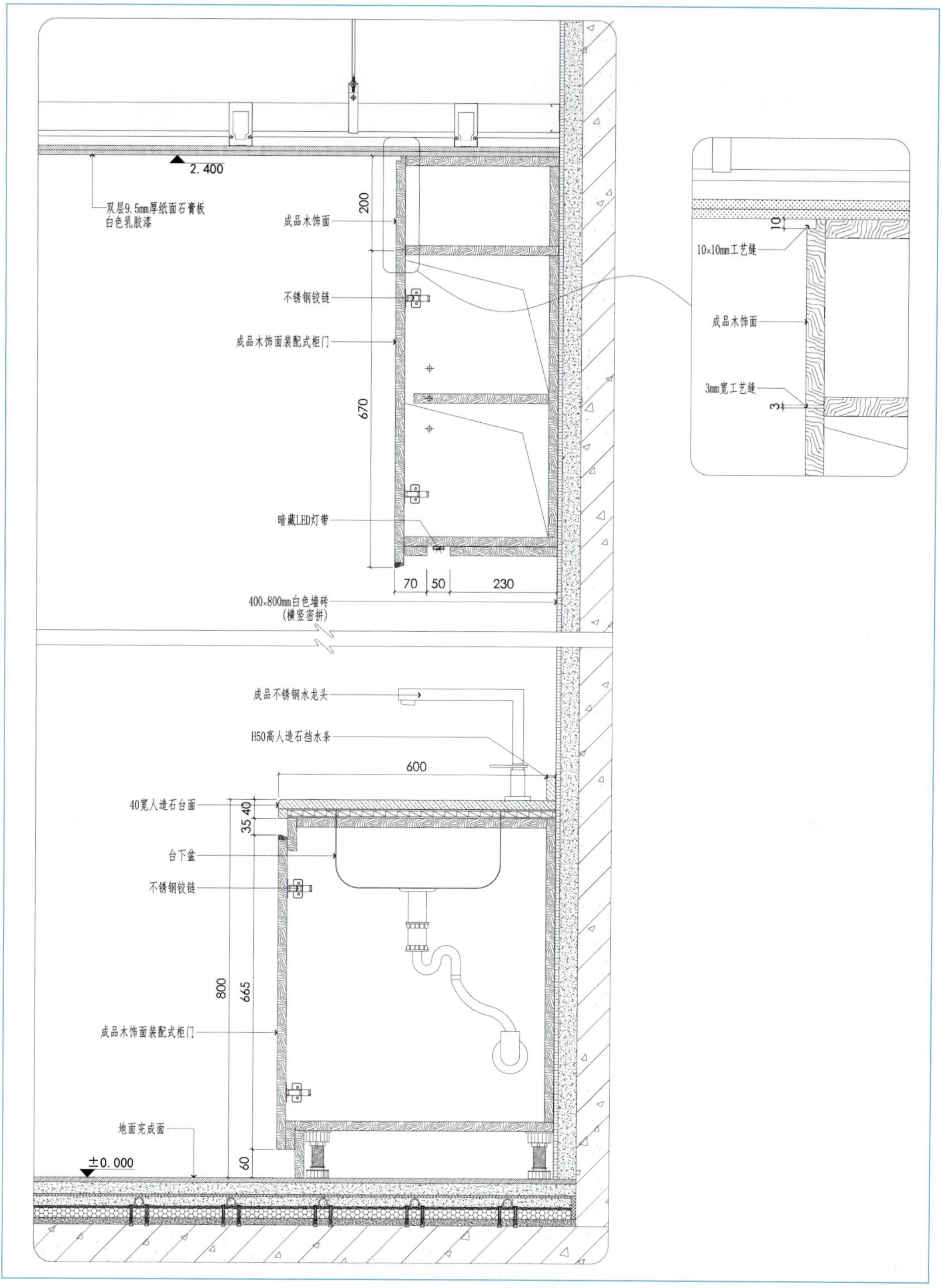

▶ 图 4-5-4　养老房起居室墙面节点构造图

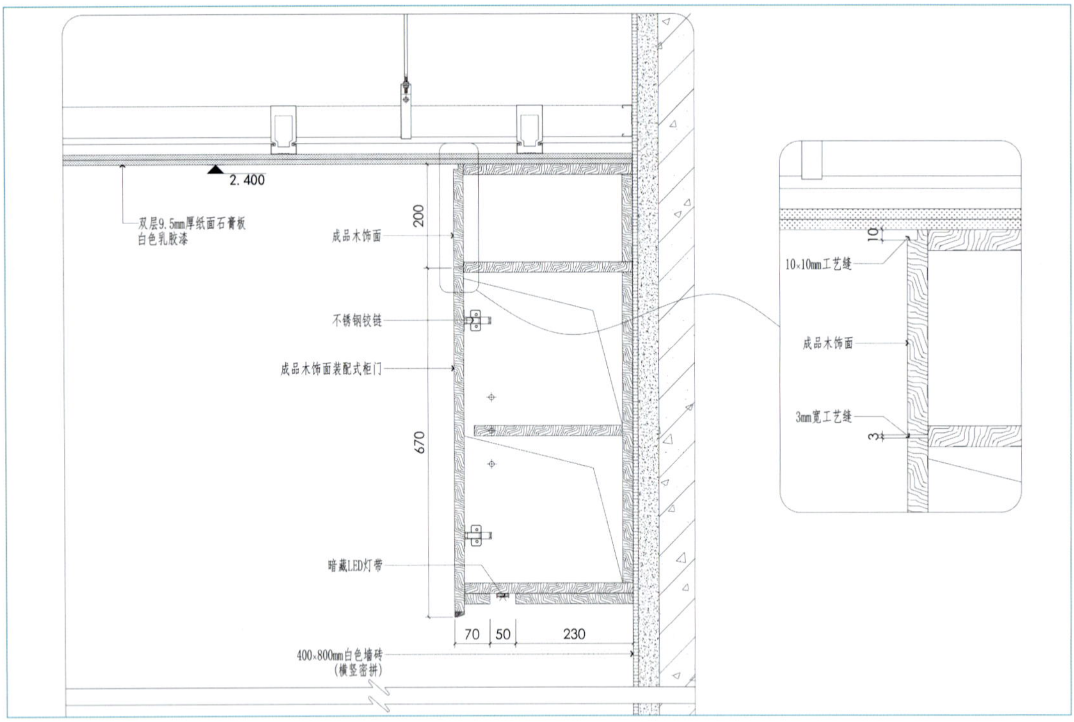

▶ 图 4-5-5　养老房起居室墙面节点详图

核心知识小结

1. 适老化装饰材料的特性及适用范围

在适老化室内装饰中，厨房和卫生间地面材料应防滑，地砖要有纹理且防滑系数不低于 0.5，适老化木地板、防滑地胶、防滑地面涂料也各有特色，可按需选用。例如在卧室等区域，可使用软木地板，脚感柔软舒适。天花材料多样，整体式平顶（如石膏板）天花平整易维护，格栅天花可多层次通风，集成天花能够集成设备，铝扣板天花防火、防潮且易清洁。墙面材料各有所长：环保乳胶漆环保抗菌；无机防水涂料适用于室内防水；竹木纤维板环保稳定，可装饰墙面和顶棚。

2. 适老化项目构造设计的原则（装饰材料的选取原则）

适老化构造设计遵循安全性、舒适性、耐久性、易维护性和环保性等原则。在实际项目中，安全性方面，走廊、楼梯、出入口、家具及卫浴设施等均按照严格标准设计，如走廊保证足够的通道宽度与地面防滑，楼梯扶手及踏步尺寸合理，出入口无障碍，家具稳固且边角处理安全，卫浴设施周全防护，防止老人跌倒碰撞。在舒适性上，运用保温隔热材料与通风系统调节温湿度，优化采光照明并采用吸音材料降噪，营造宜人的居住环境。在耐久性方面，选用高品质材料并规范施工工艺，确保建筑长期稳定。在易维护性方面，采用易清洁材料和合理布局检修设施，减轻维护压力。在环保性上，选择环保材料并注重资源节约和循环利用，保障老人拥有健康的生活空间。

课后实训

主题：养老公寓深化设计

数字资源

图 4-6-1、图 4-6-2 为某养老中心养老公寓平面布置图、效果图及剖面节点构造位置图，根据所学知识对该空间进行深化设计。

①根据平面图及效果图，绘制天花布置图、地面铺装图及立面图。选择适当的装饰材料进行装饰，并说明理由。

②绘制指定位置的剖面节点构造图。

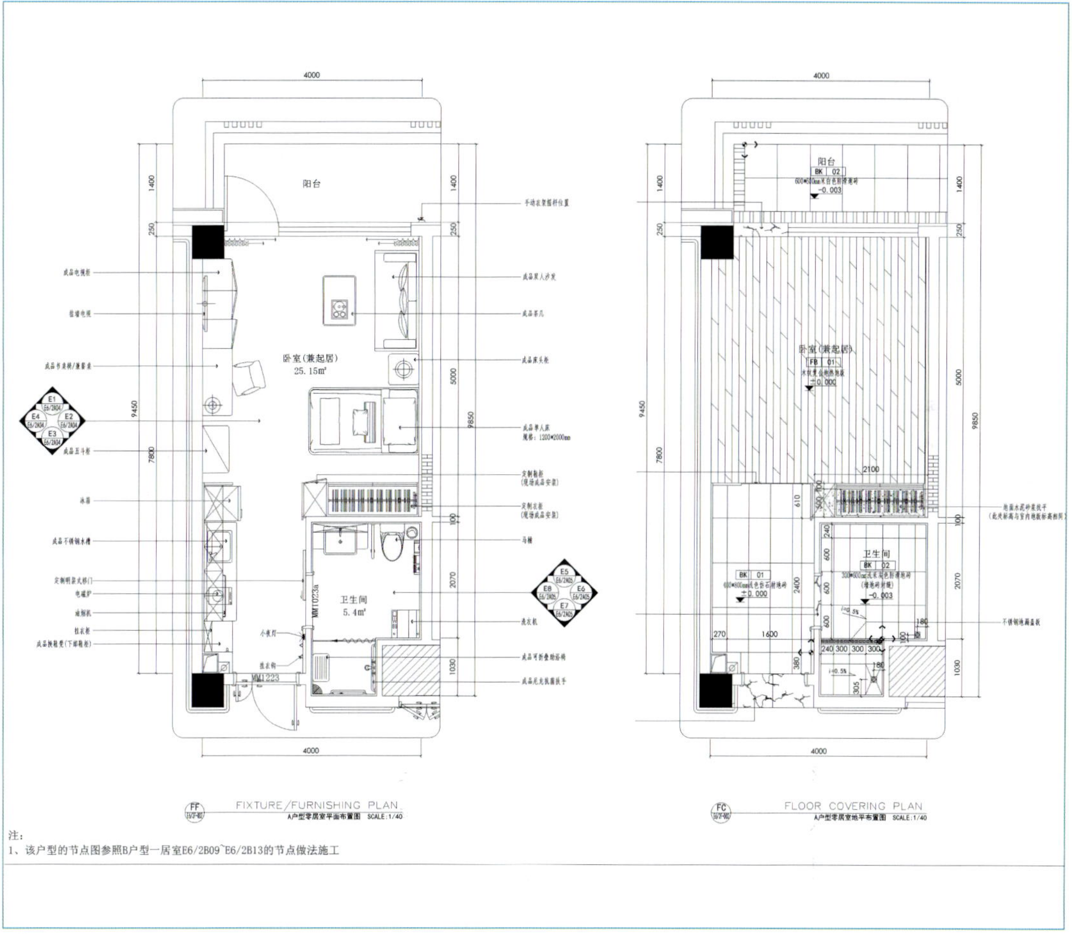

▶ 图 4-6-1　养老中心养老公寓平面布置图

▶ 图 4-6-2　效果图及剖面节点构造位置图

学习评价

序号	维度	分值	内容	评分标准	学生自评	学生互评	教师 / 师傅评价
1	学习态度	10	学习过程中的主动性、积极性以及对适老化设计的关注度	出勤率（4 分） 参与讨论（3 分） 主动学习（3 分）			
2	识图任务	10	识别、理解适老化康养中心装饰工程图纸信息	识图准确率（7 分） 识读熟练度（3 分）			
3	项目设计任务	20	根据适老化需求和康养中心空间特性制订合理的装饰设计方案	设计方案的完整性（5 分） 适用性与可操作性（5 分） 创新性（5 分） 人性化与舒适性（5 分）			
4	装饰材料应用	15	适老化装饰材料的选择与应用，包括环保、安全、易用性等方面	材料选择的合理性（5 分） 环保节能材料的选择（5 分） 新材料、新技术应用（5 分）			
5	地面构造设计	15	根据适老化需求和地面、墙面、顶面铺设图信息制订合理的构造设计方案	基层处理恰当性（5 分） 连接与固定工艺正确（5 分） 无障碍与安全构造设计（5 分）			

续表

序号	维度	分值	内容	评分标准	学生自评	学生互评	教师/师傅评价
6	装饰材料结构深化图绘制	20	立面图	图纸表达的完整性（5分） 新技术、新工艺表达（5分） 关键部位表达（5分） 安全与无障碍细节体现(5分)			
			节点图				
7	职业责任	5	法律法规和行业规范的遵守情况	法规遵守（2分） 操作规范（2分） 对项目质量、安全的关注（1分）			
8	劳动素养	5	劳动态度和团队合作精神	劳动态度（3分） 团队合作（2分）			
合计		100	评价学生签名： 教师签名：	权重	0.2	0.2	0.6
				实际得分			

练习思考

数字资源

归纳并总结用于适老化空间的地面、天花、墙面的装饰材料各有哪些。

05

项目五

数字资源

装配式办公空间装饰材料与构造设计

岗位要求

了解现场交底的基本流程；能将图纸中所要求的内容与现场进行实地衔接，发现图纸与施工现场的不同之处。

学习目标

知识目标

掌握装配式装饰材料的分类、特性及适用场景；理解施工图识读方法与材料表编制的逻辑；明确地面 、天花、墙面结构深化图的绘制要点。

能力目标

能够识读与绘制装配式空间的施工图、结构深化图，准确标注材料规格与节点细节；具备编制装配式材料表的能力，能够完成材料分类、参数标注及场景适配分析；能根据办公功能区需求合理选材，并分析材料的经济性与可持续性。

素质目标

通过图纸识读与深化图绘制，培养细节意识与严谨态度；严格遵循防火、防滑等安全标准，确保设计对使用者负责，树立质量与责任意识。

思维导图

- 装配式办公空间装饰材料与构造设计
  - 装配式办公空间施工图识图
  - 装配式办公空间材料表编制
  - 装配式办公空间地面结构深化图绘制
  - 装配式办公空间天花结构深化图绘制
  - 装配式办公空间墙面结构深化图绘制

情境导入

本项目以某厂房室内空间为设计对象，聚焦地面、天花、墙面装饰材料的选择与运用。学习者应通过对材料铺贴图的识读和材料表的编制，完成本次实践，不断提升自己的设计水平，为未来的职业发展奠定坚实的基础。

本项目为装配式厂房办公楼室内装饰设计，室内装修面积达 3735 ㎡，建筑层数为 3 层。整个项目采用装配式装修方式，对大堂、职工食堂、包间、棋牌室、接待室、公共卫生间、活动办公区、独立办公室等各功能区进行装饰设计，在装饰材料及安装方式的选择上，充分考虑了不同区域实用性与美观性的平衡。

思考：卫生间等易溅水的区域，需要考虑防滑性能、耐磨耐脏；而办公活动区等公共区域，则强调美观、耐用、简洁。这两类区域的地面分别应当使用哪种材料呢？

思政小案例

装配匠心

一、项目描述

某大型企业新建装配式办公大楼，要求室内装修高效、环保且品质卓越。在墙面装修环节，选用了装配式墙板，这种墙板具有安装便捷、节省空间、隔音隔热等优势，但对拼接精度要求极高，拼接缝隙需控制在 1 mm 以内，以确保墙面整体的美观性与稳定性，从而为员工打造舒适、高品质的办公环境。

二、实施流程

①施工准备：研究图纸，准备工具与材料，开展施工人员技术培训。

②基层处理：清理基层，确保平整、干燥、无杂物，误差控制在3 mm内，不平整处找平。

③墙板安装：依排版图从墙角开始安装，用测量工具定位，夹具固定，微调装置校准，实时检查缝隙。

④质量检查与整改：完成区域安装后全面检查，对不符合标准之处立即整改。

三、成果与反响

办公大楼装修完成后，墙面拼接缝隙均匀细密，整体平整光滑，隔音和隔热效果出色，为员工提供了安静、舒适的办公环境。企业管理层对装修质量高度认可，施工团队凭借精湛的技艺和严谨的态度赢得了良好口碑，收到了更多类似项目的合作意向。

四、思政要点

施工人员面对高精度拼接，凭借专业技能和责任心，专注细节、追求完美，彰显了工匠精神，从而激励学生养成追求卓越的职业态度。施工团队严控质量，不放过任何问题，展现出强烈的质量意识与责任担当，启示学生在室内设计中始终把质量摆在首位，对客户负责。施工涉及多工种、多环节，人员密切协作、沟通顺畅，保障项目顺利推进，有助于培养学生的团队协作与沟通能力，让他们明白团队合作对实现设计目标的重要性。

任务一　装配式办公空间施工图识图

任务目标

①掌握装配式办公空间室内装饰构造类型、优缺点以及未来发展趋势。

②了解装配式办公空间常用材料及装饰构造细节。

任务要求

①熟练识读装配式办公空间室内装饰施工图。

②准确绘制装配式办公空间室内装饰设计图、施工图与构造图。

知识链接

一 装配式空间装饰材料的概念

装配式空间装饰材料是一种新型的装饰材料，主要用于快速搭建和装饰室内外的墙面、隔断、天花等结构。这种材料具有安装快捷、装饰效果好、绿色环保等优点，在公共空间装饰和家居空间装饰中得到了广泛应用。

二 常见的装配式空间装饰材料

常见的装配式空间装饰材料包括装配式装饰板、平贴板等。装配式装饰板能够省去很多装修工序，缩短工期，并且安装过程中产生的垃圾较少。其饰面可根据不同生产工艺呈现多样化的效果，如布纹、石纹、木纹等，装饰风格简约雅致。平贴板则具有绿色环保、装饰性强、防水防潮和易清洁等特点，其饰面包括多种系列，如木纹、布纹、皮纹和单色系列，色彩细腻均匀。

此外，装配式空间装饰材料还包括用于墙体搭建的轻钢龙骨系统和轻质隔墙板，用于屋顶的聚合物屋面防水材料，以及用于地板的实木复合地板、石塑地板、胶合木地板等。这些材料不仅提高了施工效率，还增强了建筑结构的稳定性和安全性。

总的来说，装配式空间装饰材料以其独特的优势，为现代建筑提供了更为便捷、美观和环保的装修方案。

任务实施

施工图中包含了大量关于建筑项目的详细信息，这些信息对于设计师、工程师、施工人员等各方来说都是至关重要的。如室内空间的基本布局和功能划分，走廊、楼梯等的位置和大小，墙体和门窗的位置，各区域使用的材料与装饰，家具与设备的布局，电气和管道布置等，这些信息都要通过平面布置图、隔墙尺寸图、天花布置图、灯具定位图、顶面尺寸图、地坪布置图、照明接线平面图、机电点位图、立面图、节点图等图纸来显示。本任务以厂房办公空间一层图纸为例，对施工图进行识别，步骤如下。

步骤 1：查阅图纸说明。在正式开始识图之前，应首先查阅图纸的说明部分（图 5-1-1、图 5-1-2）。这部分内容通常包含了工程的基本信息、设计依据、制图标准、符号解释等关键信息。通过仔细阅读图纸说明，可以对工程的整体情况有一个初步的了解，为后续详细识图打下基础。

步骤 2：按顺序查看“平立剖”。应按照平面图、立面图、剖面图的顺序逐一查看。平面图主要展示建筑的水平布局，包括房间分隔、门窗位置、设备布局等；立面图则展示建筑的外貌特征，如墙面材料、门窗样式、装饰线条等；剖面图则用于表现建筑内部的结构关系和空间层次。通过逐一查看这些图纸，可以逐步构建出建筑物的三维形象（图 5-1-3 ~ 图 5-1-7）。

步骤 3：核对节点与大样。在查看“平立剖”的基础上，需要进一步核对节点图和大样图。

新区厂房工程装饰设计工程　设计说明（一）

一、工程概况：

1.1　项目概况：

1.1.1　项目名称：新区厂房1号办公楼室内装饰设计工程

1.1.2　项目地点：江苏省苏州市相城区

1.1.3　建设单位：苏州柯依迪装配式建筑股份有限公司

1.1.4　设计范围及功能：办公楼1-3层

1.1.5　室内装修设计面积：3735㎡

1.2　建筑概况：

1.2.1　建筑占地面积：原建筑占地未动

1.2.2　建筑面积：5379.38㎡

1.2.3　建筑层数：1-3层

1.2.4　建筑高度：15.05 m

1.3　建筑耐火等级和消防设施等：

1.3.1　耐火等级：地上二级

1.3.2　建筑防火设计分类：多层公共建筑

1.3.4　结构形式：框架结构

1.3.5　建筑设计单位：四川城高建筑设计有限公司

1.3.6　防火分区：原建筑防火分区

1.3.7　消防设施：原建筑自动喷淋系统及消防设备配备

2. 尺寸及标高：一般无专门说明时，尺寸单位为毫米；标高单位为米。
本装饰工程各层室内地坪、顶面标高均为饰面层标高。

3. 竣工图的编号说明　图名，D 为大样，S 为剖面，E 为立面；D1 / 1A-01；节点在图纸上的顺序号；索引指向的图纸编号

4. 图纸编号一层采用1F00X；二层采用2F00X；三层采用3F00X；其中一层分区放大图采用1Axx、1Bxx；
二层分区放大图采用2Axx、2Bxx；三层分区放大图采用3Axx、3Bxx；

5. 对于专业设备设计部分，应由建设单位委托专业公司进行二次设计，在二次设计中，必须遵循本次室内设计整体构思方案，并经室内设计人员同意后方可施工。

二、设计依据

1. 建设单位提供的土建各专业蓝图以及该工程所涉及的建筑工程消防设计审核意见书。

2. 业主与设计单位签定的设计任务合同及业主确认的室内平面图和效果图。

3. 本竣工图所参照的有关标准及规范：

(1)《建筑装饰装修工程质量验收标准》GB 50210—2018

(2)《建筑设计防火规范》GB 50016—2014(2018版)

(3)《建筑内部装修设计防火规范》GB 50222—2017

(4)《无障碍设计规范》GB50763—2012

(5)《民用建筑设计统一标准》GB 50352—2019

(6)《建筑节能工程施工质量验收标准》GB50411—2019

(7)《办公室建筑设计标准》JGJ/T67—2019

(8) 装饰材料有害物质排放限量的参照标准

为了预防和控制建筑装饰材料产生的室内环境污染，使本设计的建设装饰工程符合新颁布的国家标准《民用建筑工程室内环境污染控制标准》（GB50325—2020）的要求，下列物资，必须符合相应的国家强制性标准。
污染物限值满足下表要求：

表6.0.4　民用建筑室内环境污染物浓度限量

污染物	Ⅰ类民用建筑工程	Ⅱ类民用建筑工程
氡（Bq/m³）	≤150	≤150
甲醛（mg/m³）	≤0.07	≤0.08
氨（mg/m³）	≤0.15	≤0.20

续表6.0.4

污染物	Ⅰ类民用建筑工程	Ⅱ类民用建筑工程
苯（mg/m³）	≤0.06	≤0.09
甲苯（mg/m³）	≤0.15	≤0.20
二甲苯（mg/m³）	≤0.20	≤0.20
TVOC（mg/m³）	≤0.45	≤0.50

注：1 污染物浓度测量值，除氡外均指室内污染物浓度测量值扣除室外上风向空气中污染物浓度测量值（本底值）后的测量值。
2 污染物浓度测量值的极限值判定，采用全数值比较法。

1）建筑主体材料、装饰材料：
花岗岩、大理石、建筑（卫生）陶瓷、石膏制品、砖、瓦、混凝土、混凝土预制构件、砌块、墙体保温材料、工业废渣、掺工业废渣的建筑材料及各种新型墙体材料等
必须符合《建筑材料放射性核素限量》GB6566—2010

2）人造板（胶合板、纤维板、刨花板）及其制品
必须符合《室内装饰装修材料 人造板及其制品中甲醛释放限量》GB 18580—2017

3）室内装修用水性墙面涂料
必须符合《室内装饰装修材料 内墙涂料中有害物质限量》（GB18582—2008）

4）室内装修用溶剂型木器(以有机物作为溶剂)的涂料
必须符合《木器涂料中有害物质限量》GB 18581—2020

5）室内装修的胶黏剂产品
必须符合《室内装饰装修材料 胶黏剂中有害物质限量》GB18583—2008

6）纸为基材的壁纸
必须符合《室内装置装修材料壁纸中有害物质限量》GB18585—2001

7）聚氯乙烯卷材地板
必须符合《室内装饰装修材料 聚氯乙烯卷材地板中有害物质限量》GB18586—2001

8）地毯、地毯衬垫及地毯胶黏剂
必须符合《室内装饰装修材料 地毯、地毯衬垫及地毯胶黏剂有害物质释放限量》GB18587—2001

9）室内用水性阻燃剂、防水剂、防腐剂等水性处理剂
必须符合《民用建筑工程室内环境污染控制标准》GB 50325—2020

10）各类木家具产品
必须符合《室内装饰装修材料木家具中有害物质限量》GB18584—2001

3.1. 国家或行业有关的设计规范、标准及工程建设标准强制性条文。

3.2. 除本设计有特殊要求规定外，其他各种工艺、材料均按国家规定的最高标准。

4. 国家或行业有关的设计规范、标准及工程建设标准强制性条文。

▶图 5-1-1　厂房办公空间设计说明

新区厂房工程装饰设计工程　施工要求说明（一）

一、参照标准

本工程所有的参照标准均按最新的相关施工及验收规范或最新的国家标准。承建商在进行工程中应采用最佳及最合适的标准，同时，业主方总监也有权要求承建商在工程实施中采用他认为最好的标准。但必须满足中华人民共和国行业标准之建筑装饰工程施工及验收规范。

二、石料工程

1. 材料：

(1)石料本身不得有硬伤、风化等缺陷，清洗石料不得使用钢丝刷或其他工具，而破坏其外露表面或在上面留下痕迹。

2. 安装：

(1)检查底层或垫层安施妥当，并修饰好。

(2)确定线条，水平图案，并加以保护，防止石料混乱存放。

(3)在底、垫层达到其初凝状态前施放石料。

(4)地面用浮飘法安装石料并将之压入均匀平面固定。

(5)令灰浆至少养护24小时可施加填缝料。

(6)用勾缝灰浆填缝，填孔隙，用工具将表面加工成平头接合。

(7)石材放样应得到设计师审批、认可。

3. 清洁：

(1)在完成勾缝和填缝以后及在这些材料施放和硬化之后，应清洁有尘土的表面，所用的溶液不得有损于石料、接缝材料或相邻表面。

(2)在清洁过程中应使用非金属工具。

4. 石料加工：

(1)将石料加工成所需要的样板尺寸、厚度和形状、准确切割，保证尺寸符合设计要求。

(2)准确塑造特殊型、镶边和外露边缘，并且进行修饰以与相邻表面相配。

(3)提供的砂应是干净、坚硬的硅质材料。

(4)所用胶结材料的品种，掺合比例应符合设计要求，并有产品合格证及复检报告。

三、木工

1. 材料：

材料应用最好之类型，必须经过烘干或自然干燥后才能使用，自然生长的木料，没有虫蛀，松散或腐节或其他缺点，锯成方条形，并且不会翘曲，爆裂及其他因为处理不当而引起的缺点。

胶合板按不同等级选用进口或国产，但必须达到AAA要求。承建商应在开工前据供材料和终饰样板经筹建处和设计师认可批准。

2. 防火处理：

(1)所有基层木材均应满足防火要求，涂上三遍本地消防大队同意使用的防火漆涂料。

(2)承建商要在实际施工前呈送防火涂料给筹建处批准后方可开始涂刷。

3. 制作工艺及安装：

(1) 尺寸：

1)所有装饰用的木材均严格按图纸施工，凡原设计节点不明之处需补充设计图，经设计师同意后实施。

2)所有尺寸必须在工地核实，若图样或规格与实际工地有任何偏差，应立即通知设计师。

(2) 装饰：

所有完工时在外之木作工艺表面，除特别注明外，都应该按设计做饰面。

(3) 终饰：

当采用自然终饰或者采用指定为染色、打白漆，或油漆被指定为终饰时，相连木板在形式，颜色或纹理上要相互协调。

4. 收缩度：

所有木工制品所用之木材，均应经过干燥处理并保证制品的收缩度不会损害其强度和装饰品之外观，也不应引起相邻材料和结构的破坏。

5. 装配：

承建商应完成所有必要的开榫眼、接榫、开槽、配合做舌榫嵌入，榫舌接合，和其他的正确接合之必要工作。
提供所有金属板，螺丝，铁钉和其他室内设计要求的或者顺利进行规定的木工工作所需的装配件。

6. 接合：

(1)木工制品须严格按照图样的说明制作，在没有特别标明的地方接合，应按该处接合之公认的形式完成。
胶接法适用于需要紧密接合的地方。所有胶接处应用交叉舌榫或其他加固法。

(2)所有铁钉头打进去并加上油灰，胶合表面接触地方用胶水接合，接触表面必须用锯或刨进行终饰。实板的表面需要用胶水接合的地方，必须用砂纸轻打磨光。

(3)有待接合之表面必须保持清洁，不肮脏，没有灰尘，锯灰，油渍和其他污染。

(4)胶合地方必须给于足够压力以保持粘牢，并且在胶水凝固条件均按照胶水制造商之说明而进行。

7. 划线：

所有踢脚板、框缘、平板和其他木工制品必须准确划线以配合实际现场达成应有的紧密配合。
镶嵌细木工工作：
在细木工制品规定要嵌镶的地方，应跟随其周边的工作完成之后嵌入加工。

8. 清洁：

除特别指出的终饰之外，承建商应将有关木工制品清洁使其保持完好状态。所有柜子内部装饰，包括活动层板应涂上二度清漆使其光滑，且根据设计要求进行必要的补色等工艺。

▶图 5-1-2　厂房办公空间施工要求说明

节点图详细展示了建筑构件之间的连接方式和构造细节，是施工的重要依据（图 5-1-8）；大样图则对局部细节进行了放大处理，有助于更加清晰地理解设计意图。通过核对这些图纸，可以确保对设计意图的准确理解，避免施工中出现错误。

步骤 4：进行结构对照解读。对于涉及结构问题的图纸，需要进行对照解读。一方面，要查看结构布置图，了解建筑的主要承重构件和支撑体系；另一方面，要参考结构详图，了解构件的具体尺寸、材料、连接方式等详细信息。通过结构对照解读，可以确保对建筑结构有清晰的认识，为施工提供有力保障。

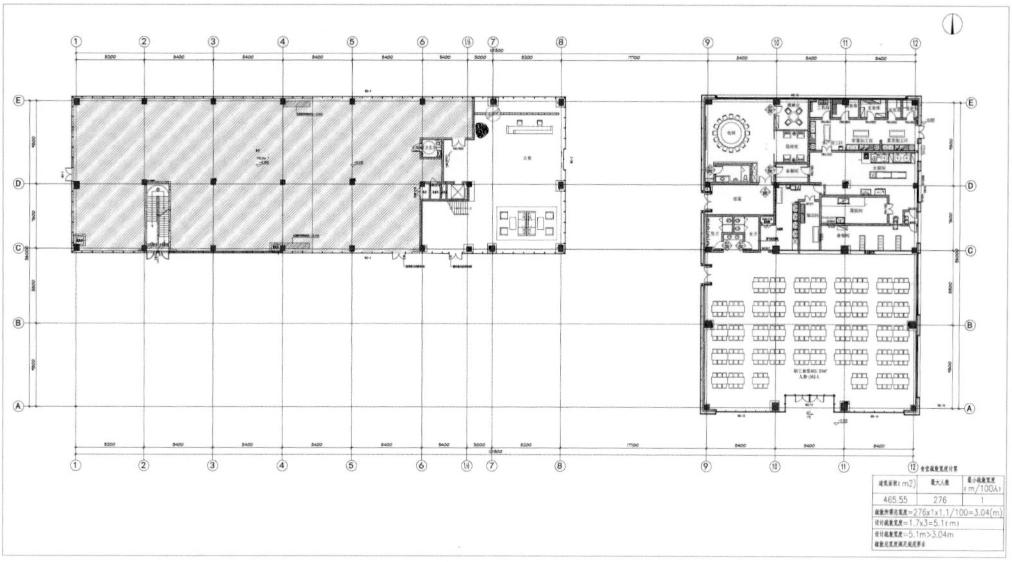

▶图 5-1-3　厂房办公空间一层平面布置图

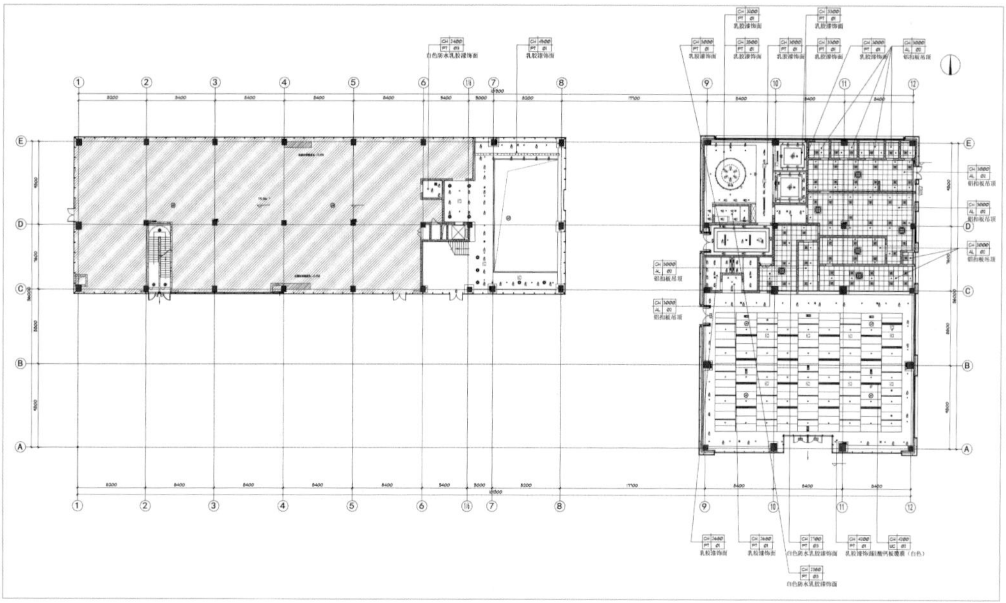

▶图 5-1-4　厂房办公空间一层天花布置图

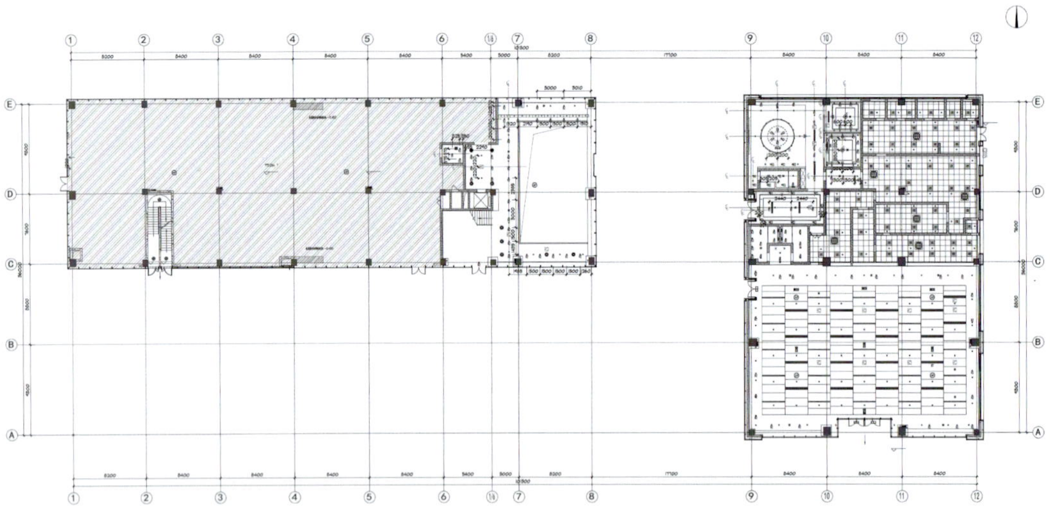

▶图 5-1-5　厂房办公空间一层灯具定位图

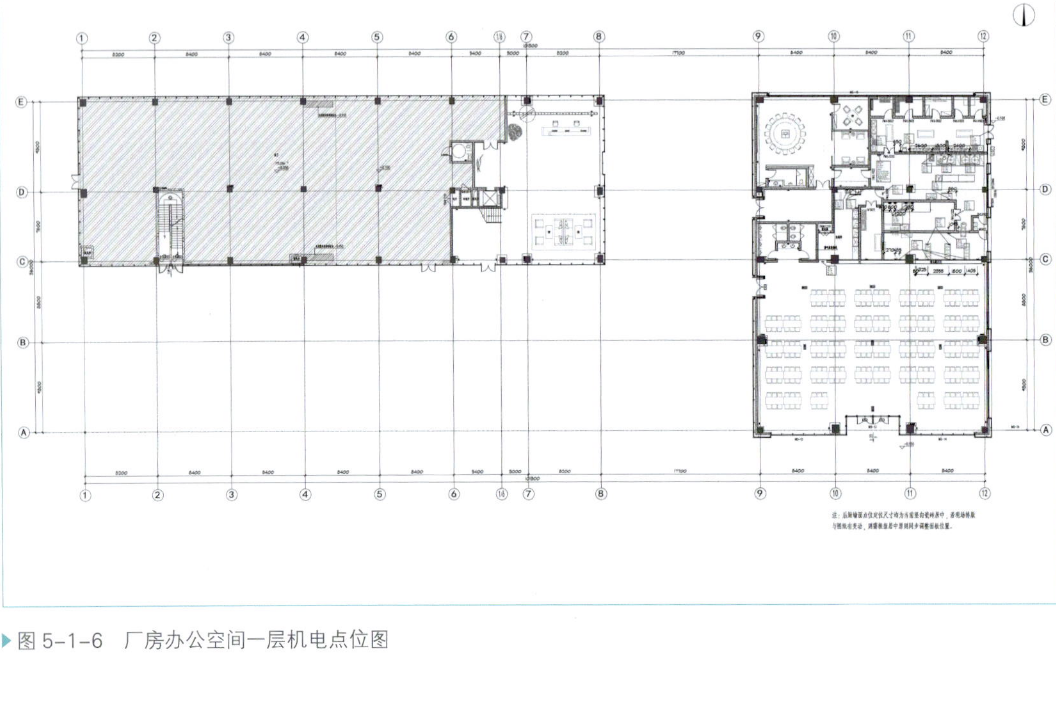

▶图 5-1-6　厂房办公空间一层机电点位图

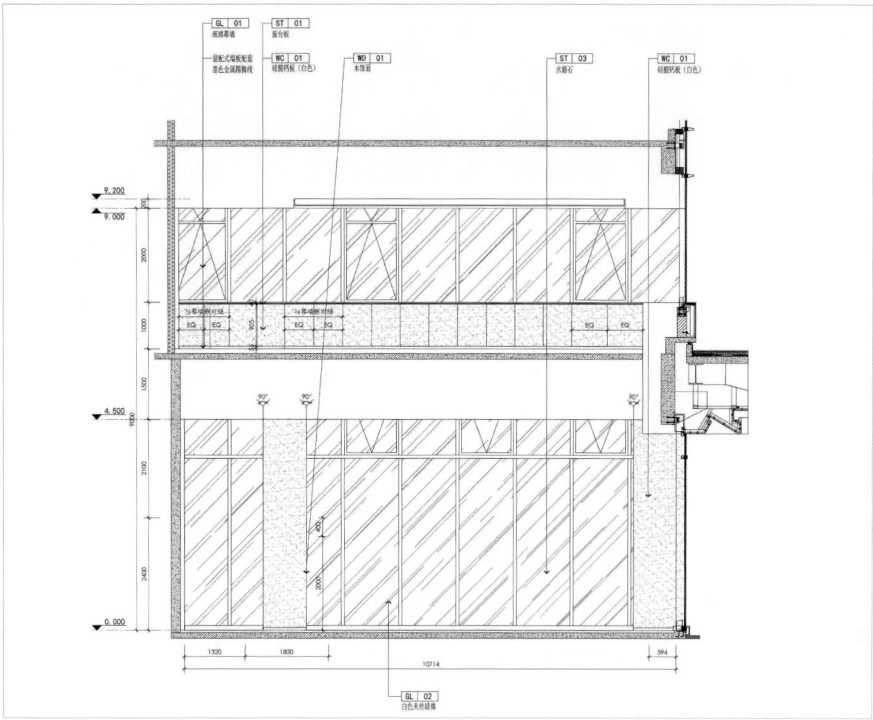

▶ 图 5-1-7　厂房办公空间一层立面图

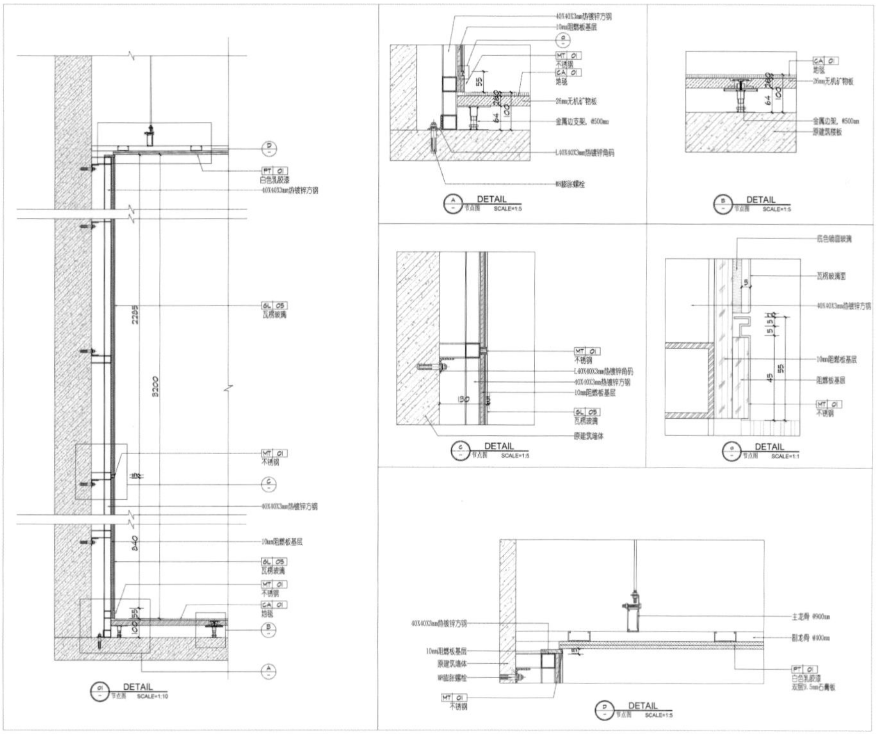

▶ 图 5-1-8　厂房办公空间一层节点图

任务二　装配式办公空间材料表编制

任务目标

①掌握装配式办公空间装饰材料的种类、特性和适用范围。

②编制装配式办公空间室内装饰材料表。

任务要求

①熟悉装配式办公空间中使用到的装饰材料。

②准确编制装配式办公空间室内装饰材料表。

知识链接

一　装配式装饰材料的选取原则

装配式办公空间材料选取应遵循“本质属性优先、装配适配强化、场景需求匹配、全周期维护可控”四大原则。首先，按石材、金属、玻璃等基础材质科学分类，通过不同的加工工艺细分，确保对材料本质特性的识别；其次，重点标注模块化安装、快装结构等装配式特性及关键参数，满足工业化施工需求；再次，区分装饰性材料与功能性材料，结合办公场景高频使用特点（如商用地毯降噪）精准匹配；最后，统一置入防火等级、环保标准及维护指标，形成从选材、施工到运维的全周期管控体系。

二　常用装配式办公空间装饰材料

常用的装配式办公室空间装饰材料如表5-2-1所示。

表5-2-1　常用装配式办公空间材料特点及适用场景

主类别	子类别	典型材料	核心特性	典型应用场景
石材类	复合石材	石材铝蜂窝板（图5-2-1）	轻量化（比纯石材轻50%）；高抗压强度；模块化安装	前台、重点墙面装饰
	人造石材	水磨石砖、人造石	耐磨防滑；花色可定制；环氧树脂型抗污性强	大堂地面、茶水间台面
板材类	无机板材	硅酸钙板	A1级防火；防潮隔音；可直接进行饰面处理	隔墙、吊顶基层
	有机板材	石膏板	轻质高强（容重≤9 kg/m³）；可塑性强	造型吊顶、曲面隔断

续表

主类别	子类别	典型材料	核心特性	典型应用场景
金属类	装饰金属板	不锈钢板（黑钛色、古铜色、白色）（图 5-2-2 ~ 图 5-2-4）	耐腐蚀；免维护；表面可做拉丝、镜面处理	电梯门套、踢脚线
	功能金属板	铝扣板	质轻（3 ~ 5 kg/m²）；100% 可回收；快装结构	办公区吊顶、通风井包覆
玻璃类	安全玻璃	钢化玻璃	抗冲击强度 3 ~ 5 倍于普通玻璃；破碎后呈蜂窝状	隔断、楼梯护栏
	装饰玻璃	烤漆玻璃	不透光；色彩可选；表面硬度 ≥ 6H	品牌墙、会议室背景
面饰类	硬质面材	瓷砖	莫氏硬度 ≥ 7 级；吸水率 ≤ 0.5%；抗菌釉面	卫生间、茶水间的墙面
	软质面材	地毯（商用地毯）	降噪系数 NRC ≥ 0.4；阻燃 B1 级；模块化拼装	开放式办公区、会议室
涂料类	木质面材	木饰面（防火处理型）	阻燃 B1 级；厚 0.6 ~ 1.2 mm；可做抗菌涂层	高管办公室、接待区的墙面
	功能涂料	磁性乳胶漆	可吸附磁贴；耐擦洗次数 ≥ 5000 次；VOC ≤ 50 g/L	会议室、创意区的墙面

▶ 图 5-2-1　石材铝蜂窝板

▶ 图 5-2-3　古铜色不锈钢板

▶ 图 5-2-2　黑钛不锈钢板

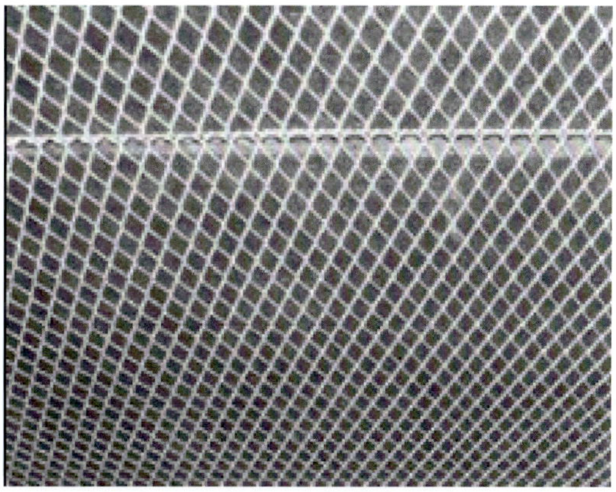

▶ 图 5-2-4　白色不锈钢丝网格板

任务实施

装饰材料表的编制目的，一般是提供准确的材料信息，控制材料成本，避免材料浪费，同时也方便后续的材料管理和核算。明确编制目的有助于为整个编制过程提供方向和指导。以办公空间装饰材料表为例，编制步骤如下。

步骤 1：收集材料信息。根据装饰工程的实际需求和设计要求，收集相关材料的信息（图 5-2-5、图 5-2-6）。这些信息包括材料的名称、规格、品牌、性能参数等。可以通过市场调研、查阅相关图纸、与供应商沟通等方式收集这些信息。确保收集到的材料信息准确、全面。此项目中，材料表中需显示出各材料的种类、名称、规格、防火等级、应用区域等。

步骤 2：分类整理材料。收集到材料信息后，需要进行分类整理。根据种类、用途等要素，对材料进行分类，并整理成有序的清单（图 5-2-7）。

步骤 3：制作材料表格。根据分类整理后的材料清单，制作材料表格。表格应包含必要的字段，如材料名称、规格、单位、数量、品牌、价格等。同时，要考虑到表

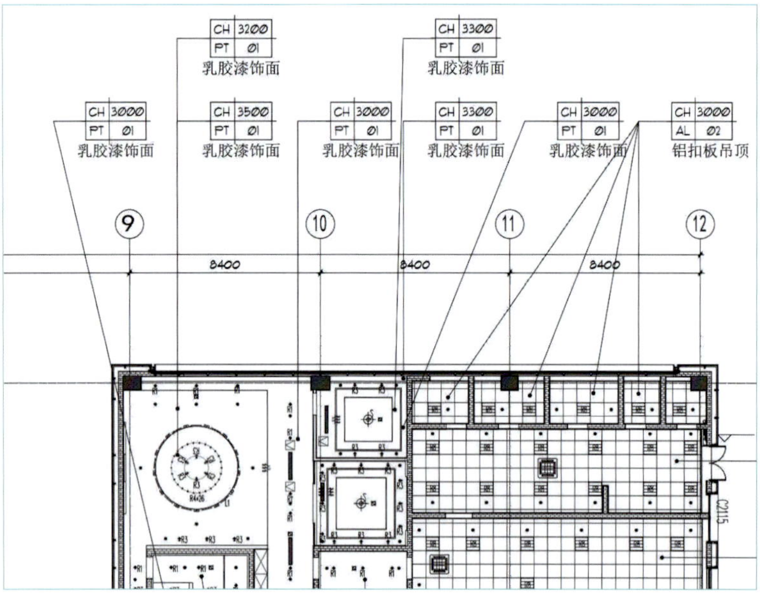

图 5-2-5 天花布置图材料索引

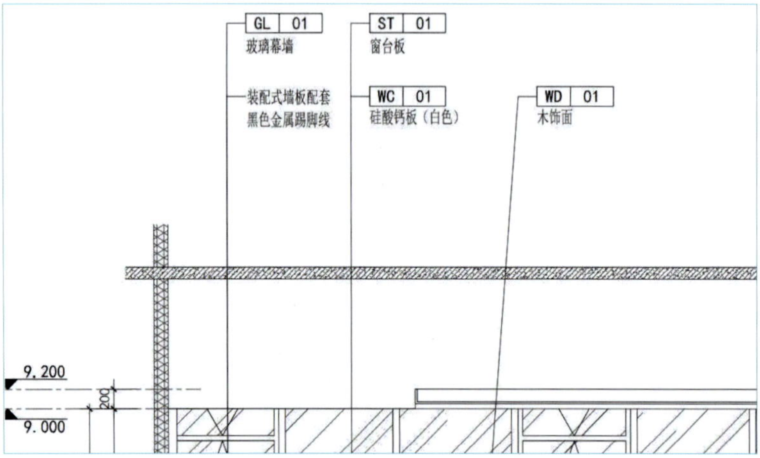

图 5-2-6 立面图材料索引

玻璃	GL-01	钢化玻璃	10+2.28PVB+10mm	
	GL-02	白色夹丝钢化玻璃	6+6mm	
	GL-03	瓦楞钢化玻璃	5+5mm	
	GL-04	钢化玻璃	8mm	钢化清玻
	GL-05	黑色夹丝钢化玻璃	6+6mm	
	GL-06	白色烤漆玻璃	8mm	

图 5-2-7 材料表局部

格的易读性和易操作性，方便后续填写和查阅。

步骤 4：填写材料信息。在制定好的材料表格中，根据收集到的材料信息，逐项填写表格内容（图 5-2-8）。对于材料的规格、单位等细节信息，要仔细核对，确保与实际需求相符。

步骤 5：审核与修改。填写完材料表格后，进行审核，检查表格中的信息是否准确、完整，是否有遗漏或错误。根据审核结果，对材料表格进行修改和完善。

材料表

序号	分项	编号	名称	规格	备注	燃烧等级	应用区域	修改
01	石材	ST-01	大理石	18mm		A级	包间内接待室、棋牌室地面；窗台石；	
02		ST-02	水磨石	18mm		A级	一楼大堂；敞开楼梯；二楼公区；	
03		ST-03	水磨石	18mm		A级	服务台、背景墙；	
04		ST-04	人造石	18mm		A级	茶水间；备餐间；	
05	墙板	WC-01	硅酸钙板（白色）	10mm	硅酸钙板面层科技膜	B1级	墙面；	
06		WC-02	硅酸钙板（白色）	10mm	硅酸钙板面层科技膜	B1级	餐厅顶面；	
07		WC-03	硅酸钙板（木纹）	10mm	硅酸钙板面层科技膜	B1级	餐厅墙面、大堂楼梯墙面、休息区；	
08		WC-04	硅酸钙板（米色）	10mm	硅酸钙板面层科技膜	B1级	大厅顶面；	
09	不锈钢	MT-01	黑钛不锈钢	1.5mm	抗指纹	A级	其他区域；	
10		MT-02	古铜色不锈钢	1.5mm	抗指纹	A级	包间墙面造型、门套、镜子外框；	
11		MT-03	白色铁丝网格			A级	办公区吊顶；	
12	玻璃	GL-01	钢化玻璃	10+2.28PVB+10mm		A级	二楼栏杆；	
13		GL-02	白色夹丝钢化玻璃	6+6mm		A级	服务台背景墙；	
14		GL-03	瓦楞钢化玻璃	5+5mm		A级	包间背景墙；	
15		GL-04	钢化玻璃	8mm	钢化清玻	A级	移门；食堂打菜窗口；	
16		GL-05	黑色夹丝钢化玻璃	6+6mm		A级	服务台背景墙；	
17		GL-06	白色烤漆玻璃	8mm		A级	会议室；	
18	银镜	MR-01	5mm银镜	6mm		A级	卫生间；	
19	瓷砖	CT-01	瓷砖	800×800mm	防滑	A级	餐厅地面；	
20		CT-02	瓷砖	300×600mm	防滑	A级	后厨墙面；	
21		CT-03	瓷砖	300×300mm	防滑	A级	后厨地面；	
22		CT-04	瓷砖	400×800mm	防滑	A级	卫生间墙面；	
23		CT-04	瓷砖	800×800mm	防滑	A级	卫生间地面；茶水间地面；	
24		CT-05	瓷砖	600×600mm	防滑	A级	楼梯间地面及踢脚；	
25	木饰面	WD-01	木饰面			B2级	门及门套线；包间衣柜；服务台背景墙；	
26	地毯	CA-01	地毯				包间地面；	
27		CA-02	地毯				二楼办公室地面；	
28	铝板	AL-01	铝板			A级	玻璃栏杆下口盖板；开放楼梯栏杆及踏步底面；	
29		AL-02	铝扣板	600×600mm		A级	后厨顶面；	
30	涂料	PT-01	白色乳胶漆(无机涂料)		施于A级基层	A级		
31		PT-02	灰色乳胶漆(无机涂料)		施于A级基层	A级		
32		PT-03	白色防水乳胶漆(无机涂料)		施于A级基层	A级		

▶ 图 5-2-8 材料表

任务三 装配式办公空间地面结构深化图绘制

任务目标

①掌握装配式办公空间地面结构深化图中的信息类别。

②识读和绘制装配式办公空间地面结构深化图。

任务要求

①熟识装配式办公空间地面结构深化图。

②准确绘制装配式办公空间地面结构深化图。

知识链接

近年来，我国大力推广绿色建筑、装配式建筑，装配式空间装饰材料逐渐流行起来，成为现代建筑和室内空间的重要新兴材料。它具有以下优势。

一 施工效率高

装配式空间装饰材料采用预制生产方式，实现了材料的标准化和模块化，使得安装过程更加简单快捷。这种装配式安装方式大大减少了施工现场的工作量，缩短了工期，提高了施工效率。

二 装饰效果多样

装配式空间装饰材料具有丰富的表面处理工艺和多样的饰面选择，可以呈现出不同的纹理、色彩和质感，满足不同装修风格的需求。这些材料设计灵活，可以根据个人的审美和空间的特性进行定制，实现个性化的装饰效果。

三 环保节能

装配式空间装饰材料在生产过程中采用环保材料和技术，减少了有害物质的排放。同时，这些材料的使用也符合绿色建筑的理念，有助于降低能耗和减少环境污染。

四 维护方便

装配式空间装饰材料通常具有较好的耐用性和稳定性，不易受外界环境的影响而损坏。此外，这些材料的清洁和维护也相对简单方便，只需要进行定期的擦拭和保养即可。

任务实施

在绘制装配式办公空间地面结构深化图时，需要考虑多个关键因素，以确保设计的准确性和实用性。以办公空间中的公共卫生间、台阶、地面为例，以下是绘制地面结构深化图的主要步骤和考虑因素。

步骤 1：对原始地面条件进行深入了解和分析，如地面的平整度、承重能力、防潮性能以及现有管线布局等。通过了解这些信息，可以确定是否需要进行地面预处理，如找平、加固或防潮处理等。

步骤 2：根据设计要求和使用需求，选择合适的地面材料和构造方式。在选择材料时，需要考虑其美观性、耐用性、耐磨性以及与办公环境的适应性。同时，还需要确定地面的构造方式，如是否采用架空结构、是否需要设置地暖等。根据以上信息绘制地坪布置图，在图中重点标注各分区的尺寸、材质和排布（图 5-3-1、图 5-3-2）。

步骤 3：绘制深化图，需要详细展示地面的构造层次、材料分布以及节点处理方式。具体来说，可以按照以下步骤进行。

一是绘制地面构造层次图：清晰地展示地面从基层到面层的所有构造层次，包括找平层、防潮层、保温层、承重层以及饰面层等（图 5-3-3）。

二是标注材料规格和尺寸：在深化图中，

需要准确标注每种地面材料的规格、尺寸和数量，以便施工人员进行材料采购和安装。

三是绘制节点详图：对于地面与墙面交接处、地面管线穿越处等关键节点，需要绘制节点详图，以指导施工人员进行精细处理（图 5-3-4、图 5-3-5）。

在绘制深化图时，还需要充分考虑施工和维护的便利性。例如，可以设置检修口以便后期维修和更换部件，采用模块化设计以提高施工效率和质量，考虑地面的防滑和耐磨性能以延长使用寿命，等等。

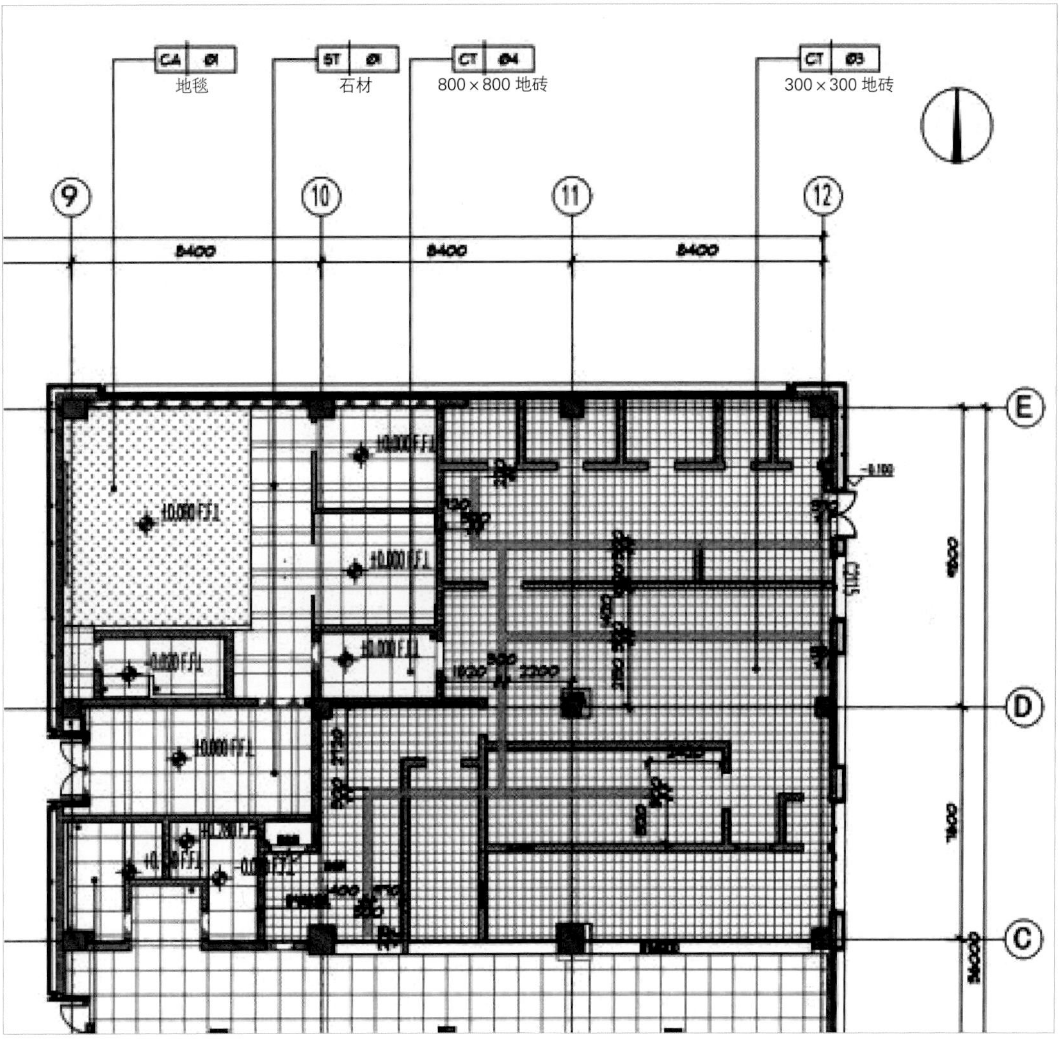

▶ 图 5-3-1　地坪布置图局部

▶ 图 5-3-2　地坪布置图

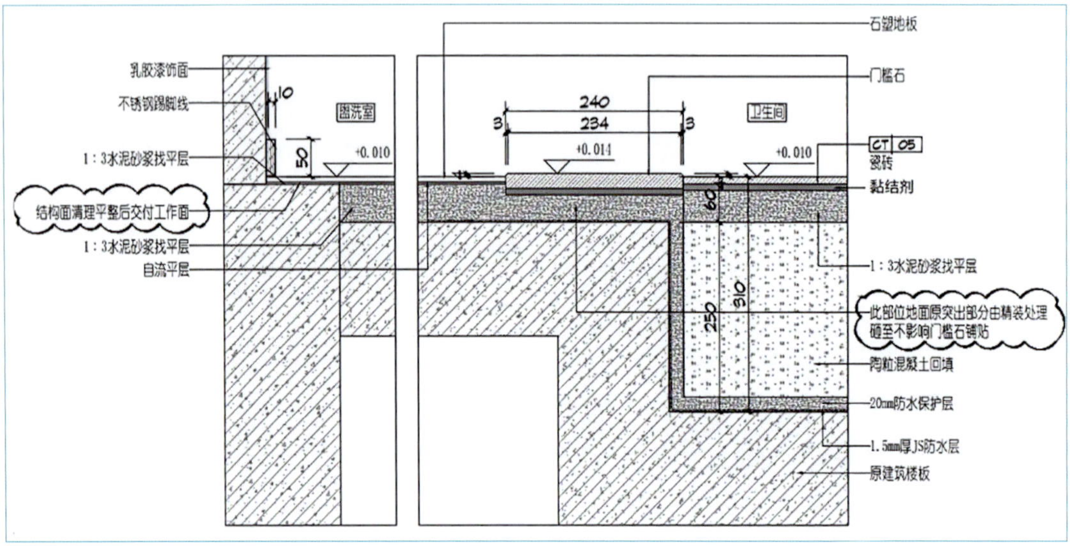

▶ 图 5-3-3　地面构造层次图

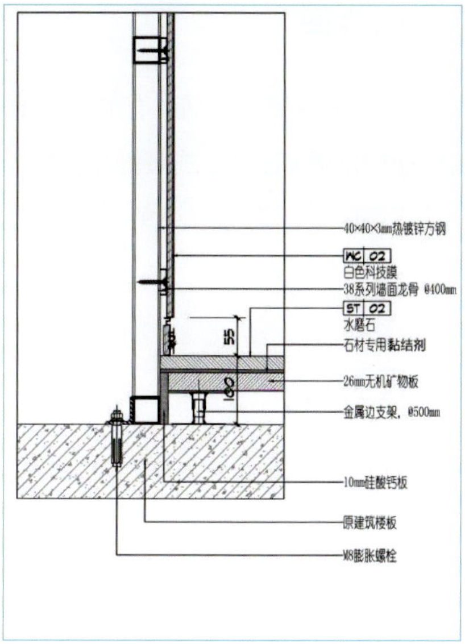

▶ 图 5-3-4　节点详图 1

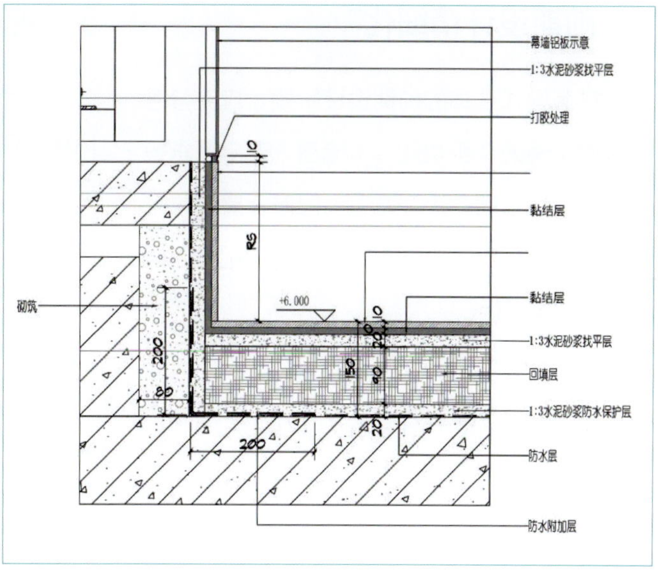

▶ 图 5-3-5　节点详图 2

任务四　装配式办公空间天花结构深化图绘制

任务目标

①掌握装配式办公空间天花结构深化图中的信息类别。

②识读和绘制装配式办公空间天花结构深化图。

任务要求

①熟识装配式办公空间天花结构深化图。

②准确绘制装配式办公空间天花结构深化图。

知识链接

在公共空间装饰中，使用装配式装饰的注意事项如下。

一 前期设计精细化

在装配式装饰的前期设计阶段，应充分考虑公共空间的使用功能、人流量、安全要求等因素，制订合理的装饰方案。同时，要注意与建筑结构、机电系统等专业人员协同配合，确保装饰方案可行、实用。

二 墙面系统选型

墙面系统是装配式装饰的重要组成部分，其选型应根据公共空间的性质、装饰风格及使用需求进行。在选择墙面系统时，要关注其材料性能、防火等级、环保指标等，确保墙面系统既美观又安全。

三 天花系统适配

天花系统是公共空间装饰的另一关键部分，其设计应考虑吊顶高度、灯具布置、空调风口等因素。在选择天花系统时，要确保其与墙面系统的风格相协调，同时满足空间的通风、照明等功能需求。

四 配电配水预留

在装配式装饰过程中，应预留配电、配水等基础设施的位置和接口。这不仅有助于避免后期施工中的管线改动，还能确保公共空间内的电力、水源供应稳定可靠。

五 管道布局合理

对于公共空间中的管道系统，如排水、通风等，应合理规划布局。在装配式装饰过程中，要确保管道走向清晰、安装牢固，避免出现渗漏、堵塞等问题。

六 防水处理到位

公共空间的防水处理至关重要，特别是在卫生间、厨房等易受潮区域。在装配式装饰过程中，应对墙面、地面等关键部位进行严格的防水处理，确保公共空间不受潮。

七 家具选择适配

家具是公共空间装饰的重要元素之一，其选择应与整体装饰风格相协调。在选择家具时，要注意其尺寸、材质、颜色等方面的适配性，以提升公共空间的整体美观性。

八 安全设施完善

在装配式装饰过程中，应充分考虑公共空间的安全需求，完善相关安全设施。如设置疏散指示标志、安装监控摄像头、配置消防器材等，以确保公共空间的安全性。

综上所述，公共空间装饰中使用装配式装饰时，需要对从前期设计到施工过程中的各个环节都予以关注。只有注重细节、严格执行规范，才能确保装配式装饰的质量和效果，为公共空间营造美观、安全、舒适的环境。

任务实施

深化图是结合建筑、结构、机电、软装等各方面要素，进行更深层次的综合的施工图设计（图 5-4-1、图 5-4-2）。此项目中的天花结构深化图是对装饰施工中的天花部分进行细化、完善与优化的图纸。它不仅是施工的重要依据，也是设计师与施工团队之间沟通的重要桥梁。以办公空间为例，天花结构深化图的绘制步骤如下。

步骤 1：在开始绘制装配式办公空间天花结构深化图之前，首要任务是进行前期资料的收集与整理，包括收集天花设计图、结构图等相关图纸，了解建筑空间的整体布局和天花的设计意图。同时，还需了解装配式构件的类型、尺寸及连接方式等信息，为后续的绘制工作提供基础数据。

步骤 2：根据收集到的资料和设计要求，确定天花的布局方案。在施工图的基础上深化细节，在图中使用标识和索引的方式，绘制出天花布置各部分的尺寸、材料。

步骤 3：绘制节点图，进一步细化构件的结构，如确定构件之间的连接节点、连接方式及连接件的选择等（图 5-4-3）。在细化连接方式时，应充分考虑施工的可操作性和连接的可靠性。

步骤 4：在节点图的基础上，进一步深化各个构件的尺寸、材料信息，进行详细的标注（图 5-4-4）。这有助于施工人员准确理解设计意图，确保施工过程的准确性和一致性。同时，标注信息也有助于后续的材料采购和成本核算工作。

步骤 5：完成深化图的绘制后，需进行审图工作。在审图过程中，如发现问题或不足之处，应及时进行修改和完善，确保深化图的准确性。

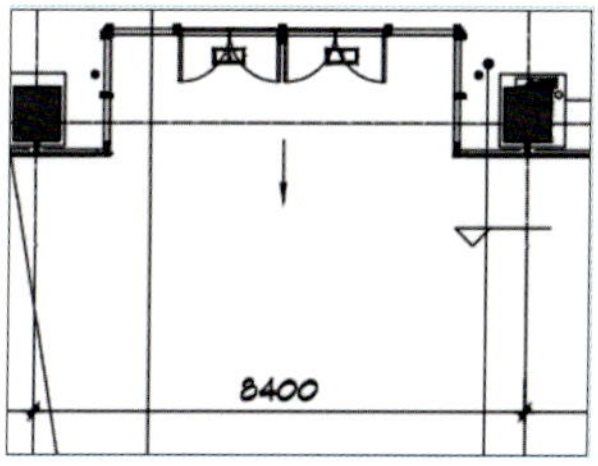

▶ 图 5-4-1　图纸尺寸标识

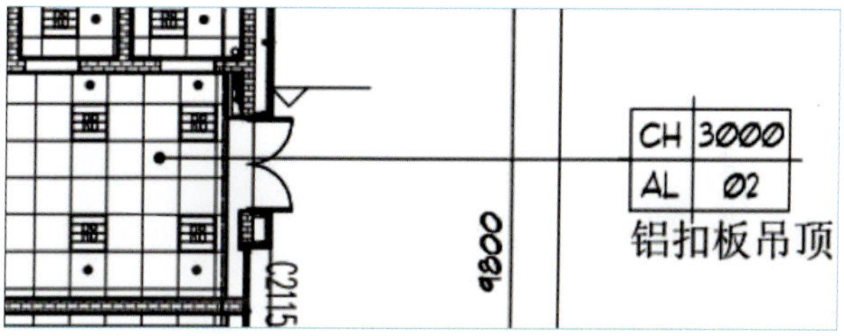

▶ 图 5-4-2　图纸材质标识

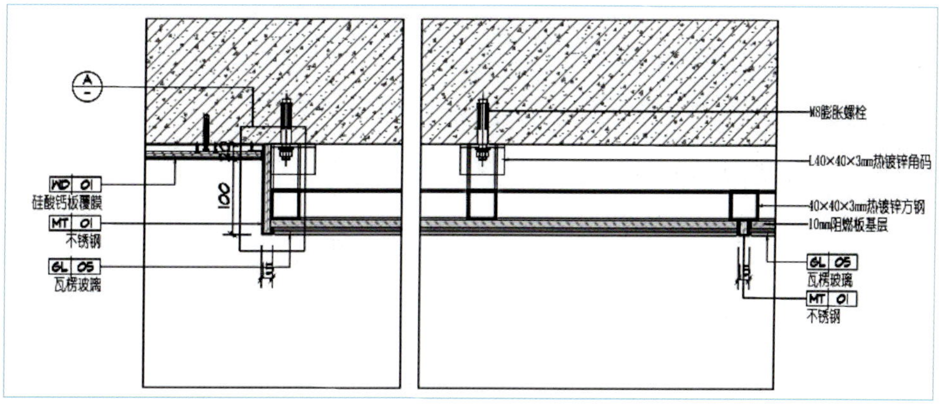

▶ 图 5-4-3　节点图连接示意

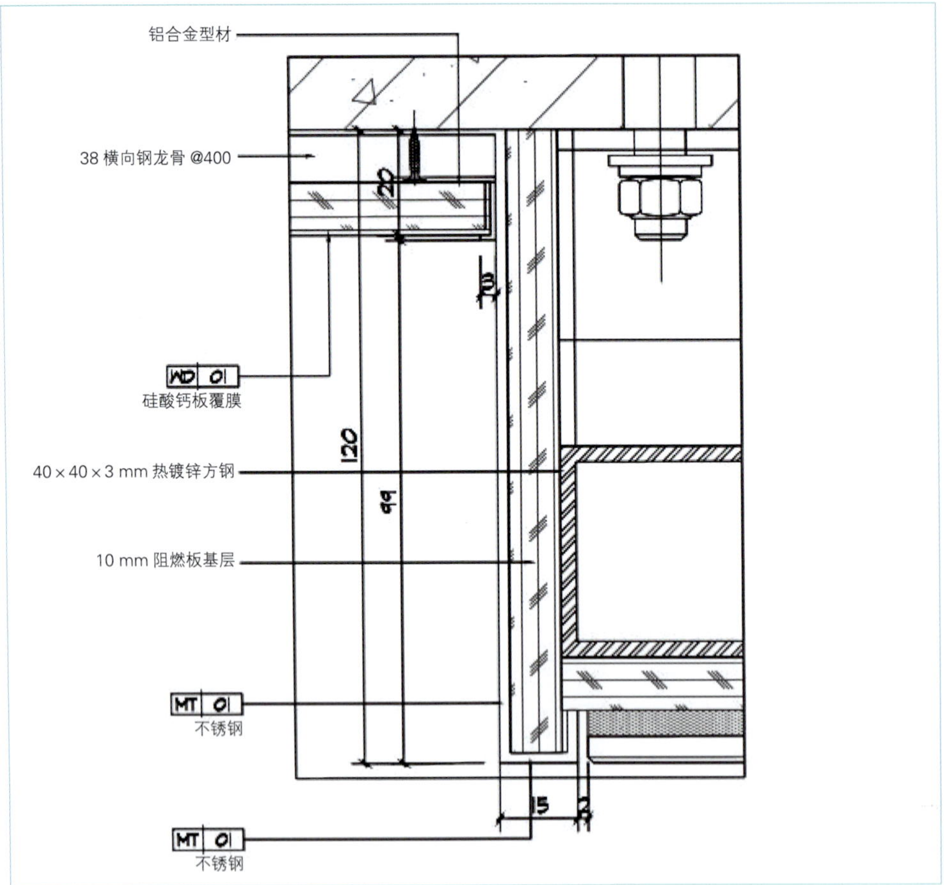

▶ 图 5-4-4　节点图信息标识

任务五　装配式办公空间墙面结构深化图绘制

任务目标

①掌握装配式办公空间墙面结构深化图中的信息类别。

②识读和绘制装配式办公空间墙面结构深化图。

任务要求

①熟识装配式办公空间墙面结构深化图。

②准确绘制装配式办公空间墙面结构深化图。

知识链接

常见墙面饰板铝合金线条型号如图 5-5-1 所示。

名称	型号	横截面	作用说明
顶线	H5-0810	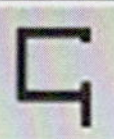	仅可用于顶部收边
收口线	H5-0610		适用于墙面左右两边的收口和已有踢脚线的底部收口
平缝线	H5-1210		适用于两块墙板之间的拼接，呈现 5mm 铝合金装饰线
微缝线	H5-1510	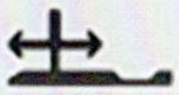	适用于两块墙板之间的拼接，呈现 1.5mm 铝合金装饰线
分线	H5-1010	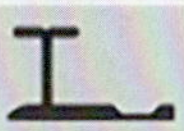	适用于上下、左右两块板的拼接（特别适用于上下拼接）
腰线	H5-0710	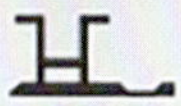	适用于不同材质、内容、颜色墙板之间的衔接

名称	型号	横截面	作用说明
阳角线	H5-1410	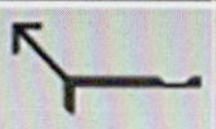	适用于墙面的 90° 转角，呈 6mm 细边的尖角效果
阴角线	H5-0910	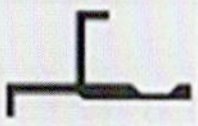	适用于墙面的 90° 转角，呈折角效果
踢角主线	H5-0410	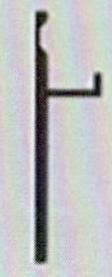	仅可用于墙板底部，其有收边作用
踢角辅线	H5-0110		仅搭配踢脚线主线使用

铝合金线条颜色：哑黑、哑金、哑古铜

▶ 图 5-5-1　墙面饰板铝合金线条型号

一 | 饰板安装方法

方法 1：由门套或墙角开始，从左到右或从右到左整块安装，安装到最后一块饰板时，可根据实际到边距离修正饰板尺寸后安装（图 5-5-2）。将收口线靠墙的一面涂上结构胶后紧贴于门套边或墙角边，并用少量平头螺丝固定收口线；将第一块饰板插入已固定了的收口线后压平；第一块饰板固定后，将所需的中缝线插入墙板中缝，打钉固定后与接下来的第二块饰板接合靠紧；在第二块饰板的另一边插入中缝条，固定后再装板。

▶ 图 5-5-2　装饰板安装方法 1 示意

方法 2：由墙面居中开始，分别向左右两侧整块安装，安装到两侧最后一块饰板时，可根据实际到边距离修正饰板尺寸后安装（图5-5-3）。用激光测量仪在墙面找出中垂线，安装第一块饰板后在饰板的两侧插入中缝线；在中缝线上打钉固定，参照第一种饰板的安装方法，依次安装两侧的饰板。

方法 3：从开了 V 形槽的阳角饰板的两侧开始，分别向两侧墙面整块安装，安装到两侧的最后一块饰板时，可根据实际到边距离修正饰板尺寸后安装（图 5-5-4）。先将开好 V 形槽的饰板背面涂上结构胶，再将其平压在阳角墙面两侧，插上金属线条后打钉固定，参照第一种安装方法依次安装两面墙的饰板。

二 顶线安装

因为很多屋顶不平，在安装每块饰板之前，必须严格使用激光测量仪确定实际高度，并在预留好 1.3 cm 顶线位置的情况下，精准确定新切饰板高度后才能安装每块饰板（图 5-5-5、图 5-5-6）。

顶线安装是整个系统安装的最后一步，可根据饰板上方的实际长度和阴阳转角，段切顶线，切割 45° 转角，并在顶线靠墙的一面涂上结构胶后，将其扣压在饰板顶部。

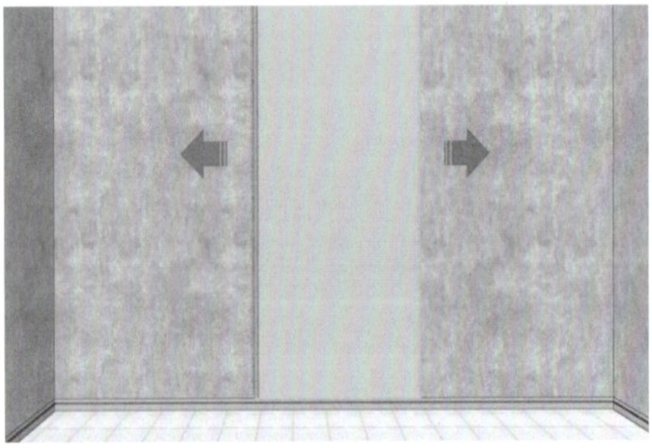

▶ 图 5-5-3　装饰板安装方法 2 示意

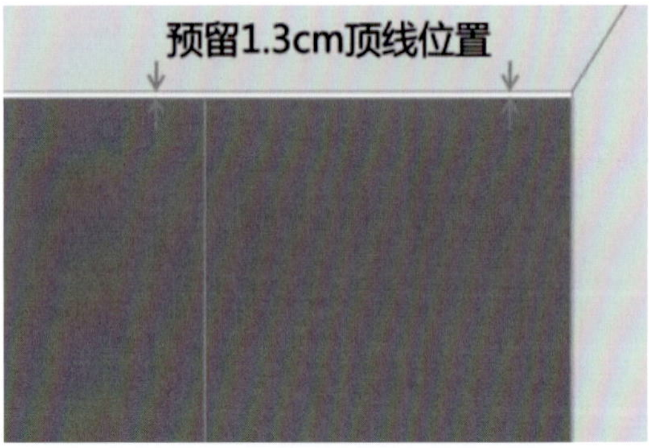

▶ 图 5-5-5　顶线安装示意 1

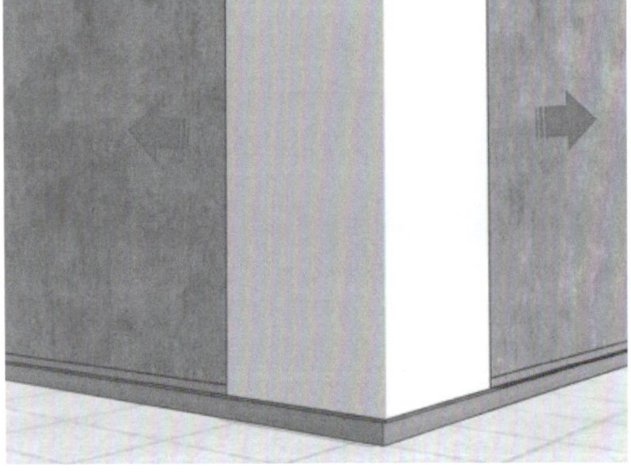

▶ 图 5-5-4　装饰板安装方法 3 示意图

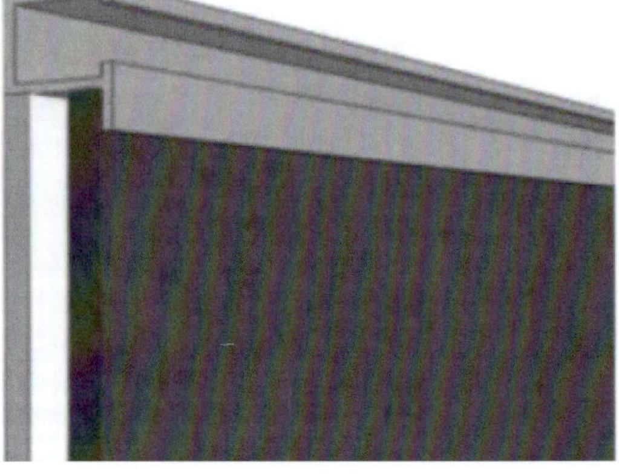

▶ 图 5-5-6　顶线安装示意 2

任务实施

在办公空间设计和施工过程中，墙面往往是展示公共空间装饰的重点，墙面结构深化图扮演着至关重要的角色。一份精确的深化图不仅可以指导施工，还能确保最终效果与设计意图相符。以办公空间大堂为例，绘制墙面结构深化图的步骤如下。

步骤 1：绘制墙面结构深化图的第一步是对原始建筑图进行详尽的分析，如了解建筑的总体布局、结构形式、墙体材质等基础信息。通过对原始建筑图的仔细研究，我们可以明确哪些墙体可以保留，哪些需要拆除或改造，为后续的深化设计奠定基础。

步骤 2：基于原始建筑图的分析结果，需要对大堂墙体放线尺寸进行优化，如确定墙体的具体位置、尺寸和高度，以及门窗洞口的位置和大小。在优化过程中，应充分考虑空间利用率、美观性和功能性等因素，确保放线尺寸合理、准确。

步骤 3：在绘制墙面结构深化图之前，还需要绘制立面索引图（图 5-5-7、图 5-5-8）。这张图应标注出大堂的平面布置、每面墙立面图的方向和图号，方便我们准确定位立面图所示的位置，以及各立面之间的位置关系，为墙面结构深化设计提供依据。

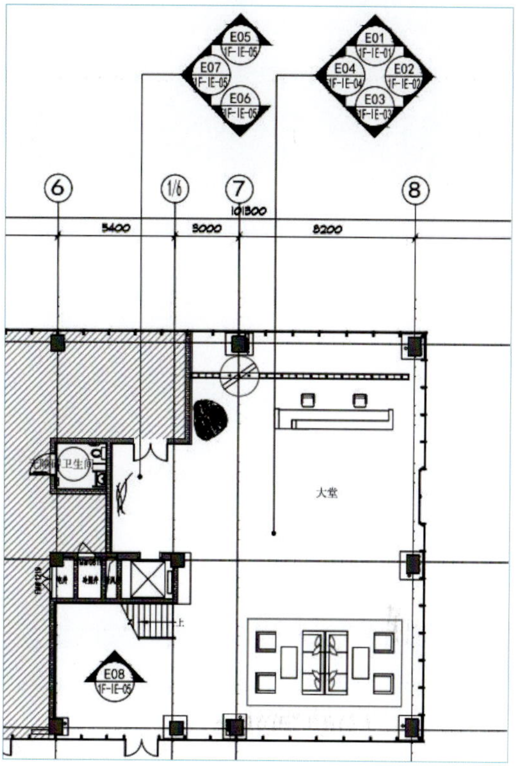

▶ 图 5-5-7　立面索引标识

步骤 4：根据编制的立面索引图绘制墙面立面图。需要根据设计要求和实际情况，选择合适的墙面材料和布置（图 5-5-9），如考虑材料的质感、颜色、耐用性等因素，以确保最终效果符合预期。此办公空间中，大堂采用玻璃幕墙装饰，应绘制出玻璃的尺寸，以及与各部件连接的方式、材料等细节。

步骤 5：节点深化设计是墙面结构深化图中的关键部分。它涉及墙面与天花、地面、门窗等部位的交接处理，以及墙面自身的构造细节、重要节点的细节（图 5-5-10）。在节点深化设计中，我们应充分考虑施工的可行性和材料的性能，确保节点的稳定性和美观性。

步骤 6：根据节点图中标注的重要节点位置，绘制出玻璃幕墙与各部件之间连接的方式和结构，并标注尺寸、材质等信息（图 5-5-11）。

综上所述，准确绘制办公空间墙面结构深化图需要充分考虑多个方面的因素。通过对原始建筑图分析、功能平面布置图、墙面材料选择、节点深化设计以及施工规范符合性等方面的综合考量，我们可以绘制出既符合设计要求又便于施工的深化图，为办公空间的高质量装饰施工提供有力保障。

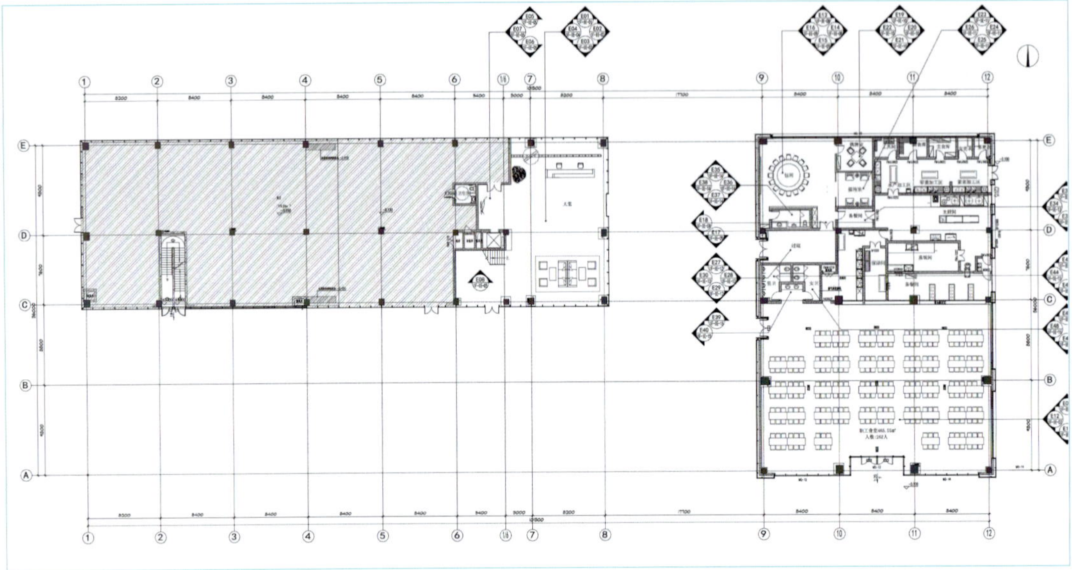

▶ 图 5-5-8　一层立面索引图

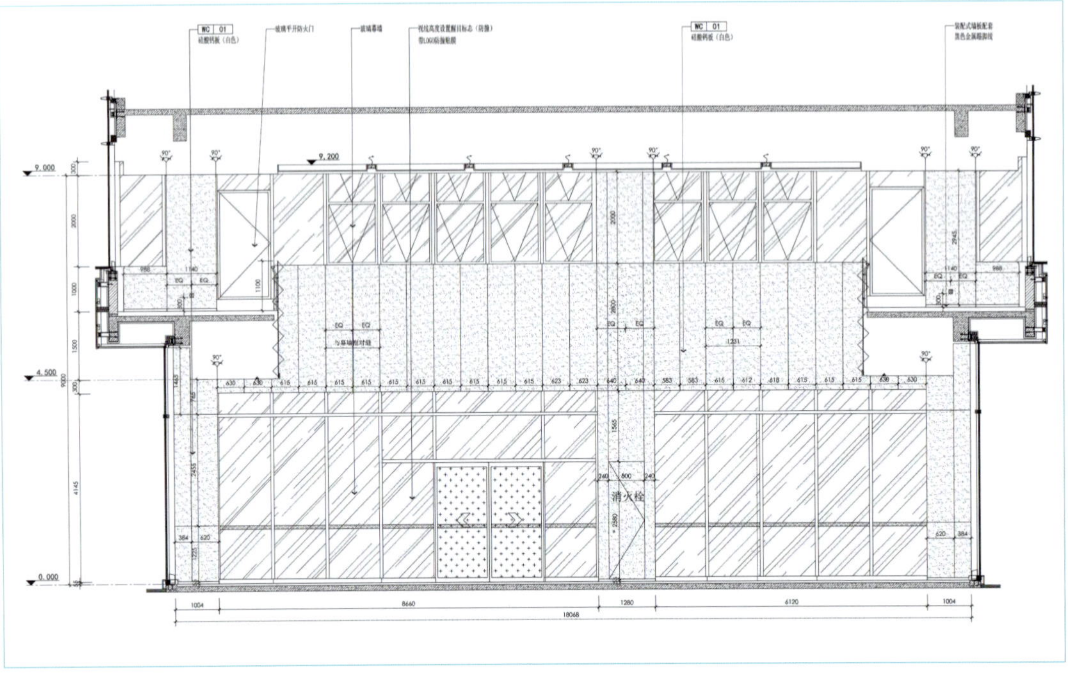

▶ 图 5-5-9　墙面立面图

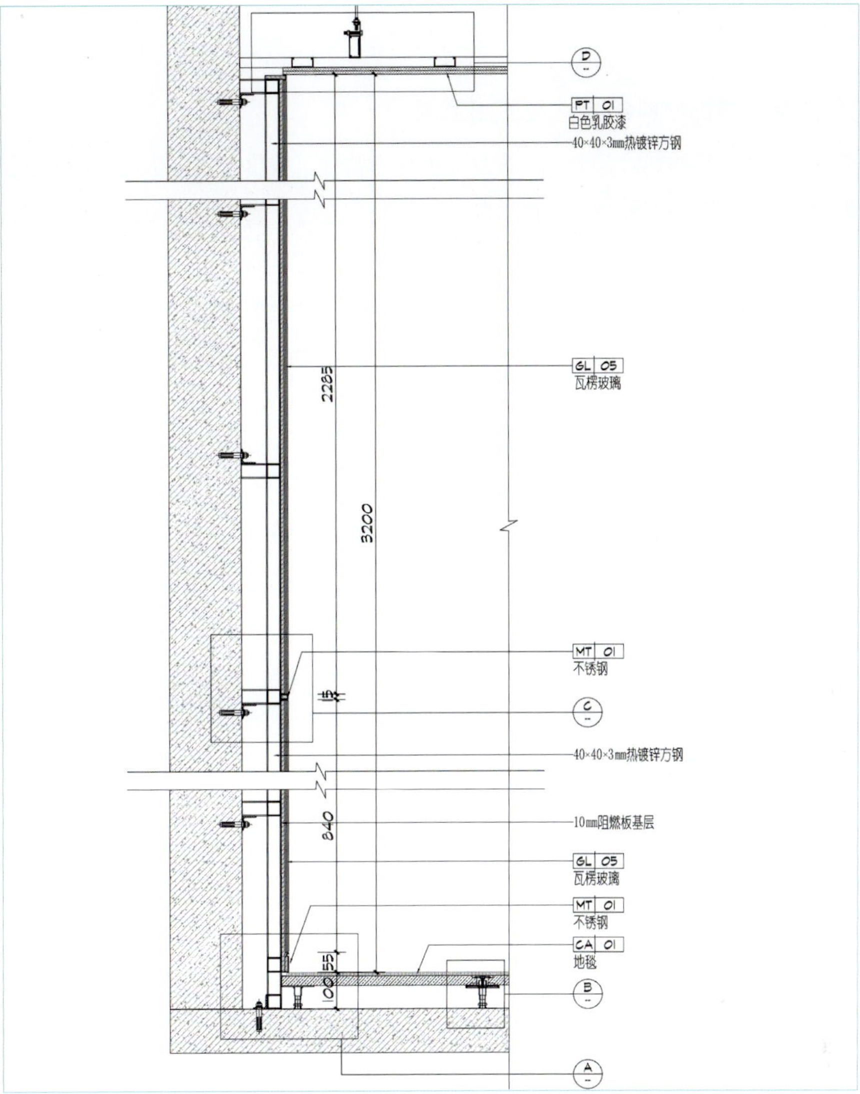

▶ 图 5-5-10 墙面立面节点深化图

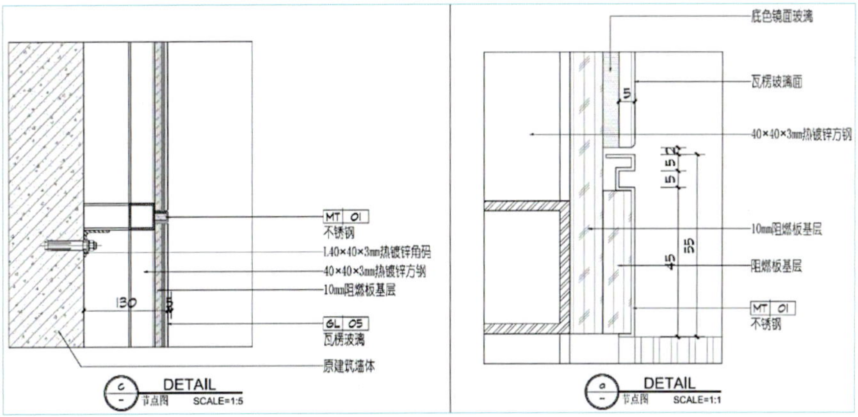

▶ 图 5-5-11 节点连接方式和结构示意

核心知识小结

1. 装配式办公空间装饰材料的特性及适用范围

装配式办公空间装饰材料以预制化、模块化为核心特性，兼具高效施工优势与多样装饰效果。石材类耐磨、易清洁，适用于大堂、楼梯、服务台等公共区域；墙板类防火防潮、隔音性佳，适配墙面与顶面装饰；金属类耐腐蚀、易维护，多用于栏杆、吊顶及收边；玻璃类透光性强、造型灵活，适合幕墙、隔断；木饰面温馨自然，适用于包间、接待室；涂料与地毯则分别满足环保装饰与降噪需求，适配大面积墙面及办公区地面。这些材料采用标准化生产，能够提升施工效率，同时满足不同功能区的实用与美观需求。

2. 装配式办公空间构造设计的原则

装配式办公空间构造设计需遵循五大原则：一是前期设计精细化，结合空间功能、人流及安全要求，协同建筑结构与机电系统；二是系统适配性，墙面、天花、地面系统需匹配材料特性，如天花系统整合灯具与管线，墙面系统确保板材拼接精度；三是节点可靠性，深化构件连接节点，保证安装牢固与美观；四是安全合规性，满足防火、防水及环保标准；五是功能与美观统一，通过模块化设计实现高效施工，同时兼顾装饰效果的整体性与细节精致度。

课后实训

主题一：实际案例分析

①选择一个典型的办公空间装饰设计案例，分析其在空间布局、材料选择、功能分区等方面的设计特点，结合装配式装饰的优势与注意事项，提出可能的改进建议。

②设计一个面积为100㎡的开放式办公空间，要求包含员工办公区、会议区、休息区等功能区域，遵循装配式装饰方式，绘制出相应的平面布局图，图中需体现各区域的尺寸、功能划分及主要材料的大致分布情况。

主题二：主题方案设计

某室内设计公司接到了一个办公空间设计任务，为员工公共办公区进行装饰设计，该区域需满足员工日常办公、交流协作的需求，且采用装配式装饰方式。请仔细阅读设计要求及条件，完成以下任务。

①对主题方案进行深化设计，包含空间形态（如开放式布局的流线设计）、色彩（需符合办公空间简洁、舒适的氛围）、材料（优先选择装配式装饰材料，兼顾美观与耐用）、灯具（考虑照明的均匀性与节能性）、软装陈设（如办公家具的选型需适配空间功能）等的设计。

②完成空间透视效果图的绘制，绘制方式不限，手绘及电脑表现均可。效果图需体现主题方案的设计理念。

学习评价

序号	维度	分值	内容	评分标准	学生自评	学生互评	教师 / 师傅评价
1	学习态度	10	学习过程中的主动程度与投入热情	出勤率（4 分） 参与讨论（3 分） 主动学习（3 分）			
2	识图任务	10	识别和理解装配式办公空间装饰工程图纸关键信息	识图准确率（7 分） 识读熟练度（3 分）			
3	项目设计任务	20	依据装配式办公空间需求和特点制订合理的装饰设计方案	设计方案的完整性(5 分) 适用性与灵活性（5 分） 创新性与高效性（5 分） 空间利用与美观性(5 分)			
4	装饰材料应用	15	装配式办公空间装饰材料的恰当选择与合理应用	材料适配性（5 分） 环保与可持续性（5 分） 新型材料应用（5 分）			
5	地面构造设计	15	基于装配式办公空间要求制订合理的构造设计方案	构件连接可靠性（5 分） 安装工艺合理性（5 分） 设备集成与兼容性(5 分)			
6	装饰材料结构深化图绘制	20	立面图 节点图	图纸准确性（5 分） 装配细节表达（5 分） 新技术呈现（5 分） 标注完整性（5 分）			
7	职业责任	5	遵守装配式办公空间装饰相关法律法规和行业规范	法规遵守（2 分） 操作规范（2 分） 质量安全意识（1 分）			
8	劳动素养	5	劳动态度和团队合作精神	劳动态度（3 分） 团队合作（2 分）			
合计		100	评价学生签名： 教师签名：	权重	0.2	0.2	0.6
				实际得分			

练习思考

①可以用于办公空间墙面的装饰材料有哪些？

②简述在办公空间中使用装配式装饰的优缺点。

③装饰深化图的作用是什么？与施工图有什么关系？

数字资源

06 项目六

数字资源

助农展示空间装饰材料与构造设计

岗位要求

具备充分的装饰材料知识和熟练的界面构造设计技能，能根据展示空间需求选择合适的材料并设计功能布局。注重经济性和环保性，善于创新和解决问题。具备良好的沟通协调能力，能与客户、团队和施工方有效合作。有严谨的工作态度和良好的质量意识，注重细节和施工过程管理。具备快速学习和适应能力，能灵活应对项目变化。

学习目标

知识目标

掌握展示空间中各种装饰材料的特性及应用，理解经济性与可持续性原则，熟悉界面构造设计的基本原则和施工工艺，通过案例分析和实践提升综合设计能力。

能力目标

能够根据展示空间的实际需求选择合适的装饰材料，综合考虑材料的美观性、耐用性、经济性与环保性。熟练应用界面构造设计原则，合理布局各功能区域，确保空间美观与实用兼备。掌握各类材料的施工工艺与技术要求，能有效指导实际施工并确保质量。通过案例分析与实践，提升设计方案的创新性与可行性，具备与客户及施工团队高效沟通的能力。

素质目标

培养对展示空间装饰材料和界面构造设计的审美敏感性和创新意识，具备对新材料和新技术的持续学习能力。培养以客户需求为导向的服务意识和责任感，树立环保与可持续发展的设计理念。培养团队合作精神和沟通协调能力，确保设计方案的高质量有效实施。

思维导图

- 助农展示空间装饰材料与构造设计
  - 助农展厅施工图识图
  - 助农展厅材料表编制
  - 助农展厅地面结构深化图绘制
  - 助农展厅天花结构深化图绘制
  - 助农展厅墙面结构深化图绘制

情境导入

本项目聚焦小型助农展厅空间的地面、天花和墙面装饰材料的选择与应用。学习者通过精准识读施工图、科学编制材料表、精心绘制结构深化图，不断提升自身的设计技能，为未来的职业发展筑牢根基。同时，积极关注公共利益，培养对绿色环保理念的认同感，强化社会责任感，从而有力地推动行业的可持续发展。

“丰收之窗”助农展厅项目位于某农业大县的文化中心，为科技赋能乡村振兴类展厅装饰设计工程，目的在于展示农业科技、乡村文化、农产品品牌，推动农产品销售，包含科技助农区、乡村文化区、农产品展示区、电商直播区。该展厅通过科技展示与乡村文化结合，体现现代农业与传统文化的融合，吸引更多人关注乡村发展。设置多种互动体验项目，吸引参观者参与，互动性强。通过直播带货和电商平台，直接帮助农民销售农产品，扩大当地农产品的市场影响力。定期更新展品和举办活动，保持展厅的活力和吸引力，具有可持续性。

“丰收之窗”助农展厅以科技赋能、文化传承、电商助力为核心，打造了一个集展示、体验、销售、培训于一体的多功能空间，为乡村振兴提供了有力支持。

通过学习展示空间装饰材料选用与界面构造设计，学习者应树立以人为本的设计理念，增强社会服务意识；弘扬工匠精神，追求精益求精的职业态度；加强团队合作与沟通能力，努力成为具备专业技能和有社会责任感的优秀设计师，为美好生活环境的建设贡献力量。

思考：展示空间装饰材料的选用既要满足展示需要的实用功能，还要满足装饰展厅的审美功能，这类区域的墙面使用哪些材料比较合适呢？

☆思政小案例

雕花添新韵，助农展芳华

一、项目描述

为了促进当地农产品销售并弘扬乡村文化，某乡村计划打造一个助农展厅空间。该空间不仅是展销农产品的场所，更是展示乡村特色文化的窗口。当地传统木质雕花工艺历史悠久，但面临失传困境。设计团队决定以此为切入点，利用现代装配式木质板材，融入传统雕花元素，打造一个既具有现代感又饱含乡村文化底蕴的助农展厅空间。

二、实施流程

①前期调研与沟通：设计团队深入乡村，与村民、手工艺人交流，收集传统雕花资料，了解助农展厅功能需求。同时，与当地政府、企业商讨项目预算、工期及后续运营事宜。

②设计方案制订：结合调研结果，设计团队绘制空间布局图，确定装配式木质板材使用区域和安装方式。与手工艺人商讨，简化并创新传统雕花图案，使其适配板材，同时保留文化韵味。

③材料准备与工艺培训：采购环保装配式木质板材，组织手工艺人按设计图案进行雕花加工。为保证工艺质量，对手工艺人开展短期现代加工工具使用培训，助其高效完成任务。

④空间施工与安装：依照设计方案，先进行地面处理、水电线路铺设等基础施工。接着，安装装配式木质板材，精准拼接雕花部分，确保墙面美观。同时，布置灯光，安装农产品展示架等。

三、成果与反响

展厅建成后，其独特的设计吸引了众多游客和当地消费者前来参观、购买农产品。空间内的传统雕花装饰成为亮点，引发了人们对乡村传统文化的浓厚兴趣。当地手工艺人参与项目，其技艺得到更多关注，因此吸引了一些年轻人开始学习这门传统手艺，为技艺传承注入新活力。农产品销售额显著提升，有效带动了当地农业经济发展。

四、思政要点

把传统木质雕花工艺融入现代装配式材料，既展现了传统文化在现代设计中的价值，激发我们对传统文化的热爱与传承意识，也启示我们传承需结合创新，让传统文化契合现代社会发展。同时，项目以助农为核心，借设计之力推动乡村经济和文化发展，促使学生关注乡村振兴事业，增强社会责任感，思考如何凭借专业知识助力乡村发展。

任务一　助农展厅施工图识图

任务目标

①掌握常见小型展厅空间室内装饰构造类型、优缺点以及未来发展趋势。

②识读常见小型展厅空间室内装饰构造的设计图、施工图。

任务要求

①熟练识读常见小型展厅空间室内装饰施工图。

②运用装饰结构、工艺等方面的知识辅助理解图纸内容，清晰把握施工图所传达的设计理念、空间布局信息、材料构造要求等。

知识链接

一 展示空间材料

①主体结构材料。展示设计主体结构的搭建材料基本上类同于建筑业常使用的材料，如木材、玻璃和金属等。

②表面装饰材料。在完成展示造型及道具的主结构加工后，需根据不同的设计需求，进行造型表面的装饰处理。目前常用的装饰材料主要有复合贴面材料、纺织纤维材料、玻璃等。

③各类美工材料。展示工程不同于一般的建筑装饰工程，在完成展示造型、道具的主体结构加工及基础的装饰贴面后，会有大量的企业 logo 灯箱片、发光字等美工制作环节，材料以亚克力、PVC 发泡板、KT 板等塑料类材料为主。

二 展示空间照明

展示照明设备的选择与安装，应主要考虑照明效果，如光照强度、光照范围等因素，常用设备有日光灯、筒灯、长臂射灯、太阳灯、金卤灯、舞台聚光灯、霓虹灯、串灯等。

三 展示空间新技术应用

新技术的应用主要集中在声、像、光、电的综合运用上。利用光敏材料可以制作出具有变色效果的展示板，增加展厅的趣味性。利用虚拟现实（VR）和增强现实（AR）技术可以打造沉浸式的展示体验，观众可以亲身体验展品的功能。利用高端的智能展示器（如 LED 显示大屏）、高效智能的管控系统（如中控系统）、舒适的智能照明、极具特色的数字沙盘以及沉浸式触摸互动，可以提升展厅的整体展示效果。新工艺、新材料、新技术的应用可以为展厅带来更多的互动方式，还可以增强展厅的科技感和现代感。

任务实施

步骤 1：查阅图纸说明。在正式开始识图之前，应首先查阅图纸的设计说明和施工要求说明（图 6-1-1 ~ 图 6-1-3）。设计说明通常包含工程概况、设计依据、符号解释等关键信息。施工要求说明通常包含施工标准、各类工程对所用装饰材料及其施工工艺的详细说明。通过仔细阅读图纸说明和施工要求说明，可以对该工程的整体情况有一个初步的了解，为后续详细识图打下基础。

步骤 2：平面图、地面施工图识图。从图 6-1-4 一层展厅平面图中看到，进入展厅后依次是乡村文化区、电商直播区、农产品展示区、科技助农区。

在图 6-1-5 一层展厅地坪图中，可以看到该展厅所有区域地面材质相同，均为灰色 PVC 地胶。铺贴方式没有特殊说明，按照 PVC 地胶工艺规范执行。

施工图设计说明（一）

一、工程概况

1、工程名称：某县文化中心“丰收之窗”助农展厅新建工程
2、建设单位：某县文化中心
3、建筑设计单位：苏州某建筑设计研究院有限公司
4、建设地点：某县某路东、某河绿化带北
5、本次设计包含：3号 楼；
建筑层数：地上6层,地下1层；建筑类别：公共建筑。建筑工程等级：一级；结构型式：框架+钢结构；抗震设防烈度：7度。防火分区：一、二层为一个独立的防火分区，其余各层均各为一个独立的防火分区。耐火等级：地上二级，地下一级。

9、装饰设计面积：3660.58。

二、制图说明

1、施工图的编号说明：

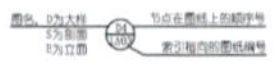

2、除本设计有特殊要求规定外，其他各种工艺、材料均按国家规定的最高标准。
3、设计标高。本工程室内±0.000高程系统和高度绝对值与土建设计相同，各层楼地面所注标高均为装饰完成面标高。各层吊顶标高值“CH”为以各层楼地面完成面为“0”起算的吊顶完成面标高。
4、尺寸标注。凡图面尺寸的标注，如无特殊说明，均以mm为单位。著所注尺寸与比例有出入时，应以所注尺寸数字为准。所有图标尺寸须在现场施工放样时复核或修整，不可度量图纸。
5、本设计不改变业已通过审查的土建施工图有关各类规范的安全保证。凡局部需要完善或调整之处，另按强制性条文与标准严格执行，并通过原土建设计认可后呈报主管部门审定。施工过程中不得任意改变设计，如出现图纸与现场情况不符又影响安全性能与装饰效果而必须变更时，应通过业主和监理与本工程土建及装饰设计人员商定后再进行。
6、装饰施工图纸有交待不清或不详，或与其它专业图纸不符之处，请及时与设计单位联系并协商解决。
7、本设计知识产权属于苏州柯利达装饰股份有限公司，任何对设计文件的拷贝、复印或使用，均须获得本公司的书面授权。

三、设计依据（国家现行相关设计规范）

1、经甲方确认的设计方案图集
2、业主提供的土建工程设计获准施工图
3、业主的委托书、协议书或合同
4、《工程建设标准强制性条文》（房屋建筑部分）2009年版中的强制性条文
5、《建筑内部装修设计防火规范》GB50222-2017
6、《建筑设计防火规范》GB50016-2014
7、《建筑装饰装修工程质量验收标准》GB50210-2018
8、《民用建筑工程室内环境污染控制标准》GB50325-2020
9、《民用建筑设计统一标准》GB50352-2019
10、《无障碍设计规范》GB50763-2012
11、《办公建筑设计标准》JGJ/T67-2019
12、其他相关的国家规范、规定等 以及设计过程中甲方提供的相关文件与建议。

四、墙面工程

1、轴线与隔墙厚位置的确定：当图纸无专门标明时，一般轴线位于各墙厚的中心。
2、当图纸无专门标明时，墙面石材均为干挂。
3、所有在立面裸露的管道需封闭，所用表面材料与管道所处立面材料一致；若管道所处立面材料面层为无机涂料，则需用12厚纸面石膏板将管道封闭。
4、如无特别标明，内墙无机涂料做法为“三底三面”。

五、门窗工程

1、设计选用的门窗材料、规格及配件等要求详见门窗详图，所有门、窗、木制品由专业家具厂生产，按现场实际尺寸定制。
2、所有活动家具均选用现货或由专业家具厂生产，造型、材质须经设计及甲方认可。
3、所有轨道折叠移门均由专业厂家重新出图经设计及甲方认可，专业厂家定加工。

六、地面工程

1、地面工程质量应符合建筑地面工程施工验收及规范“GB50209-2010”的要求。
2、卫生间楼地面应做基层聚氨酯涂膜防水一道，并沿四周墙面卷起至300mm。

七、顶面工程

1、本工程吊顶材料无专门标明时，均采用“60系列轻钢龙骨，9.5厚纸面石膏板”。
2、卫生间顶面材料如采用纸面石膏板，特指“12厚防潮纸面石膏板”。
3、在吊顶内空调室内机旁（及其他设备需设检修孔处）需增加成品金属检修孔（活动板吊顶区域除外）。
4、当吊筋>1500时应采用钢结构转换层（5号角钢间隔1000，并采用5号角钢斜撑）。
5、吊顶龙骨采用60系列可上人龙骨，采用ø10螺纹钢吊筋。

八、栏杆

1、不锈钢栏杆
a、对照施工图.检查结构尺寸同装饰面是否吻合.测量弹线定位后.安装埋件，埋件深度不可破坏楼板结构。
b、对不锈钢扶手有一定强度要求的栏杆，应使用3.0厚以上不锈钢扶手件，转角应圆滑，接头平整，采用组装式安装，原则上现场不用明火（焊接）。立面垂直不大于1mm表面平整不大于2mm，阳角方正不大于2mm，接缝平直不大于0.5mm.接缝高低不大于0.5mm，焊接缝宽度不大于0.5mm。两侧胶纸需保证胶缝一样宽度，一样平整。
c、ø25及以上直径不锈钢管采用1.5壁厚，ø25及以下采用1.2壁厚。

2、玻璃栏板
a、预埋件安装，构件的连接应牢固和地面及梁侧面的接缝，缝隙应进行水泥砂浆密封。
b、玻璃安装前对所有的水平进行统一的调整，以保证基层的平整度。玻璃与构件不能直接接触。玻璃四周与构件凹槽底宽保持一定的空隙。每块玻璃下部应设有不少于4块弹性定位垫。长度不小于10mm。玻璃两边的嵌入量不少于20mm。玻璃四周的缝隙应用垫片校正，采用耐磨硅胶进行封缝。打胶缝。
c、当共享空间高度超过4m时，玻璃栏杆应用钢化夹胶玻璃。

3、室内外落差相差900mm时，窗台需安装防护栏杆。

九、玻璃隔断

1、预埋件安装(采用5#槽钢，两边5#角钢+铁板+M12*4化学螺栓固定)，构件的连接应牢固和地面的接缝，隙应进行水泥砂浆密封。
2、固定玻璃隔断立杆应保持直线，防止焊接变形或焊接冷凝而造成倾斜。在焊接时先四点焊接，后四面堆焊。以免造成埋件松动。
3、玻璃安装前对所有的立板进行统一的调整，以保证基层的平整度。玻璃与构件不能直接接触。玻璃四周与构件凹槽底宽保持一定的空隙。每块玻璃下部应设有不少于4块弹性定位垫。长度不小于20cm，玻璃两边的嵌入量不少于20mm。玻璃四周的缝隙应用垫片校正，采用耐磨硅胶进行封缝、打胶缝。
4、其中铝合金玻璃隔断由成品定制加工，所有门边立杆均须固定至建筑结构底部（不到顶隔断除外）。

十、其他

1、隐蔽钢结构表面不低于st2级，底漆为两道红丹醇酸防锈漆。
2、进行油漆工程之前，先进行油漆色板封样，征得设计师同意后方可大面积施工。
3、凡本工程所用装饰材料的规格、型号、性能、色彩应符合装饰工程规范的质量要求，施工订货前会同建设、设计等有关各方共同商定。
4、本装饰设计图必须报公安消防部门送审，获通过后方可施工。

图 6-1-1　一层展厅施工图设计说明 1

施工图设计说明（二）

十一、施工中具体参照标准

本工程所有的参照标准均按现行的相关国家标准或行业标准。承建商在进行工程中应采用最佳及最合适的标准，同时，业主方总监也有权要求承建商在工程实施中采用他认为最好的标准。但必须满足中华人民共和国行业标准之建筑装饰工程施工及验收规范。

1、石料工程

材料

(1)提交300×300毫米大小石材样板，说明出产地，质量范围，色彩范围和纹理，以设计师提供的或承建商推荐且筹建办及设计师认可作为本工程的标准。

(2)石料本身不得有隐伤，风化等缺陷，清洗石料不得使用钢丝刷或其他工具，而破坏其外露表面或在上面留下痕迹。

(3)石材采用湿作业法施工时，应行防碱背涂处理。

石材表面处理：

石材表面充分干燥（含水率应小于8%）后，用石材防护剂进行石材六面防护处理，此工序必须在无污染的环境下进行，将石材平放于木枋上，用羊毛刷蘸上防护剂，均匀涂刷于石材表面，涂刷必须到位，第一遍涂刷完间隔24h后用同样的方法涂刷第二遍石材防护剂，如采用水泥或胶黏剂固定，间隔48h后对石材粘结面用专用胶泥进行拉毛处理，拉毛胶泥凝固硬化后方可使用。

安装

(1)检查底层或垫层安施妥当并修饰好。

(2)确定线条，水平图案，并加以保护，防止石料混乱存放。

(3)在底、垫层达到其初凝状态前施放石料。

(4)用浮飘法安放石料并将之压入均匀平面固定。

(5)令灰浆至少养护24小时可施加填缝料。

(6)用勾缝灰浆填缝，填孔隙，用工具将表面加工成平头接合。

(7)石材放样应得到设计师审批、认可。

清洁

(1)在完成勾缝和填缝以后及在这些材料施放和硬化之后应清洁有尘土的表面，所用的溶液不得有有损石料、接缝材料或相邻表面。

(2)在清洁过程中应使用非金属工具。

石料加工

(1)将石料加工成所需要的样板尺寸、厚度和形状、准确切割，保证尺寸符合设计要求。

(2)准确塑造特殊型、镶边和外露边缘，并且进行修饰以与相邻表面相配。

(3)提供的砂应是干净、坚硬的硅质材料。

(4)所用粘结材料的品种，掺合比例应符合设计要求，并有产品合格证。

2、木工

材料

材料应用最好之类型，自然生长的木料，必须经过烘干或自然干燥后才能使用，没有虫蛀，松散或腐节或其他缺点，锯成方条形，并且不会翘曲，爆裂及其他因为处理不当而引起的缺点。

胶合板按不同材种选用进口或国产，但必须达到AAA要求。承建商应在开工前提供材料和终饰样板且经筹建处和设计师认可批准才能使用。

所有木饰面除特别标明外全部采用成品安装。

防火设计

(1)建筑内部各部位装修材料的燃烧等级：(见材料表)。

(2)消火栓、喷淋、烟感、防火门等位置，除注明外以建筑蓝图为准。

(3)所有防火门防火等级按土建。

(4)本工程遵照《建筑内部装修设计防火规范》GB50222-2017进行室内装饰设计。

(5)所有基层木材均应满足防火要求，表面三度防火涂料，防火涂料产品符合消防部门验收要求。

(6)玻璃幕墙与每层楼板、隔墙处的缝隙采用不燃材料严密填实（声学要求除外）。

(7)所有的建筑变形缝内均采用不燃材料严密填实。

(8)所有建筑墙面上开洞、开孔后均采用不燃材料严密填实。

防火处理

(1)所有基层木材均应满足防火要求，涂上三层本地消防大队同意使用的防火涂料。

(2)承建商要在实际施工前呈送防火涂料给筹建处批准方可开始涂刷。

制作工艺

(1)尺寸

a.所有装饰用的木材均严格按图纸施工，凡原设计节点不明之处需补充设计图，经设计师同意后实施。

b.所有尺寸必须在工地核实，若图样或规格与实际工地有任何偏差，应立即通知设计师。

(2)装饰：所有完工时在外之木作工艺表面，除特列注明处，都应该按设计做饰面。

(3)终饰：当采用自然终饰或者采用指定为染色、打白漆，或油漆被指定为终饰时，相连木板在形式，颜色或纹理上要相互协调。

十二、装饰五金

所有五金器具必须防止生锈和沾染，使用前应提供样品征得筹建处及设计师同意。

在完成工作所有五金器具都应擦油、清洗、磨光和可以操作，所有钥匙必须清楚地贴上标签。

十三、金属覆盖板工程

材料

承建商应根据图纸所标品种、颜色供应商提供样板，征得筹建处同意。

安装

金属板必须可以承受本身的荷载，而不会产生任何损害性或永久性的变形。

所有金属装饰覆盖板及配件需符合国家GB50210-2018要求及有关标准或规范。

(1)金属饰面板的品种、质量、颜色、花型、线条应符合设计要求，并应有产品合格证。

(2)墙体骨架如采用轻钢龙骨时，其规格、形状应符合设计要求，易潮湿的部分进行防锈处理。

(3)墙体材料为纸面石膏板时，安装时纵、横接缝应拉开5~8mm。

(4)金属饰面板安装，宜采用抽芯铝铆钉，中间必须垫橡胶垫圈。抽芯铝铆钉间距以控制在100~150mm为宜。

(5)安装突出墙面的窗台、窗套凸线等部位的金属饰面时，裁板尺寸应准确，边角整齐光滑，搭接尺寸及方向应正确。

(6)板材安装时严禁采用对接。搭接长度应符合设计要求，不得有透缝现象。

(7)外饰面板安装时应挂线施工，做到表面平整、垂直，线条通顺清晰。

(8)阴阳角宜采用预制角装饰板安装，角板与大面搭接方向应与主导风向一致，严禁逆向安装。

(9)保温材料的品种、填充密度应符合设计要求。并应填塞饱满，不留空隙。

十四、玻璃工程

材料

提供样板并在安装切割之前送交筹建处及设计师同意。所有镜子的边要光滑，在安装前用砂纸擦过。室内安装玻璃要用毡制条子，颜色要与周围材质相配，厚度按图纸所示。

制作工艺及安装

准确地把所有玻璃切割成为适当的尺寸，安装槽要清洁，无灰尘。所有螺丝或其他固定部件都不能在槽中突出。所有框架的调整将在安装玻璃之前进行。所有封密剂作业表面平整光滑，与其他相邻材料无交叉污染。玻璃工程应在框、扇校正和五金件安装完毕后，以及框、扇最后一遍涂料前进行。中庭的围护结构安装钢化玻璃时，应用卡紧螺丝或压条镶嵌固定。玻璃与围护结构的金属框格相接处，应衬橡胶垫。安装玻璃隔断时，磨砂玻璃的磨砂面应向室内。

玻璃的基本要求

(1)落地玻璃屏风的厚度最小为12mm，它们必须能够抵受预定2.5Kpa风压力或吸力。

(2)玻璃必须跟及温差应力和视觉歪曲的效果。

(3)用作玻璃门和栏杆之透明强化玻璃必须符合GB4871规格的产品质量。

(4)玻璃必须结构完整，无破坏性的伤痕，针孔、尖角或不平直的边缘。

十五、油漆工程

本施工图所有未标明之油漆公共空间均用聚脂漆六度左右，终饰半哑光。

本施工图所有未标明之墙面、平、顶面涂料均采用材料表所注明之涂料三度。

油漆工程的等级和品质应符合设计要求和现行有关产品国家标准的规定。

(1)没有完全干透，或环境有尘埃时，不能进行操作。

(2)对所有表面之洞，裂缝和其他不足之处应预先修整好，才进行油漆。

(3)要保证每道油漆工序的质量，要求涂刷均匀，防止漏刷、过厚、流淌等庇病。

(4)在原先之油漆涂层结硬并打磨后，才可再进行下一道工序。

(5)在油漆之前应拆卸所有五金器具，并且在油漆后安回原处，保证五金器具不受污染。

上油漆前，应先进行油漆小色板的封样，在征得筹建处和设计师同意后方可大面积施工。

十六、天花吊顶工程

材料

吊顶工程所选用材料的品种，规格、颜色以及基层构造，固定方法应符合规范及设计要求。本工程所选用的吊顶材料所有在天花平面上暴露之构件，布局均按照综合平面图进行。

紧固件宜采用镀锌制品，预埋的木件应作防腐处理，凡固定铝材必须采用不锈钢紧固件。

安装

1、龙骨安装

a.安装龙骨的基体质量，应符合国家标准GB11980-89之规定。

b.主龙骨吊点间距，应按设计推荐系列选择，中间部份应起拱，金属龙骨起拱高度应不小于房间短向跨度的1/200，主龙骨安装后应及时校正其位置和标高。

c.次龙骨应紧贴主龙骨安装。当用自攻螺钉安装板材时，板材的接缝处，必须安装在宽度不小于40mm的次龙骨上。

d.全面校正主、次龙骨的位置及水平度。连接件应错位安装，明龙骨应目测无明显弯曲，通长次龙骨连接处的对接错位偏差不得超过2mm。

▶图 6-1-2　一层展厅施工图设计说明 2

施工图设计说明（三）

2、准备

面板安装前的准备工作应符合下列规定：

a.在楼板中按设计要求设置预埋件或吊杆。

b.吊顶内的通风、水电管道等隐蔽工程应安装完毕。消防系统安装并试压完毕。

c.吊顶内的灯槽、斜撑、剪刀撑等，应根据工程情况适当布置。

d.轻型灯具应吊在主龙骨或附加龙骨上，重型灯具或其他装饰件不得与吊顶龙骨联结，应另设吊钩。

3、板材安装

纸面石膏板的安装，应符合下列规定：

a.纸面石膏板的长边应沿纵向次龙骨铺设。

b.自攻螺钉与纸面石膏板距离：面纸包封的板边以10~15mm为宜，切割的板边以15~20mm为宜。

c.钉距以150~170mm为宜，螺钉应与板面垂直且略埋入板面0.5~1.0mm，并不使纸面破损。钉眼应作防锈处理并用石膏腻子抹平。

d.拌制石膏腻子应用不含有害物质的洁净水。

矿棉板的安装，应符合下列规定：

(1)施工现场湿度过大时不宜安装。

(2)安装时，板上下得安置其他材料，防止板材受压变形。

提供完全的天花材料组件，这些组件应达到政府法规所规定之防火要求。

十七、灯具

灯具为现货（特种灯具采用进口专业灯具，为进口专业厂家定制）造型材质须经设计单位任可。最终业主提供与图纸对应的灯具选型表。

泛光槽灯具选用T5管日光灯（基色）灯管安装前后搭接40~50mm。

吊灯安装时吊钩必须与结构固接。

十八、装饰材料有害物质排放限量的参照标准

为了预防和控制建筑装饰材料产生的室内环境污染，按民用建筑工程根据控制室内污染的不同要求本工程为Ⅱ类民用建筑工程，使本设计的建筑装饰工程符合新颁布的国家标准《民用建筑工程室内环境污染控制标准》（GB50325-2020）的要求，下列物资，必须符合相应的国家强制性标准。

1、建筑主体材料、装饰材料：

花岗石、大理石、建筑（卫生）陶瓷、石膏制品、水泥与水泥制品、砖、瓦、混凝土、混凝土预制构件、砌块、墙体保温材料、工业废渣、掺工业废渣的建筑材料及各种新型墙体材料等

必须符合《建筑材料放射性核素限量》GB6566-2010

2、人造板（胶合板、纤维板、刨花板）及其制品

必须符合《人造板及其制品中甲醛释放限量》GB18580-2017

3、室内装修用水性墙面涂料

必须符合《内墙涂料中有害物质限量》18582-2020

4、室内装修用溶剂型木器（以有机物作为溶剂）的涂料

必须符合《溶剂型木器涂料中有害物质限量》18581-2020

5、室内装修的胶黏剂产品

必须符合《胶黏剂中有害物质限量》18583-2008

6、纸为基材的壁纸

必须符合《壁纸中有害物的限量》GB18585-2001

7、聚氯乙烯卷材地板

必须符合《聚氯乙烯卷材地板中有害物的限量》GB18586-2001

8、地毯、地毯衬垫及地毯胶黏剂

必须符合《地毯、地毯衬垫及地毯胶黏剂有害物释放限量》GB18587-2001

9、室内用水性阻燃剂、防水剂、防腐剂等水性处理剂

必须符合《水性处理剂有害物的限量》GB50325-2010

10、各类木家具产品

必须符合《木家具中有害物的限量》GB18584-2001

民用建筑工程中使用的粘合木结构材料及使用的壁布，帷幕等游离甲醛释放量应满足GB50325-2020第3.6.3条及3.6.4条。

民用建筑工程室内用地毯，地毯衬垫中总挥发性有机化合物和游离甲醛的释放量应满足GB50325-2020第3.6.7条。

Ⅰ类民用建筑工程必须采用A类无机非金属建筑材料和装修材料。

Ⅰ类民用建筑工程的室内装修，必须采用E1类人造木板及饰面人造木板。

Ⅰ类民用建筑工程室内装修粘贴塑料地板时，不应采用溶剂型胶黏剂。

十九、其他

1、原建筑设计防火门均现场已安装到位，需做门套，造型做法参照门表做法；本次装饰设计新增加的，为钢制门芯，造型做法参照门表做法，也做门套处理。

2、木饰面采用“成品18厘基层板木饰面”木质干挂件安装。

3、门槛石如无特别标注均为"MA-1"大西洋灰大理石。

4、成品冰火板为：12mm厚硅酸钙板基层/1.0mm厚冰火板面层。

5、1层门厅、电梯厅、公共卫生间、合用前室、管理室、消防控制室等吊顶需做钢结构转换层，做法见下图：

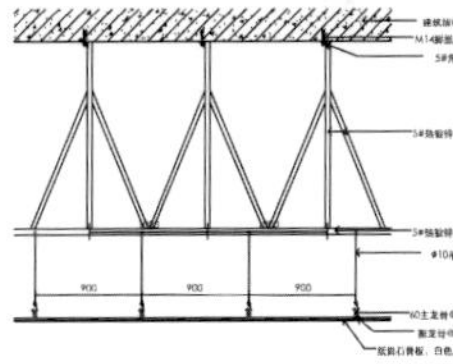

吊顶钢结构转换层做法

6、墙体说明

100mm厚75系列轻钢龙骨隔墙内置隔音岩棉，层板(满)底。如无特别标明，双面封单层12mm纸面石膏板，饰面白色无机涂料。

成品铝合金型材双层中空钢化玻璃隔断
内嵌金属百叶帘隔断

▶图 6-1-3　一层展厅施工图设计说明 3

步骤 3：天花施工图识图。从图 6-1-6 一层展厅天花平面图中看到，展厅天花主体材料做法为黑色喷涂，围绕边缘做 300 mm 宽白色透光软膜，高度为 3300 mm。另外，在主要展示区域顶棚放置轨道灯，无特殊工艺要求，按规范执行。

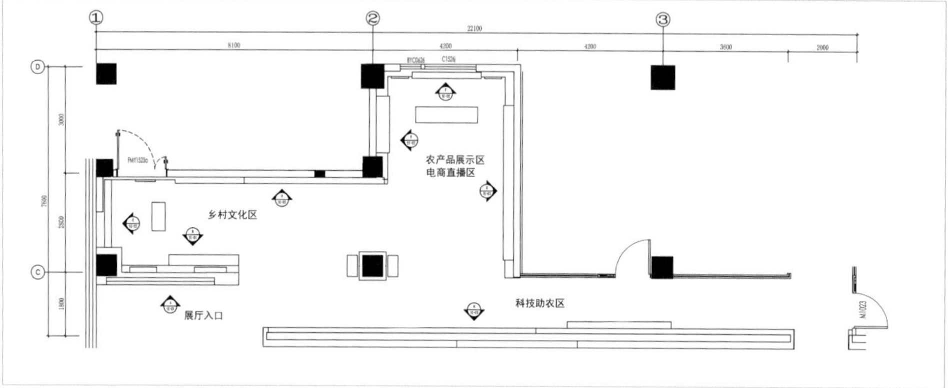

▶图 6-1-4　一层展厅平面图

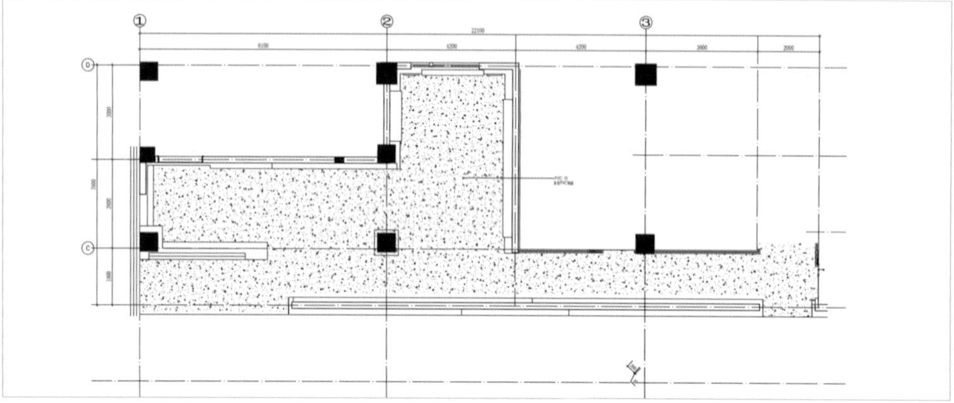

▶图 6-1-5　一层展厅地坪图

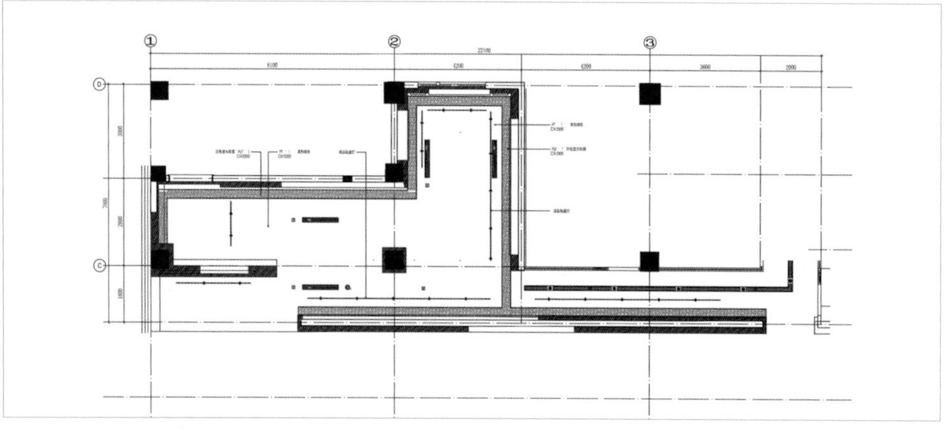

▶图 6-1-6　一层展厅天花平面图

步骤 4：墙面施工图识图。该展厅包含 8 个立面，依次进行识读。

①一层展厅立面图 A 为该展厅入口处立面。展厅标识位于该立面左上方，采用亚克力发光字体。墙面饰面材料以白色碳镁板为主，配合木制展示台、宣传展板、植物墙和线性灯，造型尺寸如图 6-1-7 所示，效果如图 6-1-8 所示。该立面图右侧柱体饰面为白色碳镁板。

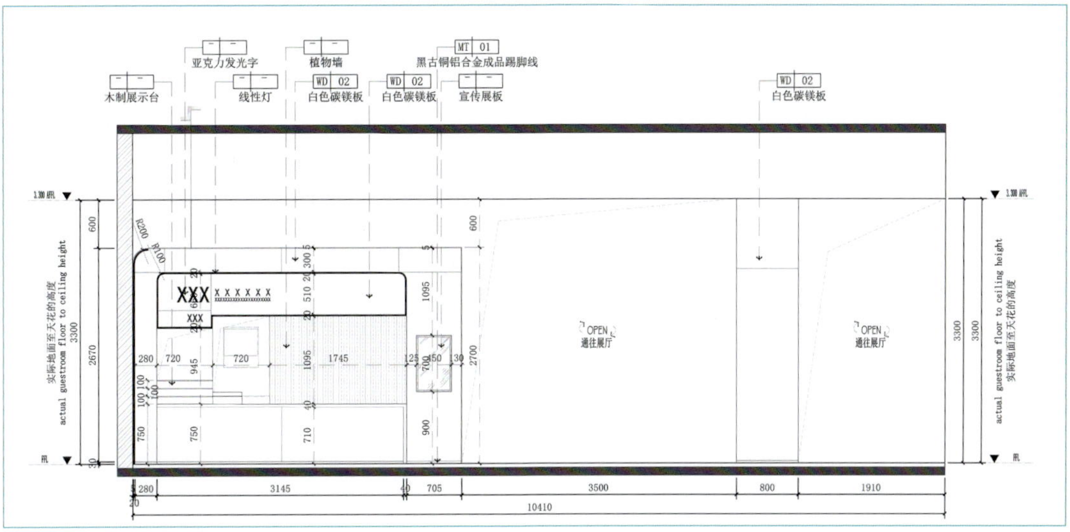

▶ 图 6-1-7　一层展厅立面图 A

▶ 图 6-1-8　一层展厅立面 A 效果图

②乡村文化区包含立面 B、立面 C 和立面 D，展示乡村非遗文化、传统手工艺品、农耕文化等内容。该区以木纹长城板、木纹饰面板、深灰色碳镁板为主要饰面材料，形成整体装饰效果。立面 B 上部和下部为木纹长城板饰面，中部为深灰色碳镁板饰面，设置宣传展板和灯箱，左侧中下部设置木纹饰面板悬空展示柜，有索引符号引出该立面构造节点详图位置。立面 C 做整体橱窗，饰面材料为深灰色碳镁板，罩 10 mm 厚钢化玻璃，内设宣传展板，右下侧设置 600 mm 高木纹饰面展台。立面 D 左侧为深灰色碳镁板饰面，设置宣传展板；中部为白色碳镁板饰面，表面转印文字；右侧为木纹饰面板造型，上方局部为白色碳镁板饰面，中间设置宣传展板灯箱，有索引符号引出该立面构造节点详图位置。各立面造型尺寸如图 6-1-9、图 6-1-10 所示，效果如图 6-1-11 所示。

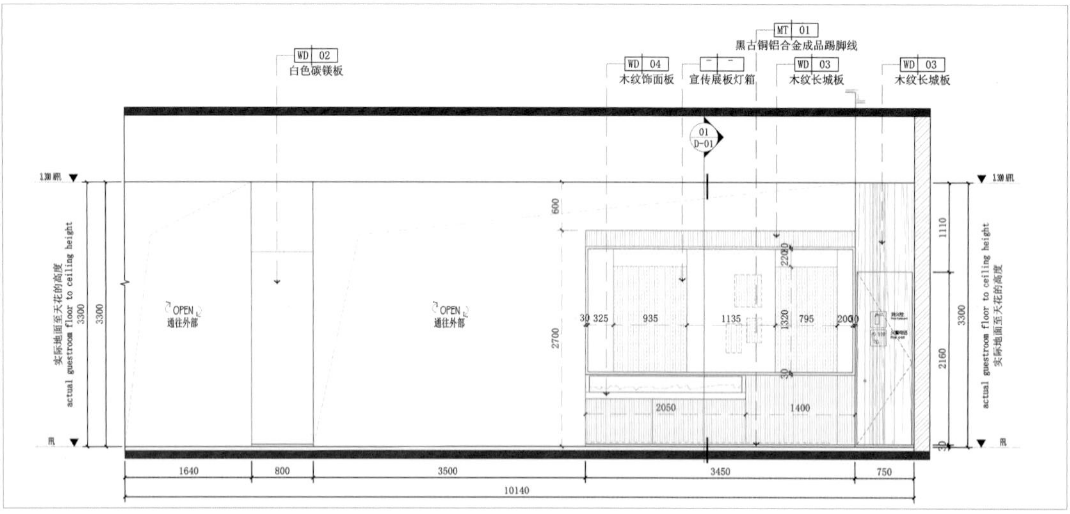

▶图 6-1-9　一层展厅立面图 B

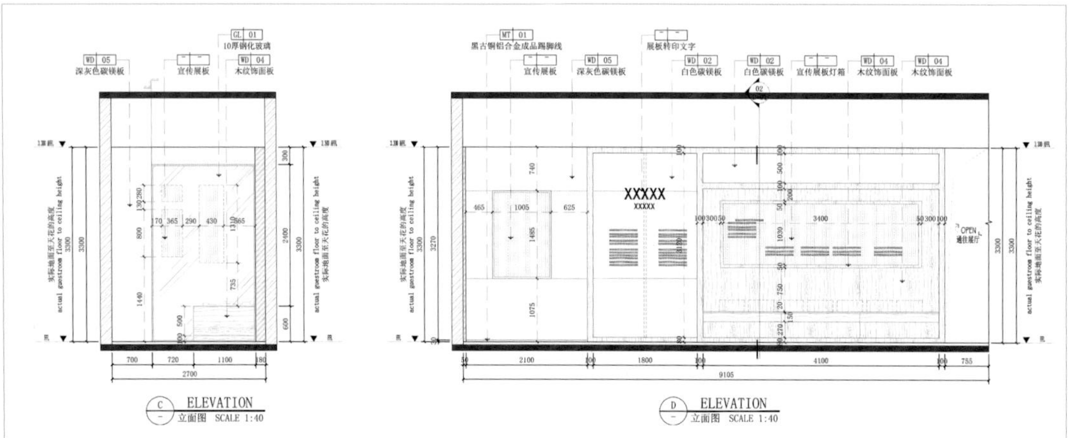

▶图 6-1-10　一层展厅立面图 C、立面图 D

▶ 图 6-1-11　一层展厅乡村文化区效果图

③农产品展示区、电商直播区有立面 E、立面 F 和立面 G，展示当地特色农产品，如有机大米、绿色蔬菜、生态水果等，讲述农产品背后的品牌故事和生产过程。设立直播间，邀请“网红”或当地农民直播带货，并实时展示农产品销售数据，体现助农成果。此区各立面均使用木纹饰面板进行造型，立面中央设置宣传展板和不锈钢定制架，墙体下部为黑古铜铝合金成品踢脚线。各立面造型尺寸如图 6-1-12、图 6-1-13 所示，效果如图 6-1-14 所示。

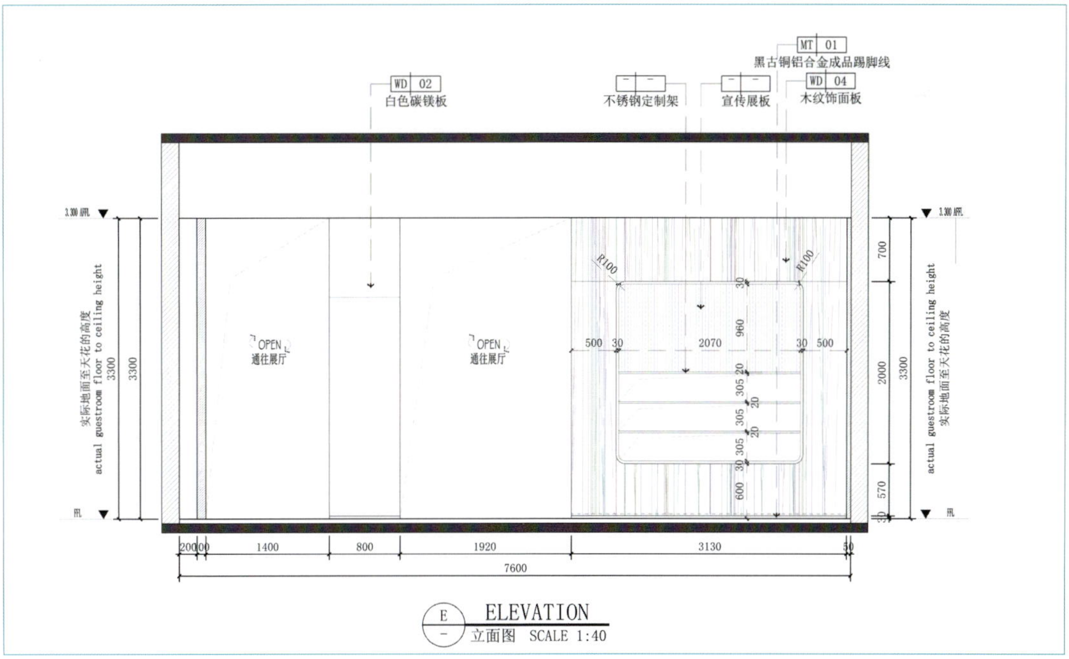

▶ 图 6-1-12　一层展厅立面图 E

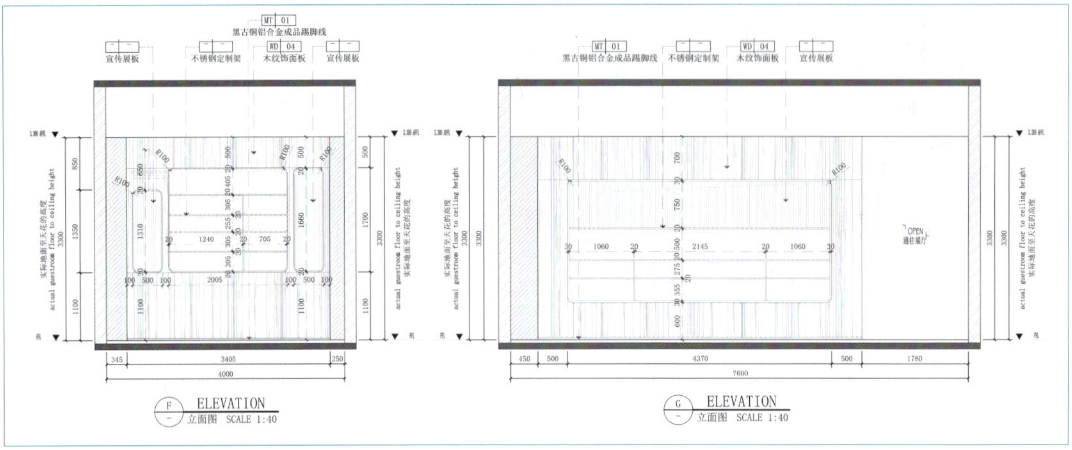

▶图 6-1-13　一层展厅立面图 F、立面图 G

▶图 6-1-14　一层展厅农产品展示区、电商直播区效果图

④一层展厅立面 H 为科技助农区，从左向右依次设置宣传展板、LED 屏幕和定制操作体验台、宣传展板、灯箱和展示台，展示现代农业科技，如智能农业设备、无人机植保、农业大数据平台等，提供农业种植过程 VR 体验、智能灌溉系统模拟操作，展示成功应用科技提升产量的当地农户案例。整体墙面为白色碳镁板饰面造型，右侧造型边缘内装侧发光线性灯。其装置、造型及尺寸如图 6-1-15 所示，效果如图 6-1-16 所示。

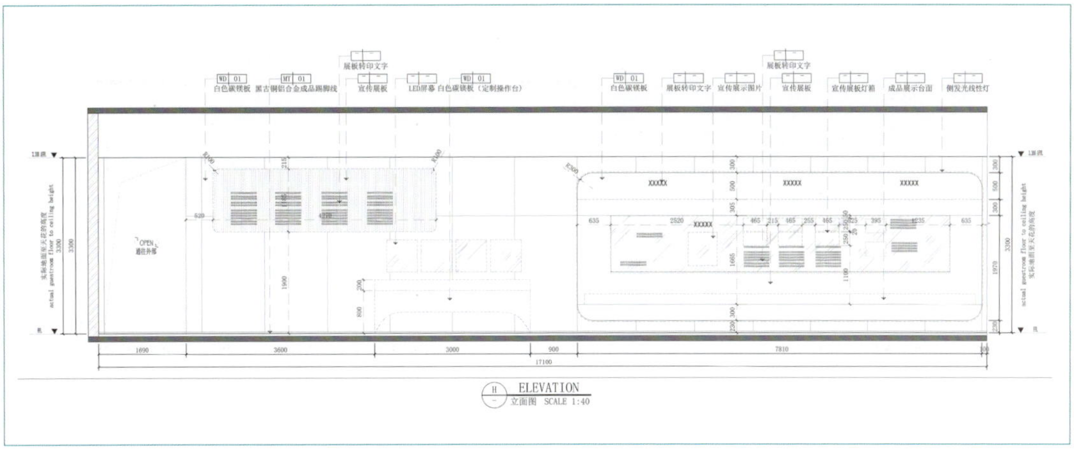

▶ 图 6-1-15　一层展厅立面图 H

▶ 图 6-1-16　一层展厅科技助农区效果图

任务二　助农展厅材料表编制

任务目标

①掌握常见小型展厅空间材料表的编制要求和方法。

②准确编制小型展厅空间材料表。

任务要求

①对展厅装饰所用到的材料进行全面、准确的记录和描述。

②按照不同的材料类别进行合理分类。

知识链接

材料是展示空间设计方案得以实现的物质基础，只有充分了解或掌握装饰材料的性能，根据使用环境条件合理选择所需材料，并充分发挥每一种材料的长处，做到材尽其能、物尽其用，才能满足展示空间设计的各项要求。

展示空间设计具有很强的时代性，更新速度快。为了更好地跟上时代的潮流，设计师在了解基本用材和工艺的基础上，应具有一定的创新和发现的能力，让展示活动更加有效地服务于社会经济、科技的发展。

随着新技术和新材料的发展，各种人工合成材料不断出现，种类丰富，造价低廉，加工方便……不断更新的材料和新技术、新工艺，使展示效果不断提升。目前市面上常用于展示空间的几种材料如下。

一 PVC 塑胶地板

PVC 塑胶地板，即聚氯乙烯地胶，是一种应用广泛的地面装饰材料，其外观可以呈现出多种多样的纹理和图案，包括仿木纹、石纹等自然材质的样式，具有很强的装饰性。

PVC 塑胶地板的耐磨性非常突出，能够长期经受人员走动和物体摩擦；具有较强的耐腐蚀性，能抵抗酸、碱等化学物质的侵蚀；有良好的防滑性能，可有效降低滑倒事故的发生概率；具备一定的隔音效果，能减少声音的传递。

PVC 塑胶地板的安装相对简便快捷，可以通过黏结等方式固定在地面上。而且，其维护成本较低，日常清洁较为容易。

PVC 塑胶地板广泛用于学校、医院、办公室、商场等公共场所（图 6-2-1）。

二 软膜天花

软膜天花又称柔性天花，质地柔韧，色彩丰富，可随意张拉造型，同时具备防火、防菌、防水、节能、环保、绝缘、抗老化、抗静电、安装方便等卓越特性。它可以配合各种灯光系统营造梦幻、无影的室内灯光效果，广泛应用于办公、商业、展厅等公共场所和住宅（图 6-2-2）。

软膜采用特殊的聚氯乙烯材料制成，厚度为 0.18 ~ 0.2 mm，分为以下七种类型。

①光面：有很强的光感，能产生类似镜面的反射效果。

②亚光面：光感仅次于光面，但强于基本膜，整体效果较纯净。

③透光膜：呈乳白色，半透明，在封闭的空间内透光效果可达 75% 以上，能产生独特的灯光效果。

④基本膜：软膜中最早的一种类型，光感次于透光膜，整体效果雅致，价格较低。

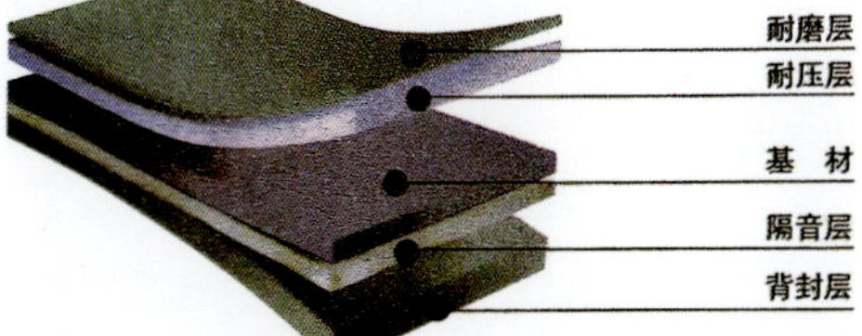

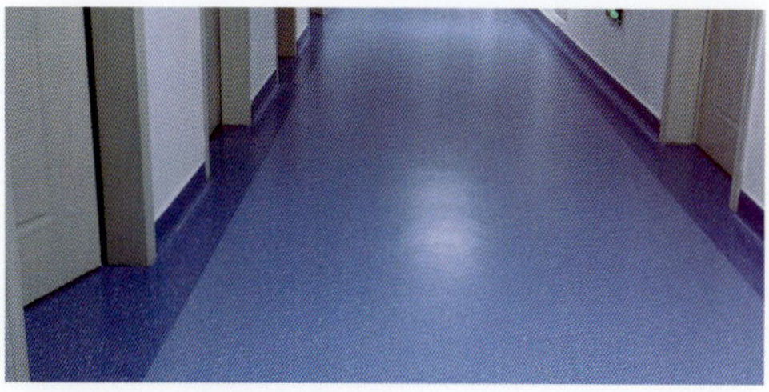

▶ 图 6-2-1 PVC 塑胶地板

▶ 图 6-2-2 软膜天花

⑤绒面：表面呈绒状，有优异的吸音性能，很容易营造温馨的室内效果。

⑥金属面：具有强烈的金属质感和观赏效果，能产生类似金属的光感。

⑦冲孔面：表面有孔洞，冲孔面对高频音有良好的吸音效果，其他类型的软膜天花对低频音有良好的吸音效果。

三 碳镁板

碳镁板是利用木纤维经标准化热磨后混入氧化镁、氯化镁等矿物成分添加剂，并采用千吨级压机压制，再经结晶固化等过程凝结而成的一种新型环保板材（图 6-2-3）。其经过高温压制的加工、结晶固化，细密结实，耐腐蚀，耐磨损，结实耐用。

碳镁板的常规厚度有 5 mm、8 mm、12 mm、25 mm。

碳镁板既有木制类材料的天然属性，也具备无机物的物理稳定性，在抗氧化、防水等方

▶ 图 6-2-3 碳镁板

面性能优异，同时在防火性能方面能达到国家防火标准要求，适用于展览厅、宾馆、饭店、餐厅、商场、娱乐场所等对防水防火有特殊要求的各类商业空间。碳镁板矿物质含量高，表面经过特殊的抗菌处理后，能有效抑制细菌的繁殖与生长，所以也适用于医院、博物馆、图书馆等场所。

四 长城铝板

长城铝板是铝合金材料加工而成的凹凸形状的金属板，其横截面造型类似于长城，故称其为长城铝板（图 6-2-4）。

长城铝板是一种轻质高强的新型装饰材料，防火性能良好，具有优良的耐磨和耐腐蚀性能，不易生锈、褪色和变形，便于搬运和安装，广泛应用于建筑幕墙、室内外装饰、广告招牌、天窗天花、家居用具等领域。

长城铝板加工成型较容易实现个性化，规格相对自由，长宽高以及板幅都可以满足需求，甚至可进行异形件加工。其多样的规格和颜色选择，能满足不同需求，因此在很多领域能够做到按需定制、推广应用。

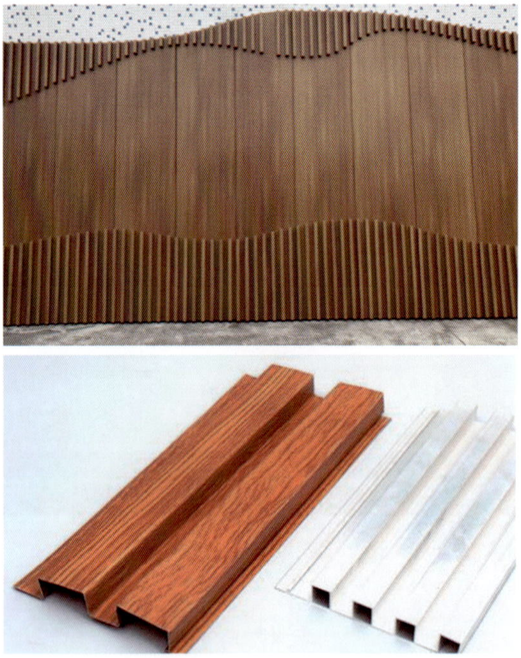

▶ 图 6-2-4　长城铝板

任务实施

步骤 1：收集材料信息。查阅施工图纸，收集项目所涉及的材料信息，包括材料的种类、名称、规格、防水等级、应用区域等。从地面铺装图中查找地面装饰材料信息，从天花布置图中查找顶棚装饰材料信息，从立面图中查找墙面装饰材料信息。

步骤 2：根据展厅施工图编制材料表，如表 6-2-1 所示。

表 6-2-1　展厅材料表

材料名称	规格 / mm	使用范围	设计品牌	燃烧性能等级
地面材料				
灰色 PVC 地胶	3.0 厚（防滑面层）	展厅地面	塞尚、LG	B1
顶面材料				
黑色无机涂料		展厅天花	立邦、多乐士	A
白色透光软膜		展厅天花	杜基、朗域	A

续表

材料名称	规格 / mm	使用范围	设计品牌	燃烧性能等级
成品轨道灯		展厅天花	三雄极光	A
立面材料				
白色碳镁板		展厅立面 A、B、D、H、柱面		A
深灰色碳镁板		展厅立面 C、D		A
木纹长城板		展厅立面 B	裕砚金属、金特	A
木纹饰面板		展厅立面 B、C、D、E、F、G		B1
黑古铜铝合金成品踢脚线	1.5 厚	展厅立面 A、B、C、D、E、F、G、H	盛美瑞	A
线性灯		展厅立面 A、H	三雄极光	A
亚克力发光字		展厅立面 A	定制	B1
宣传展板		展厅立面 A、B、C、D、E、F、G、H	定制	B1
灯箱		展厅立面 B、D、H	定制	B1
展示台		展厅立面 A、H	定制	B1
展示柜		展厅立面 B	定制	B1
不锈钢定制架		展厅立面 E、F、G	定制	A
操作台		展厅立面 H	定制	B1

任务三　助农展厅地面结构深化图绘制

任务目标

①掌握常见小型展厅空间地面装饰构造类型、优缺点以及未来发展趋势。

②识读并绘制常见小型展厅空间地面结构深化图。

任务要求

①熟练识读常见小型展厅空间地面结构深化图。

②准确绘制常见小型展厅空间地面结构深化图。

知识链接

一 PVC 塑胶地板构造材料

（一）PVC 塑胶地板分类

PVC 塑胶地板（图 6-3-1）大体可以分为聚氯乙烯卷材地板和聚氯乙烯片材地板两类。

①卷材地板是质地较为柔软的一卷一卷的地板，宽度一般有 1.5 m、1.83 m、2 m、3 m、4 m、5 m 等，每卷长度有 7.5 m、15 m、20 m、25 m 等，总厚度有 1.6 ~ 3.2 mm（仅限商用地板，运动地板厚度可达 4 mm、5 mm、6 mm 等）。

②片材地板的规格较多，主要有条形材和方形材。

条形材的规格主要有 4" × 36"(101.6 mm × 914.4 mm）、6" × 36"（152.4 mm × 914.4 mm）、8" × 36"（203.2 mm × 914.4 mm），厚度为 1.2 ~ 3.0 mm。

方形材的规格主要有 12" × 12"（304.8 mm × 304.8 mm）、18" × 18"（457.2 mm × 457.2 mm）、24" × 24"（609.6 mm × 609.6 mm），厚度为 1.2 ~ 3.0 mm。

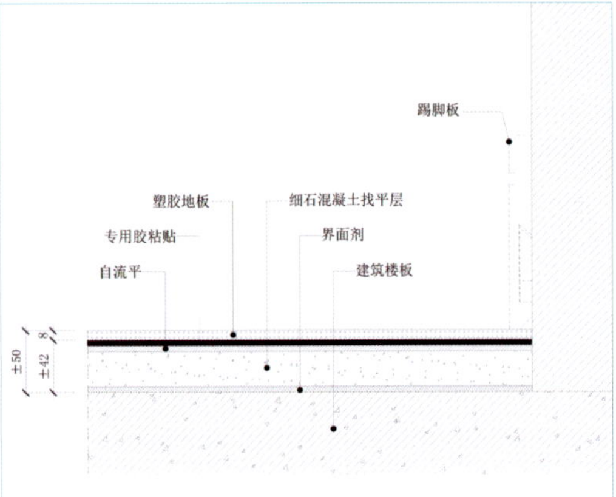

▶图 6-3-1　PVC 塑胶地板地坪节点图

（二）常用的胶黏剂

铺设 PVC 塑胶地板常用的胶黏剂有溶剂型氯丁橡胶胶黏剂、202 双组分氯丁橡胶胶黏剂、YT-7 型双组分橡胶黏剂、聚醋酸乙烯胶黏剂、406 聚氨酯胶黏剂、环氧树脂胶黏剂等。

二 PVC 塑胶地板构造施工

（一）基层处理

彻底清洁地面，均匀滚涂一遍界面剂。

（二）自流平施工

将自流平充分搅拌直至水泥自流平成流态物，有顺序地将自流平倒在施工地面，用专用齿刮板刮平，厚度为 2 ~ 3 mm。自流平施工完成后 4 小时内不得进入和堆放物品。

（三）放线

根据设计图案、地板规格、房间大小进行分格、弹线定位。地板铺贴前按线预排、预拼并给地板编号。

（四）地板安装

①先将地面基层用毛刷或干毛巾擦抹一遍，清除灰尘。

②将胶黏剂用齿形刮板均匀涂刷在基层面上，将板材由里向外按顺序铺贴，一间或一个施工面铺好后用滚筒或推板压密实。

③板材铺贴好以后，根据气温情况判断胶黏剂干结情况，然后进行板缝焊接。

④焊接前将相邻的两块板的边缘切成 V 形槽，采用与被焊板材成分相同的焊条，用热空气焊枪，将温度调至 180 ℃ ~ 250 ℃进行焊接。

⑤焊条冷却后，用铲刀将高于板面的多余的焊条铲切平整，操作时应注意不铲伤地板面。

任务实施

绘制展厅地面结构深化图的一般步骤如下。

步骤 1：绘制地面的结构轮廓。

步骤 2：详细绘制出地面构造层次及材料图例。

步骤 3：标注尺寸、做法及工艺说明。

完成，如图 6-3-2 所示。

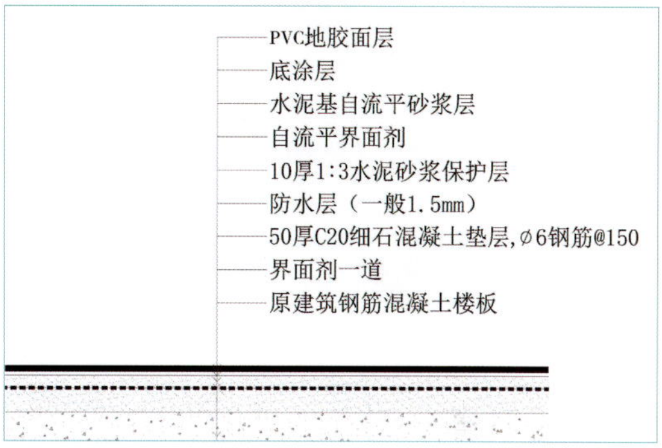

图 6-3-2　一层展厅地面构造节点详图

任务四　助农展厅天花结构深化图绘制

任务目标

①掌握常见小型展厅空间天花装饰构造类型、优缺点以及未来发展趋势。

②识读并绘制常见小型展厅空间天花结构深化图。

任务要求

①熟练识读常见小型展厅空间天花结构深化图。

②准确绘制常见小型展厅空间天花结构深化图，清晰表达各种天花构件，明确其位置、尺寸和连接方式。

知识链接

一 软膜天花构造专用龙骨

软膜天花龙骨可以横向弯曲，适用于圆形、弧墙、包柱等特殊造型，有扁码、F 码、横双码、纵双码几种类型（图 6-4-1、图 6-4-2）。

①扁码：适合平面造型，沿墙体安装，可以横向弯曲。

② F 码：适合立体造型，沿墙体安装，可以纵向弯曲，并且适用于各种平面、斜面造型。

③横双码：主要适用于平面弧形、波浪形的软膜与软膜连接安装。

④纵双码：适合纵向弧形、波浪形软膜与软膜的连接安装，也适用于平面直线软膜与软膜的连接安装。

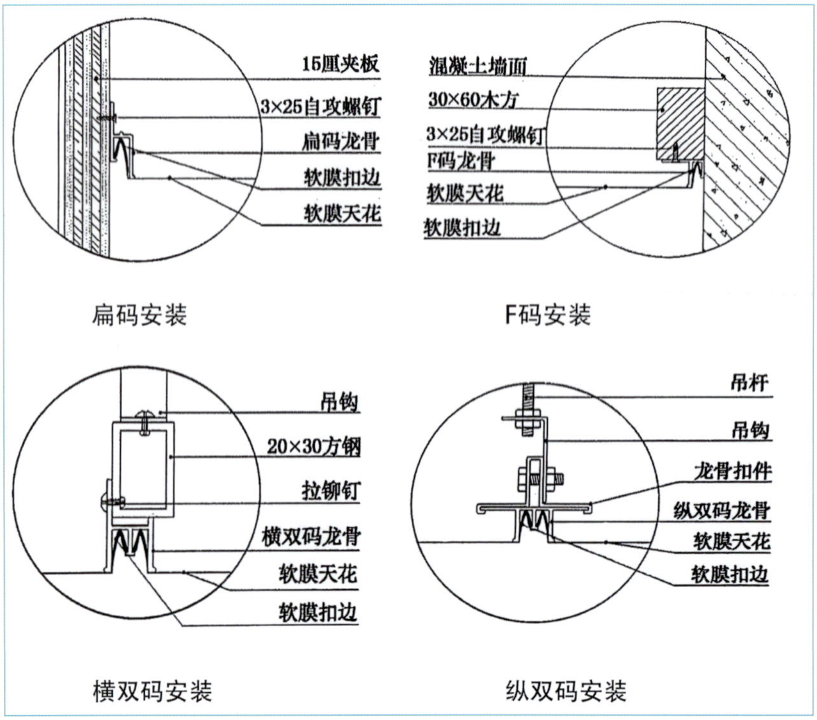

图 6-4-1　不同扣码安装结构图

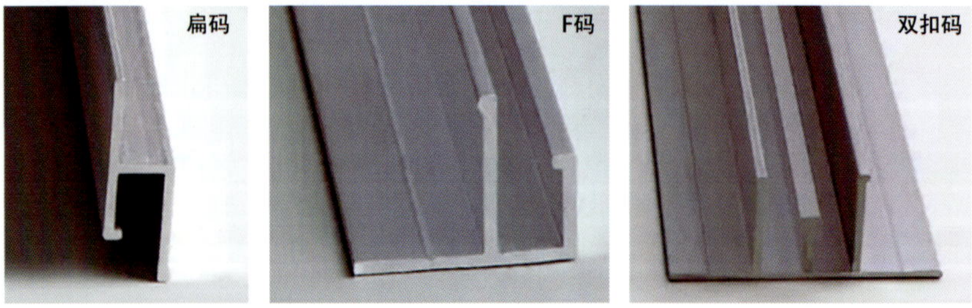

图 6-4-2　各种扣码

二 软膜天花构造施工

（一）施工准备

① 处理天花板和周围环境，做到清洁干净。

② 安装灯具时必须按设计要求尺寸做好灯架，布置好线路并保证全部灯具线路通电测试正常。

③ 空调、消防管道等须预先布置安装，调试好无问题。风口、喷淋头、烟感器等安装完毕。

（二）安装固定支撑与龙骨

① 在需要安装软膜天花的水平位置四周固定一圈 4 cm × 4 cm 支撑龙骨（可以是木方或方钢管），面积比较大的地方要求分块安装。

② 在支撑龙骨的底面固定安装软膜天花的专用龙骨。

（三）安装软膜

在所有龙骨安装固定好以后，再安装软膜。先把软膜打开，用专用加热风炮充分加热均匀，然后用专用插刀把软膜插到专用龙骨上，最后把四周多余的软膜修剪掉即可。在安装时，注意风口、灯口的处理。

（四）清洁软膜天花

安装完毕后，用干净的毛巾把软膜天花擦拭干净。

（五）验收

验收时主要注意以下几点。

① 焊接缝要平整光滑，龙骨曲线要自然平滑流畅。

② 软膜与其他设备及墙角收边处角位一定要牢固、平整、光滑，驳接要平、密。

③ 软膜天花无破损，清洁干净。

任务实施

绘制展厅天花结构深化图的一般步骤如下。

步骤 1：绘制顶棚的结构轮廓。

步骤 2：绘制天花装饰形体轮廓。

步骤 3：详细绘制各部位的构造层次及材料图例。

步骤 4：标注尺寸、做法及工艺说明。

完成，如图 6-4-3 所示。

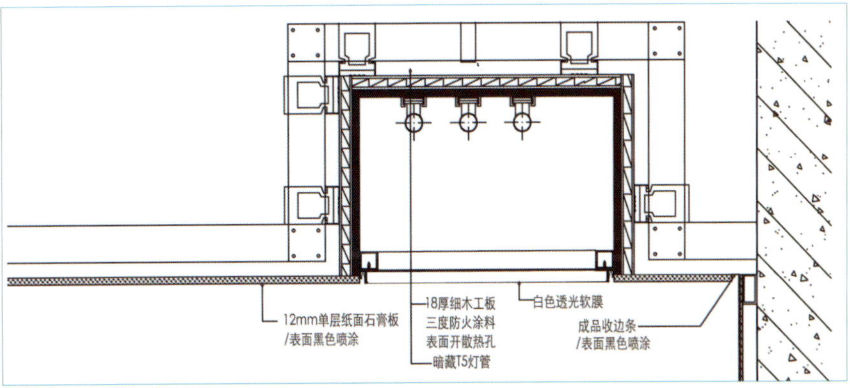

▶ 图 6-4-3　一层展厅天花灯箱节点详图

任务五　助农展厅墙面结构深化图绘制

任务目标

①掌握常见小型展厅空间墙面装饰构造类型、优缺点以及未来发展趋势。

②识读并绘制常见小型展厅空间墙面结构深化图。

任务要求

①熟练识读常见小型展厅空间墙面结构深化图。

②准确绘制常见小型展厅空间墙面结构深化图，清晰表达各种墙面构件，明确其位置、尺寸和连接方式。

知识链接

一　广告灯箱构造材料

墙面广告灯箱的主要构造材料包括骨架、光源和面板（图 6-5-1）。

①骨架：可以使用木条、角铁、不锈钢型材或铝合金型材制作，提供稳定的支撑结构。

②光源：通常使用荧光灯、LED 灯等，要求光线明亮、均匀，能耗低。

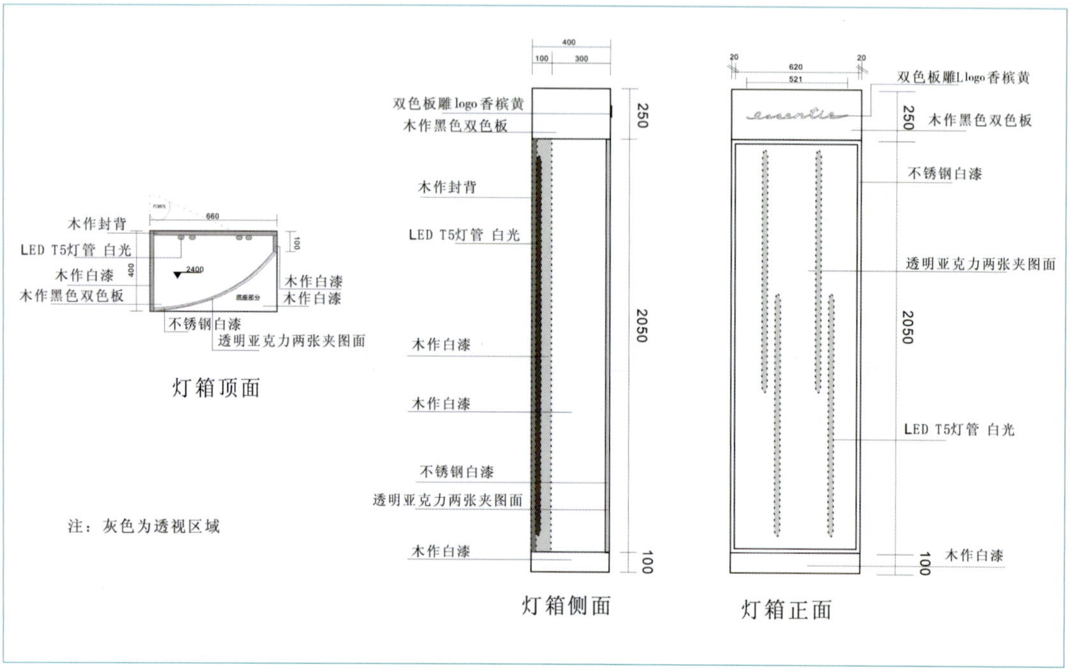

▶ 图 6-5-1　圆弧广告灯箱结构图

③面板：面板材料多样，包括透明亚克力板、有机玻璃板、PVC 板等，这些材料具有良好的透光性和耐用性。

此外，还有一些常用的广告灯箱材料，如软膜、喷绘布、条幅布、艺术布等，这些材料被广泛应用于不同类型的广告灯箱制作中，提供多样化的选择和优良的展示效果（图 6-5-2）。

▶ 图 6-5-2　广告灯箱装饰效果

二 广告灯箱构造施工

①切割和开槽：根据设计图纸，对所需板材进行切割和开槽，以适应灯箱的尺寸和组装需求。

②焊接和钻孔：利用专业的焊接设备对板材进行焊接，确保灯箱的结构牢固。同时，进行钻孔操作，为贴膜和电源线的安装做准备。

③贴膜：首先将贴膜材料裁剪成与灯箱板材相同尺寸的片段，再用胶黏剂将贴膜固定在板材上，确保平整贴合，无气泡和褶皱。

④安装光源和电源线：在灯箱内部安装合适的光源，连接电源线，并进行绝缘处理，确保灯箱正常使用。

⑤装饰和保护处理：根据需要在灯箱表面进行装饰处理，如喷涂、logo 加工等。同时，对灯箱进行防尘、防水处理，延长其使用寿命。

任务实施

绘制展厅墙面结构深化图的一般步骤如下。

步骤 1：绘制墙面的结构轮廓。

步骤 2：绘制墙面装饰形体轮廓。

步骤 3：详细绘制各部位的构造层次及材料图例。

步骤 4：标注尺寸、做法及工艺说明。

完成，如图 6-5-3 所示。

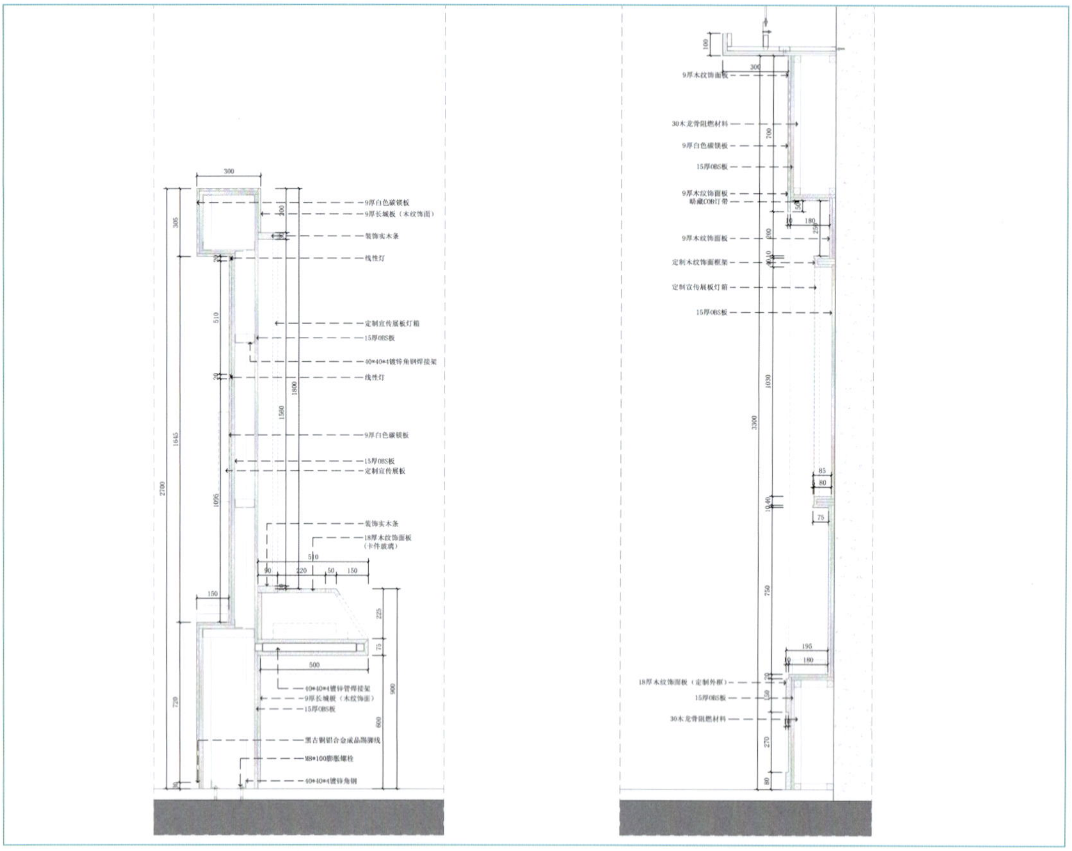

▶ 图 6-5-3　一层展厅立面 B、立面 D 构造节点详图

核心知识小结

1. 助农展厅装饰材料的特性及适用范围

在助农展厅装饰中，各类材料各具特性与适用范围。PVC 塑胶地板纹理、图案丰富，可仿自然材质，耐磨、耐腐蚀、防滑且隔音，安装维护简便，广泛用于学校、医院等公共场所及各类展厅地面。软膜天花质地柔韧、色彩繁多，能随意创作造型，具备防火、防菌等优势，还可配合灯光营造多样效果，在办公、商业、展厅等天花装饰中应用广泛，其不同类型如光面、透光膜等各具独特性能，满足不同需求。碳镁板经高温压制结晶，结实耐用，防火、防水、抗菌，适用于展厅、宾馆等对防水、防火有要求的商业空间墙面。长城铝板是轻质高强铝合金板，耐磨、耐腐蚀且易加工定制，常用于建筑幕墙、室内外装饰及展厅墙面等。白色碳镁板可用于展厅特定立面，营造明亮效果；深灰色碳镁板可丰富墙面层次；木纹长城铝板体现自然风格；木纹饰面板能增添质感；黑古铜铝合金成品踢脚线用来保护墙面底部；线性灯、亚克力发光字、宣传展板、灯箱、展示台、展示柜、不锈钢定制架、操作台等分别在照明、信息展示、展品陈列、互动体验等方面发挥关键作用，共同构建出功能与美观兼具的展厅环境。

2. 展示空间构造的室内设计细节处理

展示空间构造细节需紧扣“展示优先”与“氛围统一”原则。材料衔接应强化整体性，如木饰面与其他板材交接处用金属收边条过渡，既隐藏了接缝，又以材质对比提升了精致度；灯光与界面融合，轨道灯与软膜天花精准对位，灯箱光源与展品特性匹配，避免眩光干扰；展具与空间共生，定制展架通过隐藏式支架固定，与墙面保留适度间隙，兼顾展示功能与视觉轻盈感；细节呼应主题，科技区以无缝拼接凸显简洁，文化区借木纹的延续性传递乡土气息，让构造服务于空间。

课后实训

主题一：实际案例分析

选择一些实际的小型展厅案例，分析案例中装饰材料的类型、选择依据以及最终效果。通过对比不同案例中的材料，可以更直观地理解材料选择对整体效果的影响，并学会如何在实际应用中综合考虑各种因素。

例如，学生可以分析一个手工艺品展厅案例，观察其装饰材料是如何既满足展示需要的实用功能，又满足装饰展厅的审美功能的。通过这样的分析，学生可以加深对展厅装饰材料选择的理解，并提升解决实际问题的能力。

主题二：设计方案制订

某乡村有着独特的民俗文化和深厚的乡土历史，现需要为该乡村设计一个文化传承中心，增强乡村的文化认同感和自豪感。完成以下任务。

①对主题方案进行深化设计，包含空间形态、色彩、材料、灯具、软装陈设等样板的设计。

②完成一套完整的装饰材料选择方案，包含选择理由和预期效果。

③完成空间透视效果图的绘制，绘制方式不限，手绘及电脑表现均可。

学习评价

序号	维度	分值	内容	评分标准	学生自评	学生互评	教师 / 师傅评价
1	学习态度	10	在助农展示空间相关学习中的积极主动性和专注度	出勤率（4 分） 课堂参与（3 分） 课外拓展（3 分）			
2	识图任务	10	识别和理解助农展示空间装饰工程图纸信息的能力	识图准确率（7 分） 识读熟练度（3 分）			
3	项目设计任务	20	依据助农展示需求和空间特性制订合理的装饰设计方案	功能满足度（5 分） 创意与特色（5 分） 空间利用（5 分） 可持续性（5 分）			

序号	维度	分值	内容	评分标准	学生自评	学生互评	教师 / 师傅评价
4	装饰材料应用	15	助农展示空间装饰材料的选择与运用	材料适配性（5 分） 环保与安全（5 分） 材料创新（5 分）			
5	地面构造设计	15	根据助农展示空间要求制订合理的构造设计方案	结构稳定性（5 分） 安装便利性（5 分） 细节处理（5 分）			
6	装饰材料结构深化图绘制	20	立面图	图纸完整性（5 分） 表达清晰度（5 分） 特色体现（5 分） 规范准确性（5 分）			
			节点图				
7	职业责任	5	遵守助农展示空间装饰相关法律法规和行业规范	法规遵守（2 分） 操作规范（2 分） 质量意识（1 分）			
8	劳动素养	5	劳动态度和团队合作精神	劳动态度（3 分） 团队合作（2 分）			
合计		100	评价学生签名： 教师签名：	权重	0.2	0.2	0.6
				实际得分			

练习思考

数字资源

①开放式展示区天花采用铝扣板吊顶时，如何处理铝扣板与暗藏灯带的衔接节点，从而既保证灯带光线均匀透出，又避免铝扣板因热胀冷缩而产生变形？

②木饰面墙面与硅酸钙板墙面拼接处，从防裂与美观角度出发，应选择何种构造处理方式，且符合木饰面的防火处理要求？

③茶水角墙面防水乳胶漆与防滑瓷砖的收边节点，怎样设计才能确保乳胶漆不被水浸泡，同时瓷砖铺贴不破坏墙面基层的整体性？

后记

历时一年有余的筹划、研讨、编写与修订，职业教育室内艺术设计专业新形态一体化教材《室内装饰材料与构造设计》终于付梓。本书凝聚了众多同仁的心血与智慧，也承载着我们对新时代室内艺术设计专业人才培养的思考与探索。

本书的编写工作，得到了教育部职业院校艺术设计类专业教学指导委员会环境艺术设计类专业委员会的悉心指导与大力支持，其为教材定位、内容框架与职业导向指明了方向，确保了教材的权威性与前沿性。湖南大学出版社为本书的顺利出版提供了专业、高效的保障，责任编辑严谨的工作态度令我们深感敬佩与感激。

教材的顺利完稿，离不开参与编写的院校及企业——湖南科技职业学院、湖南工艺美术职业学院、苏州工艺美术职业技术学院、辽宁农业职业技术学院、永州职业技术学院、石家庄职业技术学院、湖北生态工程职业技术学院、湖南意度文化科技有限公司、苏州柯利达装饰股份有限公司等——的精诚合作与无私奉献。来自不同区域、各具特色的校企团队，克服诸多困难，汇聚专业所长，反复研讨、交流碰撞，共同梳理知识体系、遴选典型案例、设计实践任务，力求将行业最新材料应用与核心构造技术融入教学，充分体现“产教融合、工学结合”的职业教育精髓。在此，谨向各参编院校及企业的领导和付出辛勤汗水的全体编写人员致以最诚挚的谢意！

作为新形态一体化教材，本书在内容组织与呈现方式上力求突破。我们系统梳理了室内装饰常用材料的基本特性、应用场景与前沿技术，着重剖析各类材料的关键构造节点与施工工艺，强调材料认知、构造设计与空间落地的有机统一。同时，结合数字化教学资源，力求构建“理论精讲、案例解析、构造图解、任务实践”多维一体的学习路径，注重学生材料认知能力、构造设计能力、技术表达能力与现场解决问题能力的综合提升，助力培养符合行业企业需求的复合型技术技能人才。

编写教材的过程亦是对行业技术发展的一次深入梳理与反思。室内装饰材料与构造技术日新月异，环保、智能、可持续等理念日益深入人心，对设计者提出了更高要求。教材虽力求反映当下主流趋势，但囿于时间与视野，疏漏之处在所难免。恳请广大师生、行业专家在使用过程中不吝赐教，提出宝贵意见，以便我们后续不断修订完善。

最后，再次衷心感谢所有为本书编写、出版、发行提供支持与帮助的单位和个人！愿本书能成为莘莘学子步入室内艺术设计领域的实用阶梯，为培养更多优秀的室内艺术设计人才贡献绵薄之力。

职业教育之路，行而不辍，未来可期。

编者

2025 年 6 月